UNE MER
SANS POISSONS

DE PHILIPPE CURY

« Biodiversité marine et changements globaux : une dynamique d'interactions où l'humain est partie prenante » (avec S. Morand), *in* Barbault R., Chevassus-au-Louis B. et Teyssèdre A., *Biodiversité et changements globaux*, Paris, ADPF, 2004.

Variabilité, instabilité et changement des pêcheries ouest-africaines (avec Cl. Roy), Paris, ORSTOM, 1991.

DE YVES MISEREY

Le Groupe radioécologie Nord-Cotentin. L'expertise pluraliste en pratique (avec P. Pellegrini), Paris, La Documentation française, 2007.

« Croître », *La Nouvelle Revue française*, n° 275, 1975.

Poèmes, Port des singes n° 1, L'Haÿ-les-Roses, hiver 1974-1975.

Philippe Cury
Yves Miserey

UNE MER SANS POISSONS

calmann-lévy

Le contenu de cet ouvrage n'engage que ses auteurs à titre personnel, et en aucune manière les organismes ou employeurs auxquels ils sont rattachés.

ISBN 978-2-7021-3868-7

À Annaïg, Camille et Arthur.
À Didine et Robert.
À Henri Vidal.

Troisième pêcheur : *[...] Je me demande toujours comment les poissons vivent dans la mer.*

Premier pêcheur : *Pourquoi, comme les hommes sur terre ; les grands dévorent les petits.*

William SHAKESPEARE,
Pericles, acte II, scène III

La globalisation terrestre, comme l'histoire du monde en général, est peut-être le crime que l'on ne peut commettre qu'une seule fois.

Peter SLOTERDIJK

Seul est digne de la vie celui qui chaque jour part pour elle au combat.

Johann Wolfgang von GOETHE

NOTE SUR LA FABRICATION DU LIVRE

Le livre que vous avez entre les mains a été imprimé sur du papier Cyclus 90 g, papier recyclé à 100 %.

Il est fabriqué à base de pâte issue de vieux papier récupéré après usage, sans apport de pulpe de bois, c'est-à-dire de fibres de bois vierges. Le désencrage est effectué au savon noir et un agent blanchissant non chloré est utilisé, ce qui explique sa teinte très légèrement grisée.

L'utilisation d'un papier 100 % recyclé peut entraîner quelques contraintes : suivant la nature du papier utilisé pour confectionner la pâte, qui varie quelque peu selon les arrivages, la teinte et la tenue du papier peuvent subir des variations légères. Quelques imperfections visuelles peuvent donc être observées, témoins caractéristiques de la production naturelle du papier.

Nous comptons sur votre compréhension si vous en rencontrez dans cet exemplaire. Il nous a paru essentiel d'utiliser, pour fabriquer cet ouvrage, des techniques et des matériaux en cohérence avec son contenu.

L'éditeur

Remerciements

Merci à Ronald Blunden qui nous a encouragés à écrire ce livre. Tous nos remerciements vont également à Daniel Pauly, Alain Fonteneau et Jean-Marc Fromentin pour les longues discussions enrichissantes et leurs commentaires. Merci à Annaïg et Marianne pour la relecture attentive. Merci à Patrice Cayré, Catherine Dupont, Henri Farrugio, André Fontana, Pierre Fréon, Daniel Gaertner, Serge Garcia, François Le Loch, Pierre Lopez, Françis Marsac, Christian Mullon, Ronand Philippot, Sedolor Menala, Yunne-Jai Shin, Mike Sinclair, Nelly Souyri, Olivier Thébaud, Nicole Thurière-Cury et Jacques Weber pour leur aide et contribution. Merci à Marc Taquet qui nous a gracieusement offert la photo de couverture.

AVANT-PROPOS

La surexploitation et l'épuisement des ressources marines ne sont pas un fantasme d'écologiste. La disparition brutale de la morue des Grands Bancs de Terre-Neuve, que personne n'avait prévue, a été un véritable électrochoc au Canada. Dans cette vaste zone qui fut sans doute l'une des plus poissonneuses du monde, où les Européens venaient pêcher depuis le XVIe siècle, la belle productivité de la mer s'est brutalement enrayée sous les coups de la pêche, ou plutôt de la surpêche, comme disent les Anglo-Saxons. Depuis le moratoire décrété en 1992, ce poisson n'est jamais revenu.

Ce qui s'est passé dans l'Atlantique nord est en train de se produire dans bien d'autres régions des océans. Mais l'effondrement des stocks y est moins emblématique et moins médiatisé. Pourtant, la machine est en marche presque partout, même dans les eaux de l'océan Austral. En décembre 2006, une équipe dirigée par Boris Worm, de l'université de Dalhousie (Canada), a calculé que, au milieu du XXIe siècle, les espèces les plus couramment pêchées aujourd'hui pourraient avoir disparu si la pression humaine (surpêche, pollution et destruction des milieux) continue au rythme actuel. L'information a fait la une de la presse internationale. Elle a eu un retentissement considérable, tout en suscitant aussi une certaine incrédulité. En effet, chacun se sent interpellé mais aussi dépassé par l'ampleur du problème. Comme pour le climat et les rejets de gaz à effet de serre, il est question d'un point de non-retour pour la planète, même si, dans le cas de la pêche, il ne s'agit pas de l'épuisement des ressources fossiles comme le pétrole ou le charbon, mais de l'épuisement des ressources vivantes marines.

Là aussi, l'avenir paraît sombre. Quelques mois après la sortie de l'étude de Worm, le bilan des pêches 2006 de l'Organisation des

Nations unies pour l'alimentation et l'agriculture (FAO*, *Food and Agriculture Organization of the United Nations*) n'annonçait aucune amélioration. « Depuis cinquante ans, on sait que la pêche dans l'Atlantique nord est mal gérée et le syndrome s'est propagé au niveau mondial », affirmait Serge Garcia, responsable de la pêche à la FAO.

L'impact destructeur de la pêche sur les poissons et sur le milieu marin est donc désormais un problème reconnu. Il mobilise des grandes ONG comme Greenpeace ou le WWF et les médias en parlent régulièrement. La surpêche reste néanmoins un mystère pour beaucoup, car ce qui se passe sous la surface des océans échappe à la vue et les diagnostics se limitent la plupart du temps à des chiffres ou à des graphiques sibyllins. On aimerait en savoir plus.

En France s'ajoute une difficulté supplémentaire : la question est très conflictuelle et la plupart des pêcheurs contestent le bien-fondé des alertes lancées par les scientifiques. Les hommes politiques prennent invariablement fait et cause pour la pêche. C'est ainsi, par exemple, qu'en décembre 2002, alors que le Conseil européen des ministres des Pêches était réuni à Bruxelles pour négocier les quotas, le président Chirac déclare qu'il est temps qu'une « vraie étude scientifique » soit enfin menée pour connaître l'évolution des ressources marines, comme si rien n'avait encore été fait dans ce domaine. Que les gouvernements soient de droite ou de gauche, à chaque négociation européenne, notre pays se range dans le clan des « amis des pêcheurs » avec l'Espagne, l'Italie, le Portugal, et s'oppose aux « amis des poissons », essayant à chaque fois de conserver les droits de pêche plutôt que les ressources. Plus récemment, en 2006, c'était au tour de Dominique Bussereau, alors ministre de l'Agriculture et de la Pêche, de soutenir les pêcheurs français de thon rouge en Méditerranée, contre l'avis du conseil scientifique de la Commission internationale pour la conservation des thonidés de l'Atlantique (ICCAT, *International Commission for the Conservation of Atlantic Tunas*). Ce dernier affirme depuis bon nombre d'années que la surpêche menace la survie de l'espèce et qu'il faut impérativement réduire la pêche en Méditerranée.

La conservation des océans et des espèces marines passe toujours en France après la paix sociale. Une paix sociale d'autant plus fragile qu'il suffit de quelques bateaux de pêche pour bloquer les ports. La direction des pêches maritimes – l'une des administrations centrales les plus verrouillées – a horreur des vagues et veut éviter que la

* Les sigles sont développés en fin d'ouvrage.

question de la pêche soit exposée sur la place publique. Dans un tel climat, l'Institut français de recherche pour l'exploitation de la mer (Ifremer), l'organisme public d'expertise et de recherche dont l'intitulé est pour le moins évocateur, délivre les informations scientifiques avec parcimonie. Le travail des scientifiques est tellement mal reçu par les pêcheurs qu'une charte de bonne conduite a été signée en 2003 entre les deux protagonistes (Ifremer et Comité national des pêches), sous la houlette de l'administration centrale.

Dans ce contexte national, les messages sont évidemment brouillés. Mais nous n'avons pas voulu dans ce livre nous en tenir à ce cadre-là qui nous aurait entraînés sur un terrain exclusivement politique ou économique – assurément important mais qui a toujours tendance à masquer la problématique écologique, elle aussi fondamentale. En replaçant les poissons et les recherches sur la pêche au centre du système, nous avons souhaité comprendre comment on en est arrivé à la surexploitation actuelle et par quels cheminements on a pris conscience des menaces que la pêche fait peser aujourd'hui sur la mer.

Ce retournement s'est effectué au cours des vingt dernières années grâce à une nouvelle catégorie de chercheurs. Basés pour la plupart d'entre eux en Amérique du Nord, leurs travaux sont en grande partie financés par des fondations philanthropiques. On peut citer parmi les plus connues les fondations américaines Pew, Packard et Moore, ou la fondation Oak basée à Genève. Même si les activités qu'elles financent sont rattachées à des universités prestigieuses, leurs chercheurs n'ont pas d'attaches nationales ou institutionnelles au sens strict. Investis de responsabilités que l'on pourrait qualifier de globales, ils ont fait de la surpêche une problématique planétaire au même titre que le changement climatique. Plus proches des ONG que des États, ils ont ébranlé les bases de l'halieutique traditionnelle et renouvelé notre perception de l'impact de la pêche. Ils ont été les premiers, comme Daniel Pauly, un Français internationalement reconnu mais ignoré chez nous, à montrer par exemple que, en perturbant l'ensemble de la chaîne trophique, la pêche est en train de détruire les écosystèmes marins. En effet, la mer est comme un château de cartes : s'il n'y a plus de grands poissons prédateurs comme les requins, les morues et les merlus, et si l'on surexploite les « poissons fourrages » – sardines et anchois –, elle peut se transformer en une immense étendue d'eau boueuse remplie d'algues toxiques et de méduses, comme on le constate déjà dans certaines zones.

De manière plus directe et plus circonscrite que le réchauffement climatique, la surpêche et ses multiples conséquences conduisent les hommes à s'interroger sur la place et le rôle qu'ils tiennent sur notre planète. L'océan est un monde immense encore irrémédiablement étranger aux humains qui en extraient chaque jour les dernières richesses. Les lois auxquelles obéit la faune marine sont très différentes de celles qui gouvernent le monde terrestre. L'espèce humaine va-t-elle exploiter ses ressources vivantes jusqu'à épuisement ou saura-t-elle au contraire les préserver ? C'est à cette question vertigineuse que ce livre souhaite apporter des éléments de réflexion fondés sur une approche historique, une analyse des plus récentes découvertes en écologie marine mais aussi une compréhension anthropologique de l'exploitation.

1

LES PREMIÈRES RAZZIAS

Le goût de la mer

« Les hommes ont perturbé les écosystèmes marins dès qu'ils ont appris à pêcher », écrit en 2001 l'écologiste marin Jeremy Jackson dans une étude qui a fait date, où il dénonce les ravages causés par la pêche [1]. Cette affirmation se heurte néanmoins à une véritable énigme. En effet, on ne sait pas à quelle époque les premiers hommes ont commencé à ramasser des coquillages, harponner des poissons, poser des lignes ou lancer des filets dans la mer. On n'a aucune idée non plus de l'intensité des prélèvements qu'ils pouvaient effectuer sur la faune marine car la montée du niveau de la mer de 125 mètres après la dernière glaciation, il y a près de 20 000 ans, a inondé et fait disparaître les vestiges des premières implantations humaines. Seuls quelques sites ont été exceptionnellement préservés, comme la grotte Cosquer, dans les calanques à côté de Marseille, qui est aujourd'hui accessible par un long tunnel de 175 mètres dont l'entrée se trouve à plus de 35 mètres de fond. Les parois de cette grotte découverte en 1991 sont décorées de peintures rupestres représentant douze animaux marins, dont des pingouins, des phoques et des poissons.

La pauvreté des vestiges datant de la fin du Pléistocène (entre 128 000 et 11 000 ans) le long du littoral donne la curieuse impression que l'histoire de l'humanité ne s'est jouée qu'à l'intérieur des continents. Il est encore communément admis que l'homme aurait commencé à s'adapter à l'environnement marin il n'y a guère plus de

15 000 ans. Or, cette conception héritée de nos sociétés rurales et terriennes est remise en cause. Plusieurs découvertes récentes montrent qu'*Homo sapiens* a eu une vie maritime bien remplie avant de s'adonner à l'agriculture. Mais l'idée d'une prédominance continentale est encore bien ancrée en Occident. L'anthropologue américain Jon Erlandson, l'un des principaux artisans de la nouvelle archéologie maritime, relevait que les dix sites paléontologiques considérés comme majeurs par le préhistorien britannique Clive Gamble sont tous situés à l'intérieur des terres – aucun sur les côtes[2].

Et pourtant, nos ancêtres ont sans doute été proches du milieu marin. En 1998, sur la petite île de Flores, dans l'archipel indonésien, les paléontologues australiens Michael Morwood et Radien Soejono ont mis au jour des outils de pierre datant de plus de 800 000 ans. Leur découverte à cet endroit tendrait à montrer qu'*Homo erectus* était déjà en mesure de traverser des étendues marines, même si l'on ne sait pas comment il s'y prenait. Il existe aussi d'autres indices sur la côte atlantique de l'Afrique du Sud, où des dépôts coquilliers ont été retrouvés à l'intérieur de grottes occupées par des hommes de l'âge de pierre, il y a près de 150 000 ans. En octobre 2007, une étude a révélé que la grotte de Pinnacle Point, sur la côte est de l'Afrique du Sud, avait abrité il y a 164 000 ans des populations d'*Homo sapiens* qui se nourrissaient de coquillages et utilisaient des pigments d'ocre comme éléments de décoration. À cette époque de glaciation et de forte aridité, la grotte se trouvait à plus de 5 kilomètres de la mer, et ses occupants faisaient cuire les moules et les palourdes qu'ils avaient ramassées sur des pierres chaudes. Épargnés par la remontée des eaux, des centaines de monceaux de coquilles et d'os d'oiseaux éparpillés tout au long des côtes attestent de l'importance que les ressources marines ont pu avoir dans l'alimentation de nos ancêtres. Les plus anciens harpons en os, vieux de 90 000 à 80 000 ans, ont été mis au jour il y a une dizaine d'années à Katanda, dans l'ex-Zaïre, le long de la rivière Simliki, où des indices attestent une pêche déjà intensive.

Ces découvertes ont donné lieu à une nouvelle version de la théorie de l'*« Out of Africa »*, pleine d'embruns et de sel. Originaire du continent africain d'où des petits groupes auraient commencé à émigrer il y a environ 80 000 ans, *Homo sapiens* ne se serait pas précipité tout de suite à l'intérieur des terres, mais il aurait entamé un long périple tout au long de la côte sud du continent asiatique, d'où il aurait ensuite gagné les îles du Sud-Est asiatique et l'Australie il y a au moins 50 000 ans. Il aurait pénétré à l'intérieur des terres par les fleuves et les cours d'eau. En traversant les deltas par la mer et les zones de mangroves, il aurait aussi appris des rudiments de navigation qui lui auraient permis de rejoindre des terres éloignées, comme l'archipel Bismarck et les îles Salomon, à l'est de l'Indonésie, il y a 30 000 ans. De la même façon, on n'est plus du tout sûr aujourd'hui que le continent américain ait été abordé par des hommes ayant traversé à pied le détroit de Béring il y a 14 000 ans. En effet, des fouilles réalisées à Monte Verde, au Chili, ont révélé une présence humaine très ancienne qui laisserait penser que les chasseurs-cueilleurs venus d'Asie seraient arrivés par la voie maritime, à travers les chapelets d'îles qui bordent les côtes de l'Alaska et du nord du Canada, car le niveau des mers était plus élevé à cette époque et le détroit de Béring se trouvait sous les eaux. Les archéologues américains qui avancent cette hypothèse restent toutefois prudents. « La colonisation de l'Amérique a été un processus complexe qui inclut plusieurs vagues de migration de l'Asie vers le Nouveau Monde, et très vraisemblablement par terre et par mer [3] », admet par exemple Jon Erlandson. Pour le coéditeur du *Journal of Island and Coastal Archaeology,* il n'y a pas de raison d'en douter : l'humanité a eu très tôt partie liée avec l'océan.

Les sites évoqués plus haut se trouvent sur le littoral, le long de cours d'eau ou au bord de grands lacs. C'est le cas des sites de Katanda et de Monte Verde, situés le long d'une rivière à 60 kilomètres de la côte pacifique, ainsi que de celui d'Ohalo, sur les rives de la mer Morte en Galilée, vieux de 23 000 ans et où de nombreux restes de nourriture marine ont été découverts. Les fleuves et les rivières furent dans le passé une voie privilégiée de pénétration des hommes dans l'intérieur des terres. À cette époque, ils étaient encore remplis de mollusques, de coquillages et de poissons et ces derniers y étaient plus faciles à attraper qu'en bord de mer. En Europe, entre -28 000 et -20 000, les cours d'eau exerçaient une très forte attraction, comme l'a montré l'archéologue britannique Michael P. Richards. En comparant les taux d'isotopes stables de carbone et d'azote et le collagène présents dans plusieurs os fossiles de néandertaliens et d'hommes modernes, il a découvert que près de la moitié des aliments consommés par les hommes étaient d'origine aquatique (poissons et mollusques), alors que les néandertaliens se nourrissaient principalement de viande. Cette différence de régime pourrait, selon lui, suffire à expliquer le succès de *sapiens* face aux néandertaliens dont la survie était plus aléatoire, les grands animaux étant moins productifs que les petits.

« L'utilisation des ressources marines et aquatiques par nos ancêtres a certainement commencé beaucoup plus tôt qu'on ne le supposait auparavant, mais la connaissance de cette utilisation reste extrêmement incomplète[4] », soulignent Jon Erlandson et Scott Fitzpatrick après avoir passé en revue toutes les données actuelles de la préhistoire marine. Du coup, on en vient évidemment à se demander si les premiers hommes ont eu un impact aussi destructeur sur la mégafaune marine que sur la mégafaune terrestre. Des grandes espèces marines confinées dans les deltas ou dans des zones bien circonscrites ont-elles connu à la fin du Pléistocène le même sort que les mammouths laineux d'Eurasie, les paresseux géants et les litopternes d'Amérique, les diprotodons et les kangourous géants d'Australie, les moas de Nouvelle-Zélande et les dodos de l'île Maurice ? On ne le sait pas et on ne le saura peut-être jamais. Les nombreux dépôts de coquillages et d'os de poissons le long des côtes européennes, que l'on commence seulement à étudier de près, montrent en revanche que certaines communautés humaines du littoral se nourrissaient de nombreux produits de la mer.

Pour essayer de mieux cerner l'impact de l'homme sur les écosystèmes marins, Jeremy Jackson distingue trois grandes périodes : la période aborigène, la période coloniale et la période globale. Ce découpage, qui est le fruit d'une étude menée par le National Center for Ecological Analysis and Synthesis (NCEAS), de l'université de Californie, a le mérite de placer le monde marin au centre de la problématique[5]. On sait peu de chose sur la très longue période aborigène ; le chercheur américain la définit comme une exploitation de subsistance le long des côtes, avec des embarcations relativement simples et des technologies de capture qui variaient beaucoup géographiquement. C'est aussi à cette époque qu'apparaissent l'agriculture et la domestication animale, qui ont changé l'équilibre entre les hommes et la mer. Ils sont devenus moins dépendants de cette dernière qui, selon l'archéozoologue Catherine Dupont, jouait pour eux le rôle d'un « grand frigo à ciel ouvert[6] » avec ses poissons, ses oiseaux de mer, ses grands mammifères marins échoués, ses crustacés et ses coquillages. Même si les hommes préhistoriques ne s'aventuraient pas en mer, des indices montrent qu'ils attrapaient les poissons avec des pièges naturels, ou construits en bois ou en pierre. Les recherches en France sont encore embryonnaires dans ce domaine mais elles devraient bientôt permettre d'avoir une vision plus claire du rôle des ressources marines au cours de ces époques reculées. Les buttes coquillières le long des côtes françaises sont nombreuses et parfois très imposantes, comme celle de

Saint-Michel-en-l'Herm (Vendée), et elles n'ont pas encore livré tous leurs secrets.

La période coloniale qui vient ensuite est marquée en Europe par les grandes expéditions maritimes, et par le développement d'une économie capitaliste entraînant une exploitation systématique des plateaux marins et des côtes par des puissances marchandes étrangères à ces régions, se traduisant déjà par un appauvrissement des ressources vivantes. Chez Jeremy Jackson, le terme « colonial » n'a pas le sens politico-économique étroit qu'il a chez nous, il s'applique aussi aux ressources marines renouvelables. À cette époque, l'homme européen ne colonise pas seulement des populations et des contrées nouvelles, il s'approprie des espèces et des milieux naturels nouveaux pour lui et encore inconnus.

La période globale – la période actuelle – se caractérise par une intensification de l'exploitation des côtes et de tous les océans, celle-ci étant directement liée à une consommation mondiale des ressources marines et conduisant à de fréquents épuisements et changements de pêcheries.

Quand l'exploitation intensive des ressources marines commence-t-elle, ou, si l'on suit Jackson, quand est-on passé de l'époque aborigène à l'époque coloniale ? À défaut de fixer avec précision ce basculement, l'archéologue britannique James Barrett, de l'université d'York, considère que le premier signe avant-coureur est le début de la consommation de poissons marins dans les villes et les campagnes de l'intérieur de l'Europe de l'Ouest[7]. Selon lui, c'est entre 950 et 1050 que les poissons pêchés en mer font leur apparition dans l'alimentation des Britanniques. D'abord le long des côtes, puis dans les villes proches des côtes et peu après à Londres. Il est en effet parvenu à reconstituer avec deux de ses collègues les habitudes alimentaires des populations anglaises sur une très longue période allant de 700 à 1600, en analysant des restes de repas ainsi que des contenus d'anciennes latrines et d'excréments humains. L'analyse des arêtes et des écailles, mais surtout des vertèbres, a permis d'identifier les nouvelles espèces marines consommées : hareng, plie, langouste, morue et un peu plus tard colin. Ce changement est dû à une conjugaison de plusieurs facteurs : l'augmentation continuelle du nombre de jours de jeûne pour les chrétiens (on parle de 150 jours par an pour les catholiques), l'accroissement de la population, l'épuisement des ressources d'eau douce, l'envasement des rivières dû à l'érosion provoquée par l'agriculture et la pollution occasionnée par le travail du textile et du cuir. Un changement serait donc intervenu à cette période. L'analyse de la dimension des vertèbres de poissons, des pinces de crabes ou des coquilles de mollusques permet de déceler des traces de surexploitation dès cette époque.

Saint Hareng

La pêche coloniale au sens où l'entend Jackson s'est constituée autour du hareng. C'est le poisson fondateur par qui tout a commencé. D'abord au Danemark, puis aux Pays-Bas, où la pêche au hareng a été le moteur du décollage économique des villes côtières de l'Europe du Nord formant la fameuse Ligue hanséatique. Une légende affirme qu'Amsterdam a été bâtie sur des arêtes de hareng. La découverte des immenses bancs en mer du Nord a provoqué une profonde transformation de l'activité de pêche et a durablement conditionné la vision que l'on avait de la mer et de la pêche en Occident. Le hareng est en effet un poisson gras très prolifique. La femelle pond 20 000 à 100 000 œufs qui se déposent et se développent sur le fond vaseux ou dans le creux des pierres après avoir été fécondés par la laitance des mâles. C'est une espèce migratrice. Les harengs se déplacent en bancs immenses pouvant comporter plusieurs centaines de millions d'individus. Ils passent le jour au fond et remontent à la surface durant la nuit, le moment le plus favorable pour les pêcher. Les itinéraires de migration des différents stocks de l'Atlantique nord ont varié à travers l'histoire en fonction du climat, ce qui a conduit à l'effondrement successif des pêcheries danoises et hollandaises.

On retrouve chez les auteurs du XVIIIe siècle plusieurs passages sur l'abondance du hareng – « saint Hareng », comme l'appelle un poème boulonnais anonyme du XVe siècle : « Qui souffrit pis que sainct Laurens / Martyr fut et mis à mort. »

Dans *L'Histoire naturelle des animaux* (1756), Arnault de Nobleville et Salerne y vont de leur couplet : « On peut dire que leur nombre est véritablement infini, c'est-à-dire qu'il surpasse tous les nombres connus ; et quelque dénombrement qu'on en voulût faire, on ne pourrait dire autre chose sinon que leur quantité surpasse celle des étoiles visibles et télescopiques du firmament. » Le monde des poissons est à leurs yeux inépuisable : « Dieu a pourvu à la conservation des poissons en donnant aux uns la force, aux autres la légèreté et la prévoyance, et en les multipliant tous d'une manière si prodigieuse que leur fécondité surpasse leur ardeur naturelle à se dévorer, et que ce qui s'en détruit est toujours fort au-dessous de ce qui sert à les renouveler pour notre service. » Daubenton dans l'*Encyclopédie* (1751-1772) consacre aussi une longue rubrique aux harengs, où il souligne déjà que la pêche ne prélève qu'une toute petite partie des effectifs : « Quoique les pêcheurs prennent une très grande quantité de harengs, on a calculé que la proportion du nombre des harengs pris par tous les pêcheurs dans leur route est au nombre de toute la troupe lorsqu'elle arrive du Nord, comme un est à un million ; et il y a lieu de croire que les gros poissons tels que les marsouins, les chiens de mer, en prennent plus que tous les pêcheurs ensemble. »

Mais c'est sans doute l'historien Jules Michelet qui fait ressortir avec le plus de vigueur la singularité du hareng et de sa pêche. Dans *La Mer* (1861), qu'il faut relire absolument, il insiste d'abord sur la fécondité de la mer, « la grande femelle du globe dont l'infatigable désir, la conception permanente, ne finit jamais [8] ». « Elle est cent fois, mille fois plus riche que la terre, plus rapidement féconde. » Pour lui, le hareng est l'incarnation même de cette fécondité, à la fois extravagance de la nature et source inépuisable de nourriture. Le chapitre qu'il intitule significativement « Fécondité » commence justement par une évocation grandiose de la nuit de la Saint-Jean (du 24 au 25 juin), où « la grande pêche du hareng s'ouvre dans les mers du Nord ». « Serrés, pressés, ils ne sont jamais assez près l'un de l'autre ; ils naviguent en bancs compacts [...]. Entre l'Écosse, la Hollande et la Norvège, il semble qu'une île immense se soit soulevée et qu'un continent soit près d'émerger [...]. Millions de millions, milliards de milliards, qui osera deviner le nombre de ces légions ? [...] Ils vont comme un élément aveugle et fatal, et nulle destruction ne les décourage. Hommes, poissons, tout fond sur eux ; ils vont, ils voguent toujours. Il ne faut pas s'en étonner : c'est qu'en naviguant, ils aiment. Plus on en tue, plus ils produisent et multiplient chemin faisant. » Difficile de trouver une exhortation aussi explicite à pêcher sans limites.

Il y a chez Michelet une sorte de stupéfaction, presque d'effroi, devant les énormes quantités de harengs. Leur fécondité lui apparaît tellement monstrueuse qu'« ils arriveraient en fort peu de générations à combler, solidifier l'océan, ou à le putréfier, à supprimer toute race et à faire du globe un désert ». À la période des amours, les bancs envahissent complètement la mer et la transfigurent : « À deux ou trois brasses d'épaisseur, l'eau disparaît sous l'abondance incroyable du flux maternel où nagent les œufs du hareng. C'est un spectacle, au lever du soleil, de voir aussi loin qu'on peut voir, à plusieurs lieues, la mer blanche de la laitance des mâles. Épaisses, grasses et visqueuses ondes, où la vie fermente dans le levain de la vie. Sur des centaines de lieues, en long et en large, c'est comme un volcan de lait, et de lait fécond qui fait son éruption, et qui a noyé la mer. » On retrouve la même fascination devant le monde des poissons, mais avec une petite pointe d'horreur en plus, chez le peintre flamand Bruegel l'Ancien (1525-1569), qui vécut à l'époque de ce que l'historien Robert Delort appelle la « civilisation du hareng ». Dans un de ses célèbres tableaux, on voit un gros poisson échoué sur une bande de terre qui vomit par sa grosse bouche un tas de petits poissons qui eux-mêmes en recrachent des plus petits. Un homme ouvre avec une sorte de couteau géant le ventre de l'animal d'où s'écoulent d'autres poissons. Cette vision de la chaîne trophique marine par un grand peintre mammifère du XVIe siècle en dit long sur le choc que la pêche aux harengs a pu constituer pour les gens qui y participaient ou qui en étaient des témoins indirects. L'impression de débordement et de richesse sans fin qu'elle a pu apporter a sans doute marqué un tournant dans le positionnement de l'homme par rapport au monde vivant. En effet, en extrayant les poissons de leur milieu et en déposant ces créatures totalement étrangères au monde terrestre sur le pont des bateaux, la pêche les dénature et en fait des produits alimentaires inertes, presque directement consommables. L'extraction autorise ainsi une appropriation automatique des créatures marines, la plupart ne pouvant survivre hors de l'eau. Mais l'augmentation de la puissance de pêche et l'abondance des poissons ont aussi ajouté un élément nouveau car elles ont ouvert la porte à l'exploitation industrielle du monde vivant, le traitement de milliers de harengs nécessitant un travail à la chaîne et une répartition des tâches qui ont anticipé ce qui a été mis en place plus tard dans les premiers abattoirs industriels nord-américains[9]. Une bonne partie de ces opérations étant totalement exterritorialisées sur le pont des bateaux, elles sont restées longtemps hors du champ de la réflexion humaine. La surpêche les met aujourd'hui en question en termes de responsabilité alors même que notre connaissance de la biologie des poissons, il faut le souligner, est encore lacunaire. L'homme est en effet et sans doute encore pour longtemps une espèce terrestre.

À l'instar de la sardine, le hareng est un poisson pélagique de la famille des clupéidés. Il vit moins d'une dizaine d'années au sein de bancs très denses. Les populations qui peuplent l'Atlantique nord se renouvellent tous les deux, voire quatre années. Il existe de nombreuses populations qui se sont adaptées à des habitats variés. Ces races se reproduisent à des périodes différentes échelonnées sur toute l'année, donnant l'impression que les harengs ne cessent de se reproduire. Le nombre des harengs était si grand que le *Guinness des records* le mentionnait avant 1990 comme étant le poisson le plus abondant des océans. La plupart des harengs n'étaient pas consommés frais. Ils étaient vidés, salés, fumés, entassés dans des barils de chêne (des « caques ») selon un procédé mis au point en 1397 par le Hollandais Willem Beukelszoon et inspiré d'une pratique dieppoise du XIIe siècle. Encaqués, ils étaient ensuite commercialisés à travers toute l'Europe. Le hareng était mangé dans toutes les couches de la population, la religion catholique ayant imposé deux jours de jeûne par semaine. C'était un aliment de base pas cher : 1 denier pièce à Lille à la fin du Moyen Âge, selon l'historien Denis Clauzel [10]. On notera qu'un ouvrier du bâtiment gagnait alors 4 sous par jour et qu'un sou valait 12 deniers. Lors de la bataille d'Azincourt, en 1415, les soldats anglais victorieux des Français étaient nourris de harengs salés, de même que les marins britanniques vainqueurs de l'Invincible Armada, en 1588. Lors du siège d'Orléans, en 1429, un convoi de trois cents chariots chargés de tonneaux de harengs destinés aux Anglais fut attaqué sans succès par l'un des futurs compagnons de Jeanne d'Arc. C'est seulement à partir de la moitié du XIXe siècle que le hareng fut considéré comme une nourriture réservée aux pauvres.

La montée en puissance de la pêcherie hollandaise fut rapide. À la fin du XIVe siècle, un millier de bateaux pêchaient le hareng entre la Hollande et le Danemark et près de cinq cents le conditionnaient. Un siècle et demi plus tard, on dénombrait douze mille navires – les « buss » ou « buches », où les poissons étaient mis en caques, et les bateaux de pêche proprement dits avec une douzaine de pêcheurs faisant la navette pour approvisionner le buss. Pendant longtemps, les étrangers ne furent pas admis à bord de ces petits ancêtres des navires-usines, le conditionnement du hareng étant tenu secret. On estime qu'à l'époque le hareng faisait travailler un million de personnes sur l'ensemble du pays. En France, les ports de la Manche – Fécamp, Dieppe, Étaples, Boulogne – approvisionnaient aussi l'intérieur du pays. Dans l'est de la France et notamment dans les montagnes vosgiennes, les toponymes faisant référence à ce poisson (« tête de hareng », « col des harengs ») sont fréquents, comme le relève l'historien du climat Emmanuel Garnier.

Les conflits pour l'accès aux ressources ne datent pas d'hier. Dès cette époque, le commerce du hareng déclencha des rivalités entre États européens. Il fut un des prétextes de la première guerre (1652-1654) qui opposa les Anglais et les Hollandais. La défaite hollandaise entraîna une diminution du nombre de bateaux qui, de 1679 à 1747, passa de quatre mille à trois mille. Le phénomène fut amplifié par les variations climatiques qui modifièrent les lieux de ponte traditionnels des harengs en mer du Nord.

L'Écosse prit la relève sous l'impulsion de la Couronne britannique. Le Parlement de Londres vota en 1808 une prime de 3 livres par tonne de harengs pour tous les bateaux pêchant entre 60 et 100 tonnes et de 2 shillings par caque de harengs. Ce coup de pouce financier assura l'essor et la prospérité rapide de la pêcherie écossaise. Michael Wigan, qui retrace l'essor du port de Wick dans *The Last of the Hunter Gatherers*, « Les derniers des chasseurs-cueilleurs »[11], estime que ces aides ont créé de toutes pièces le métier de pêcheur, qui n'existait pas encore véritablement. Jusque-là, cette activité n'était exercée que de manière saisonnière par des fermiers et des petits propriétaires.

En Écosse aussi, le développement de la pêche aux harengs fut extrêmement rapide : 32 bateaux en 1790, 830 bateaux en 1835 et 11 000 bateaux pour l'ensemble de la Grande-Bretagne en 1862. Le record des prises enregistrées dans le port de Wick a été estimé entre 50 et 100 millions de harengs en deux jours. « La fortune de Wick ne provenait pas d'un changement industriel ou d'une technique quelconque mais des captures d'une ressource naturelle, un poisson migrateur en l'occurrence. Les harengs ont été une ruée vers l'or se reconstituant d'elle-même », analyse rétrospectivement Michael Wigan. Pendant longtemps, en effet, les fluctuations de la pêche ont été dues aux seules variations saisonnières et aux caprices des harengs. Dans son livre *La Moisson de la mer* (1873), l'historien des pêches écossais James Bertram la présente comme une véritable loterie. « Personne n'est capable de prévoir quel sera le rendement : au dernier moment, il peut être abondant ou un échec total. » C'est la nature seule qui décide. Il avoue pourtant craindre que les bancs de Wick puissent un jour disparaître, notamment à cause des progrès des techniques de pêche et de l'augmentation de la consommation de poisson, dopée par le chemin de fer. Juste avant la Première Guerre mondiale, l'Écosse, la Hollande et la Norvège pêchaient un million de tonnes de hareng par an. À partir des années 1960, les stocks en mer du Nord ont commencé à diminuer sévèrement à cause de prélèvements dépassant le million de tonnes.

Après un arrêt total des captures à la fin des années 1970, les harengs ont progressivement récupéré lors de la décennie suivante, mais les scientifiques jugent que les stocks sont surexploités du fait d'une série de très mauvais recrutements depuis 2001. Le Conseil international pour l'exploration de la mer (CIEM) conseille une capture totale ne dépassant pas 275 000 tonnes pour 2007.

La ruée vers la morue de Terre-Neuve

Le deuxième tournant qui va conduire à l'exploitation massive des ressources marines est franchi à la fin du XVe siècle avec la découverte des Grands Bancs de Terre-Neuve et de leurs immenses populations de morues. « On attribue la découverte du grand et petit banc des morues à des pêcheurs basques qui y arrivèrent en poursuivant des baleines, cent ans avant le voyage de Colomb », peut-on déjà lire dans l'*Encyclopédie.* Cette zone immense, grande comme la moitié de la France et d'une profondeur moyenne de moins de 100 mètres, s'élève dans le prolongement du plateau continental au large de la côte est du Canada. C'est là, au carrefour du courant froid du Labrador, du courant chaud du Gulf Stream et du panache alluvial du Saint-Laurent, que les morues venaient frayer au printemps. Elles y trouvaient une nourriture abondante et une température de l'eau comprise entre 2,5 °C et 4 °C, idéale pour la reproduction. Elles étaient si abondantes dans les Grands Bancs qu'on racontait pouvoir en attraper en plongeant un panier dans l'eau. Avant l'arrivée des pêcheurs européens, les populations aborigènes constituées des Inuits, des Beothuk (dans la région de Terre-Neuve) et des Micmacs (dans la région du Nouveau-Brunswick) ne dépassaient pas quelques dizaines de milliers de personnes. Elles exploitaient les ressources halieutiques durant l'hiver, prélevant aussi quelques baleines, des phoques avec des harpons durant l'été pour la viande mais aussi pour l'huile, qui leur permettait de s'éclairer et de se chauffer. Tous les témoignages des voyageurs et des migrants se rendant en Amérique du Nord au XVIe et au XVIIe siècle rapportent que l'Atlantique du nord-ouest débordait alors de toutes sortes de poissons. « C'était presque comme une autre planète [12] », écrit Daniel Pauly.

Avec la morue, la pêche va connaître un développement sans précédent en Europe et s'insérer dans le commerce colonial qui se met en place à cette époque. Il ne s'agit plus comme avec le hareng de s'aventurer au large des côtes européennes pour capturer un poisson surabondant, mais d'aller le chercher de l'autre côté de l'Atlantique nord. Cette fois, la pêche entre vraiment dans la période coloniale au sens de Jackson. Michelet a encore une fois admirablement appréhendé la signification de l'événement : « La morue est bien autre chose que le hareng ; elle a jusqu'à neuf millions d'œufs [...]. Ajoutez que cette bête, de maternité redoutable, est en amour neuf mois sur douze. C'est celle-ci qui mettrait le monde en péril. Au secours ! Lançons des vaisseaux, équipons des flottes. L'Angleterre seule y envoie vingt mille ou trente mille matelots. Combien l'Amérique et combien la France, la Hollande, toute la terre ? » Viennent ensuite les phrases souvent citées : « La morue, à elle seule, a créé des colonies, fondé des comptoirs et des villes. » Michelet savait de quoi il parlait. La morue, comme le sucre ou les fourrures, a été un des enjeux de la guerre de Sept Ans qui opposa les Français et les Anglais de 1756 à 1763. Et l'accès aux Grands Bancs de Terre-Neuve et le commerce de la morue ont été aussi à l'origine de la guerre d'Indépendance (1775-1783) entre les colons d'Amérique du Nord et la couronne d'Angleterre.

Michelet fait de la fécondité de la morue le moteur même de la colonisation. Il y a tellement de morues là-bas que les pays européens, au premier rang desquels l'Angleterre, la première puissance maritime de l'époque, doivent s'empresser d'aller les pêcher. Son raisonnement est exactement l'inverse du nôtre, où la pêche constitue maintenant un danger pour la survie des espèces marines. Pour Michelet, au contraire, c'est la morue qui menace « la mer » et les pays européens qui doivent la sauver par la pêche. On n'a jamais justifié avec une telle candeur la pêche sans limites. Il y a en germes dans ces propos les bateaux-usines des années 1970 et les razzias des poissons des grandes profondeurs d'aujourd'hui. Ce type de considération était habituel au XIXe siècle, la fécondité des mers et des morues était presque devenue un stéréotype. On le retrouve dans le *Grand Dictionnaire de Cuisine* d'Alexandre Dumas (1871) : « On a calculé que si aucun accident n'arrêtait l'éclosion de ces œufs et si chaque cabillaud venait à sa grosseur, il ne faudrait que trois ans pour que la mer fût comblée et que l'on pût traverser à pied sec l'Atlantique sur le dos des cabillauds [13]. » Au XVIIIe siècle, Arnault de Nobleville et Salerne ne disaient déjà pas autre chose : « Quelque grand que soit le nombre des morues qui sont consommées par les hommes chaque année, ou dévorées en mer par d'autres poissons, ce qui en reste est toujours plus que suffisant pour nous en redonner un pareil nombre un an ou deux après. »

On notera que, dans son texte, Michelet ne mentionne pas les pêcheurs mais les États nations. La pêche à la morue s'inscrit dans un contexte de rivalités nationales. Peu de choses ont changé aujourd'hui, si ce n'est que la pêche s'est totalement mondialisée et que les ressources sont en train de fondre. Durant toute la période qui va du XVIe siècle à la fin du XIXe siècle et qui a vu l'émergence simultanée des nations européennes et des empires coloniaux, les bateaux de pêche sont régulièrement accompagnés de navires de guerre chargés d'assurer leur sécurité et de protéger leur cargaison. L'accès aux morues des bancs de Terre-Neuve est réservé aux plus forts et aux plus entreprenants. Ceux qui sont rejetés vont pêcher autour de l'Islande, où la morue est restée abondante jusqu'après la Seconde Guerre mondiale, avant que les stocks ne s'effondrent.

La morue était connue et consommée depuis longtemps en Europe, où elle était abondante. On la mangeait fraîche le long des côtes, c'était le cabillaud, salée et séchée à l'intérieur des terres et dans les villes, c'était la morue. Les premières pêcheries furent d'abord organisées localement au début du IXe siècle, en Norvège et en Islande. Dès 1368, Amsterdam avait une pêcherie de morue sur les côtes de la Suède. Le séchage était alors une spécialité des habitants de l'Islande et de la Norvège, qui écoulaient leur surplus en Europe. La Ligue hanséatique, qui avait bâti sa puissance sur le commerce du hareng et en détenait le monopole, entendait bien aussi se réserver celui de la morue séchée. Mais elle rencontra sur son chemin le port de Bristol qui, dès la fin du XVe siècle, aspirait à devenir la plaque tournante de ce commerce naissant. Les marchands anglais refusèrent de céder aux demandes de la Ligue et cette dernière dut renoncer à ses ambitions.

La provenance des morues débarquées à Bristol dans les années 1490 reste aujourd'hui encore un mystère. Mark Kurlansky laisse entendre dans *La Fabuleuse Histoire de la morue* [14] qu'elles provenaient de Terre-Neuve et non pas d'Islande, où le climat ne permettait pas de les sécher. Si c'était le cas, cela voudrait dire que les pêcheurs approvisionnant Bristol avaient devancé les grands navigateurs dans leur découverte du continent américain (Colomb pose le pied aux Caraïbes en 1492). Mais le secret avait été bien gardé, car les pêcheurs ne voulaient pas divulguer les zones où ils trouvaient beaucoup de poissons. La différence entre les navigateurs et les pêcheurs est du même ordre que celle qui existe entre les ingénieurs des mines patentés et les petits mineurs professionnels qui prospectent et cherchent des filons pour leur propre compte : ils creusent la même terre mais ne vivent pas dans le même monde. Aussi lorsque, en 1497, le navigateur vénitien Jean Cabot débarqua le premier en Amérique du Nord et qu'il annonça avec enthousiasme que la mer au large des côtes de Terre-Neuve était remplie de morues, certains pêcheurs étaient sûrement déjà au courant. Quelques années plus tard, au cours de son premier voyage au Canada, Jacques Cartier raconta qu'il avait croisé plusieurs centaines de bateaux de pêche basques au large de Terre-Neuve. Mais tous les pêcheurs ne sont pas muets : à l'ouest de l'Atlantique nord, la mappemonde dessinée en 1436 par le cartographe italien Andrea Bianco et le cosmographe Fra Mauro porte en effet la mention *« stoc fis »*, un terme anglais désignant la morue, le poisson séché sur bâton.

En France, l'histoire de la pêche à la morue a eu très tôt un caractère héroïque et tragique. Il est frappant de voir comment cette épopée, encore vivante aujourd'hui, passe sous silence la rivalité avec les Anglais, qui s'est soldée par une défaite, et l'histoire de Terre-Neuve, marquée par le génocide des populations locales.

De tous les grands écrivains du XIXe siècle, c'est Alexandre Dumas qui s'est le plus intéressé à la morue. Dans son *Grand Dictionnaire de la Cuisine*, il fait à grands coups de fourchette un récit des débuts de la pêche à Terre-Neuve dont il ne reste pas grand-chose à retrancher : « Ce fut en 1536 que la France envoya au banc de Terre-Neuve son premier vaisseau pour y pêcher. Longtemps on prétendit qu'il était monté par des Malouins, aujourd'hui on en fait honneur aux Basques ; en effet, cent ans environ avant l'expédition de Christophe Colomb, les pêcheurs basques poursuivant une baleine s'aperçurent de la grande abondance de cabillauds qu'il y avait à Terre-Neuve, et en firent la première pêche. En 1578, la France envoyait à Terre-Neuve 1 050 navires pour la pêche, l'Espagne 110, le Portugal 50 et l'Angleterre 30. La pêche de la morue se fait ordinairement pendant le mois de février et est le plus souvent terminée en six semaines ; il n'est pas rare cependant qu'elle dure, dans les bonnes années, quatre ou cinq mois. On se sert pour pêcher la morue de lignes, d'hameçons, de rets ; un pêcheur ne pêche à la fois qu'un poisson, mais le cabillaud est si abondant que chaque pêcheur peut en prendre 350 à 400 par jour [15]. »

La morue habite les eaux froides des profondeurs. Sa livrée est verdâtre avec des taches ocre, il existe différents patrons de couleur avec des nuances marron, jaunes ou vertes. Sa chair floconneuse, délicate et maigre, est d'un blanc pur. Tout est bon chez elle : la langue, les joues, la vessie natatoire, le foie, l'estomac, les tripes et les œufs. Même la peau est consommée par les Islandais, qui la font frire avec du beurre, ainsi que les arêtes, attendries dans du lait aigre, tandis que d'autres populations les utilisent comme engrais.

Sa bouche immense, sa mâchoire supérieure débordante et les ouvertures branchiales larges sont celles d'un grand prédateur. La morue atteint la maturité sexuelle entre 5 et 8 ans. Elle pouvait vivre jusqu'à 25 ans et pesait alors un peu moins de 100 kilos et mesurait près de 2 mètres. De telles dimensions ne se rencontrent plus jamais à notre époque, tous les individus étant pêchés beaucoup plus jeunes. Omnivore et même cannibale, elle dévore tout ce qui se présente : des crustacés, des mollusques, des poissons, parfois même des oiseaux de mer. La morue ingère presque n'importe quoi, y compris des pierres, ceci peut-être afin de pouvoir digérer les anémones de mer, les hydroïdes et d'autres organismes coriaces. Aussi les premiers pêcheurs n'eurent-ils pas de mal à capturer le grand prédateur en utilisant un hameçon appâté. Grenouilles, anchois, sardines, harengs, maquereaux, vers de terre, moules, lamproies, bulots, tout a été essayé avec plus ou moins de succès. Les pêcheurs sportifs de nos jours utilisent des leurres en plomb qui ont la forme de petites morues et qu'ils agitent au bout de leur ligne. Alexandre Dumas, fin gourmet, considère avec respect l'appétit de ce poisson et lui reconnaît une particularité qui pourrait être enviée de bien des gros mangeurs : toutes les fois que son avidité lui a fait avaler un morceau de bois ou quelque autre chose indigeste, le cabillaud vomit son estomac, le retourne devant sa bouche, et, après l'avoir vidé et bien rincé à l'eau de mer, le replace et se remet à manger.

Entre le XVIe siècle et le XVIIIe siècle, la morue représentait plus de 60 % de tous les poissons consommés en Europe. D'ailleurs, lorsque l'on parlait de la morue, on disait le plus souvent « le poisson », comme si la mer semblait ne receler que cette espèce. Les autres espèces rentraient sous l'appellation « faux poisson » qui servait à nourrir les équipages, réservant le « vrai poisson » aux échanges commerciaux.

Les Français ont pratiqué deux sortes de pêche autour de Terre-Neuve : la pêche « à la morue sèche », qui se pratiquait près du rivage, et la pêche « à la morue verte », où la préparation du poisson se faisait au large, à bord du bateau. Pour la première, le navire restait mouillé durant toute la campagne dans une baie abritée. La pêche proprement dite était effectuée à partir de chaloupes tandis que sur la côte le poisson était salé par le reste de l'équipage, puis lavé à l'eau de mer et séché sur des galets et des bâtons de bois après avoir été étêté, fendu, vidé et désossé. Dans les fosses domestiques anciennes qui font l'objet de fouilles, les archéologues n'ont pas de mal à reconnaître les ossements de morues grâce à leur découpe caractéristique et à leur grande taille. La morue de Terre-Neuve avait alors des gabarits impressionnants, comme le souligne l'archéozoologue Benoît Clavel.

La plupart de ceux qui conditionnaient les poissons n'étaient pas des marins mais des paysans sans le sou et des jeunes, des « parias » selon le comte de Gobineau dans *Voyage à Terre-Neuve* (1861). « Je vois encore les cabanons ignobles et remplis de vermine où ils couchaient [...]. Une impression de chenil ou plus précisément de porcherie mal tenue, voici ce que j'ai rapporté de ma petite excursion à travers ces taudis », rapporte de son côté dans *Pêcheurs de Terre-Neuve* Léon Letellier[16], un jeune paysan breton qui effectua deux campagnes à Terre-Neuve avant de devenir professeur de philosophie à Paris et de s'engager en faveur de Dreyfus. Peu avant la Révolution, la morue sèche, qui était destinée principalement aux pays méditerranéens, mobilisait chaque année dix mille hommes, soit quatre fois plus que l'autre mode de pêche, note Nelson Cazeils dans *Cinq siècles de pêche à la morue*. La domination maritime de l'Angleterre après l'effondrement de l'Empire napoléonien fit que, à partir de 1830, les Français abandonnèrent progressivement la pêche sédentaire.

L'autre formule, la pêche errante ou pêche à la morue verte, consistait à saler le poisson à bord du navire. Cette technique, qui n'exigeait pas une main-d'œuvre importante, demandait cependant un équipage de marins et de pêcheurs chevronnés, comme le souligne Nelson Cazeils. Pendant longtemps, les lignes furent jetées du bateau, mais, à partir du début du XIXe siècle, la pêche s'effectua sur de petites embarcations en bois – des doris – arrimées aux voiliers qui pouvaient jauger de cent à cinq cents tonneaux. Sur les lieux de pêche, les doris étaient mis à la mer avec deux à trois hommes à leur bord. Les pêcheurs utilisaient de grandes lignes appâtées avec des bulots, des coquillages entassés sur le ponton des bateaux et qui après plusieurs jours empestaient l'atmosphère. Il fallait monter sur ces lignes environ soixante-dix hameçons par pièce, ce qui faisait au total deux mille à deux mille deux cents hameçons par doris, comme le rappelle Florence Levert, du musée de Fécamp[17]. Cette pêche était pénible et souvent très dangereuse. Le brouillard empêchait parfois les pêcheurs de regagner le navire. Ou bien ils dérivaient pendant plusieurs jours et on retrouvait l'équipage hagard et terrorisé, ou bien on ne le revoyait jamais plus.

Il arrivait que les baleines en passant sous le doris le fassent chavirer, entraînant tout l'équipage dans les eaux glacées, mais aussi, plus souvent, qu'une prise trop importante de morues fasse couler le doris avec l'équipage.

La vie à bord des voiliers, qu'ils soient terre-neuviers ou islandais, était très fruste et n'a pratiquement pas évolué avant le XXe siècle. Le temps de sommeil n'était jamais de plus de cinq heures, celui du travail avoisinait les seize à dix-huit heures. L'absence complète de propreté, l'humidité, le froid, les intempéries et le travail pénible et intense étaient le menu quotidien des pêcheurs de morue. Les couchettes mesuraient entre 0,8 et 1,5 mètre et étaient occupées par un ou deux pêcheurs. C'est avec de l'eau de mer glacée que l'on se débarbouillait, souvent après six semaines de mer on retournait simplement ses vêtements de dessous ; le savon et l'eau chaude étaient utilisés tous les six ou sept mois de campagne lors de la grande toilette. On se nourrissait de têtes de morues, de biscuits et de quelques légumes secs arrosés de beaucoup d'alcool, pour tenir le coup. Un enfer. Le docteur Denis, médecin à bord d'un terre-neuvas en 1886, prétendait que le matelot mettait ses bottes en partant pour les bancs et ne les retirait qu'à son retour en France à la fin de la campagne.

La mortalité chez les marins était élevée. En attestent les chiffres du médecin en chef de la marine, le docteur Bonnafy [18]. En 1897, sur les 10 500 pêcheurs de Terre-Neuve, 266 ont disparu soit par naufrage (143 morts), soit par dérive du doris (65), soit par maladie (58). Très nombreux autour de Terre-Neuve, les pêcheurs américains payèrent aussi un lourd tribut sur leurs schooners, rapides mais pas assez quillés en période de gros temps : 20 navires et 140 hommes perdus en 1871 ; 32 bateaux et 174 disparus en 1873 ; 29 bateaux et 249 disparus lors d'une seule tempête en 1879.

C'est à ce moment-là que naît en France la figure du pêcheur déshérité et courageux. Elle refait régulièrement surface dans les médias français lors des réunions de Bruxelles où se décident les fameux « totaux autorisés de captures » (TAC) et dans les commentaires de l'émission de télévision *Thalassa*. Dès les premières phrases introductives du *Traité des pêches et histoire des poissons ou des animaux qui vivent dans l'eau* publié en 1769, Duhamel Du Monceau, qui fut inspecteur général de la marine, lance un hommage vibrant à ces hommes qui affrontent les éléments hostiles et à cette activité importante à la nation. « Ce métier pénible forme les bons matelots ; les pêcheurs s'accoutument à supporter les fatigues qu'offre sans cesse l'élément sur lequel ils passent la plus grande partie de leur vie. Ils s'enhardissent jusqu'à la témérité, et au point de braver les vents et les flots. » Pour Du Monceau, les pêcheurs sont plus courageux que les soldats. « Après avoir bravé les dangers de la mer, les matelots ne sont point effrayés par l'ennemi : de là vient qu'ils sont presque tous intrépides dans les combats ! » À travers ses propos, on devine le contexte guerrier dans lequel s'inscrivait l'activité de pêche au cours de l'Ancien Régime, « l'ennemi » désignant aussi bien les éléments naturels que les pirates et les marines ennemies.

Chaque pays européen a son histoire de la morue que les anciens ports de pêche essaient plus ou moins de perpétuer pour attirer les touristes. La mémoire est sélective. Une jeune chercheuse canadienne, Adrienne Blattel, jette un regard très intéressant sur ce qu'on a retenu de cette activité en France. Elle a fait un séjour dans notre pays en 2002 avant de monter une exposition à Terre-Neuve à l'occasion du cinq centième anniversaire de l'arrivée du premier bateau français dans la grande île, devenue en 1949 province canadienne après avoir été colonie britannique.

Plusieurs choses ont frappé Adrienne Blattel au cours de son voyage d'étude. D'abord, la morue sèche qui obligeait les pêcheurs français à stationner pendant une longue période sur les côtes de Terre-Neuve n'a laissé chez nous aucune trace. Les graves conflits ayant opposé des pêcheurs français et des Inuits à Boutitou en 1692-1694 et en 1756-1762 sont tombés eux aussi dans l'oubli. Presque rien non plus sur l'alcool qui était consommé inconsidérément sur de nombreux bateaux (un litre d'eau-de-vie par jour et par personne !) et qui pourrait être à l'origine de nombreuses avaries. De même, les mauvais traitements que subissaient les enfants embarqués à bord des bateaux comme mousses sont passés sous silence, alors que la cruauté de certains capitaines était de notoriété publique. « Il les frappait presque chaque jour, dit-on ; chaussé de lourdes bottes il les roulait à coups de pied sur le pont du navire, leur assénait des coups de manche de piquois ou de gaffe », expliquait un pêcheur lors d'un procès qui s'est tenu au tribunal maritime de Dinan en avril 1884 [19]. À Terre-Neuve, on raconte encore l'histoire de ce jeune mousse français retrouvé mort de faim dans les rochers de Port-Canada. Il s'y était caché pour ne pas retourner sur le bateau où il subissait de nombreux sévices.

Escamoté aussi dans les musées français le fait que la morue ait fait partie du commerce triangulaire. Non seulement elle servait de monnaie d'échange pour acheter des esclaves en Afrique de l'Ouest, mais les morues de mauvaise qualité étaient vendues aux colons des Caraïbes et des Guyanes. Ces derniers les donnaient à manger aux esclaves qui travaillaient dans les plantations de sucre. On rapporte aussi que quelques esclaves noirs travaillaient parfois sur les bateaux de pêche. À partir de 1680, la France amenait quelque mille esclaves par an à la Martinique et en Guadeloupe pour remplacer ceux qui mouraient. Le besoin en protéine animale bon marché devenait impérieux. Entre 1780 et 1787, par exemple, plus de quinze mille esclaves sont morts de faim à la Jamaïque car la guerre avait tari les approvisionnements en morue. La morue était échangée contre du sucre mais aussi contre le précieux sel qui servait à la conserver ou contre le fer qui était la spécialité de la ville espagnole de Bilbao. Il fallut attendre la première moitié du XIXe siècle pour que l'esclavage soit aboli. Dans les Antilles, les tonneaux à morue furent utilisés pour fabriquer des instruments de musique et les acras de morues sont encore aujourd'hui une spécialité locale.

Le monde de la pêche a servi de berceau et de référence aux colons. Dans son dernier livre, *La France et ses esclaves*[20], Frédéric Régent nous fait entendre cet écho troublant : « Pour plus d'efficacité, un certain nombre de colons [aux Antilles, au XVIIe siècle] travaillent ensemble. Une fois la concession de terre obtenue, deux hommes s'associent pour la défricher, la bâtir, la cultiver. Les associés mettent en commun leurs concessions, leurs bras, leurs outils et les bénéfices sont divisés par deux. Ces deux hommes s'appellent réciproquement "mon matelot". »

Le massacre des « bons géants »

La baleine est souvent associée à la morue dans l'histoire de la surexploitation des ressources marines, du fait que les Grands Bancs de Terre-Neuve ont été découverts à la fin du XIVe siècle par les baleiniers basques. En effet, ces derniers avaient écumé l'Atlantique du nord-ouest à la recherche de nouveaux cétacés après avoir éliminé les baleines du golfe de Gascogne. À part cet épisode fortuit, ces deux espèces n'ont pas grand-chose en commun pour l'homme. Les baleines étant des mammifères et n'ayant pas la fécondité des poissons, les hommes ont très vite constaté que la chasse pouvait mettre en danger leur survie. Au milieu du XIXe siècle, on savait déjà que les grands mammifères marins étaient menacés par l'homme, mais on l'acceptait avec tristesse et fatalité, comme en témoignent ces lignes de Michelet : « On les voyait jadis naviguer deux à deux, parfois en grandes familles de dix ou douze, dans les mers solitaires. Rien n'était magnifique comme ces grandes flottes, parfois illuminées de leur phosphorescence, lançant des colonnes d'eau de 30 à 40 pieds qui, dans les mers polaires, montaient fumantes. Ils approchaient paisibles, curieux, regardant le vaisseau comme un frère d'espèce nouvelle ; ils y prenaient plaisir, faisaient fête au nouveau venu. Dans leurs jeux ils se mettaient droit et retombaient de leur hauteur, à grand fracas, faisant un gouffre bouillonnant. Leur familiarité allait jusqu'à toucher le navire, les canots. Confiance imprudente, trompée si cruellement ! En moins d'un siècle, la grande espèce de la baleine a presque disparu. »

Essayant de comprendre pourquoi l'homme a éliminé la mégafaune terrestre très rapidement après avoir posé le pied sur de nouveaux continents ou de nouvelles îles, les biologistes avancent généralement le fait que les grands animaux ont évolué sans contact avec l'homme et se sont retrouvés sans défense face à ce prédateur inconnu d'eux. Michelet estime de son côté que ce sont surtout les liens familiaux très forts existant chez les baleines qui les ont fragilisées vis-à-vis de l'homme[21]. Sur ce point, il donne d'ailleurs une vision très anthropomorphique des baleines : « La femelle porte neuf mois [en réalité, de dix à dix-sept mois selon les espèces]. Son agréable lait, un peu sucré, a la tiède douceur du lait de femme [...]. La mère allaite avec tendresse, et quoique ses bras soient bien courts, elle trouve moyen, dans la tempête, de serrer contre elle-même et de protéger son petit. » Pour lui, les cétacés sont de « bons géants » apparus à une époque « de grande douceur et d'innocence » et c'est l'attachement de la mère à sa progéniture et les liens unissant les couples qui constituent leur point faible par rapport au chasseur. « Leur embarras est grand, quand le pêcheur féroce les attaque dans leur enfant. On harponne le petit pour les faire suivre, et en effet ils font d'incroyables efforts pour le sauver, pour l'entraîner ; ils remontent, s'exposent aux coups pour le ramener à la surface et le faire respirer. Mort, ils le défendent encore. Pouvant plonger et échapper, ils restent sur les eaux en plein péril pour suivre le corps flottant. »

S'appuyant sur ces descriptions déchirantes, Michelet préconise une limitation de la chasse et de la pêche qui n'a rien à envier à ce qui est demandé aujourd'hui par les océanographes des pêches. Contrairement à beaucoup des premiers conservationnistes, il ne fait pas de tri sélectif et se montre aussi préoccupé du sort des poissons que des mammifères marins. « Pour tous, amphibies et poissons, il faut une saison de repos : il faut une *trêve de Dieu.* La meilleure manière de les multiplier, c'est de les épargner au moment où ils se reproduisent, à l'heure où la nature accomplit en eux son œuvre de maternité. Il semble qu'eux-mêmes ils sachent qu'à ce moment ils sont sacrés : ils perdent leur timidité, ils montent à la lumière, ils approchent des rivages ; ils ont l'air de se croire sûrs de quelque protection [...]. Toute vie innocente a droit au moment du bonheur, au moment où l'individu, quelque bas qu'il semble placé, dépasse la limite étroite de son moi individuel, veut au-delà de lui-même, et, de son désir obscur, pénétrer dans l'infini où il doit se perpétuer. » Il aura fallu attendre 1986 pour que la Commission baleinière internationale (CBI, *International Whaling Commission*) décrète un moratoire international réduisant fortement la chasse de tous les grands cétacés.

« Les plus anciens témoignages sur les débuts préhistoriques de la chasse à la baleine se trouvent en Asie », écrit Daniel Robineau, professeur au Muséum national d'histoire naturelle de Paris, dans son *Histoire de la chasse à la baleine*[22]. En Corée du Sud précisément, où de nombreux dessins gravés sur les parois d'une falaise représentent de grands cétacés (baleines franches, baleinoptères et cachalots) et des scènes de chasse. Le site de Bangu-dae ayant été daté entre 5000 et 3000 ans avant J. -C., il s'agirait de la première preuve que l'homme a chassé la baleine durant la période aborigène. Par rapport au site coréen, les vestiges de l'âge du bronze scandinave (entre 1800 et 400 avant J. -C.) sont beaucoup moins explicites. Les ossements sculptés, pierres gravées ou monticules de déchets de nourriture ne permettent pas de penser que « les populations préhistoriques aient pu s'attaquer aux grandes espèces, sauf en des circonstances tout à fait exceptionnelles », comme le souligne Daniel Robineau. En effet, pendant longtemps les hommes ont dû se contenter d'exploiter les cétacés échoués le long du littoral. Leur arrivée devait constituer un événement providentiel, comme en témoignent les fêtes organisées il n'y a pas encore si longtemps dans notre pays. Ainsi, en 1917, l'échouage d'un rorqual de Rudolphi sur la plage de Bidart, dans les Pyrénées-Atlantiques, fut fêté comme un don de la mer et une partie de l'animal fut donnée aux orphelinats de la région. Il ne fallut pas moins de quinze hommes et un attelage de six paires de bœufs pour dépecer et emmener l'animal, qui faisait plus de 15 mètres de long, à la tannerie la plus proche, comme le raconte Nelson Cazeils dans *Dix siècles de pêche à la baleine*[23], un ouvrage très richement documenté et riche d'anecdotes.

Les premiers documents historiques ayant trait à la chasse à la baleine se trouvent au Pays basque et remontent au XIe siècle. À cette époque, une espèce de gros cétacé appelé la baleine des Basques venait se reproduire le long des côtes. La femelle adulte étant facile à capturer quand elle allaite son petit et son corps flottant en surface une fois morte, la chasse s'était peu à peu développée. Les hommes essayaient d'abord de les repérer d'un poste d'observation situé sur un point élevé de la côte (l'atalaye) pour les rabattre ensuite vers les grèves ou les piéger dans des enceintes installées sur l'estran. À la même époque et selon le même principe, les petits cétacés étaient capturés par les associations de pêcheurs normands qui les cernaient à l'aide de leur flottille puis les effarouchaient par des cris et des bruits divers afin de les diriger vers les grèves et le fond des estuaires pour les exterminer à coups de lance. Les monastères construits à l'entrée des fleuves en prélevaient une partie pour la nourriture et l'éclairage. Une technique voisine est encore pratiquée aux îles Féroé, archipel danois situé au nord de l'Écosse. Ces techniques de piégeage ont persisté durant de nombreuses années et se révélaient souvent d'une étonnante efficacité pour capturer des petits animaux. Vers 1875, une enceinte permit de capturer dans l'estuaire du Saint-Laurent cinq cents marsouins blancs en une seule fois.

Assez vite, les Basques ont appris à chasser les baleines avec des petites embarcations en pleine mer à l'aide de harpons barbelés et de lances affilées. Très pointus et tranchants des deux côtés, ceux-ci pénètrent profondément dans la chair. Plus tard ils apportèrent une innovation importante en équipant le harpon d'une ligne qui leur permettait de ne pas perdre l'animal. Dès que la baleine sort de l'eau pour respirer, elle est harponnée. Elle est alors très dangereuse et nombreuses sont les embarcations qui furent coulées et les hommes écrasés. L'opération est renouvelée jusqu'à ce que l'animal meure. Ce gros animal a plusieurs points faibles qui en font une proie facile à repérer : toutes les 5 à 50 minutes de nage en apnée, la bête est obligée de remonter à la surface pour respirer en émettant un jet de 6 à 9 mètres de haut, facilement identifiable pour des marins attentifs. Ces animaux nagent lentement, ce qui facilite leur poursuite, et leurs carcasses (sauf celles des rorquals) flottent naturellement en surface, ce qui en facilite la récupération et l'exploitation.

La chasse était très lucrative. Selon les calculs de Daniel Robineau, la capture d'un seul animal pouvait fournir un poids de viande équivalant à celui d'un troupeau de 30 bovins, le poids du lard de 300 porcs d'où l'on pouvait extraire 9 000 litres d'huile et une langue de 1 500 kilos, un mets alors très prisé, et entre 250 à 300 kilos de fanons aux multiples usages. Très vite, il semble qu'il n'y ait plus eu de baleines dans le golfe de Gascogne, les Basques espagnols ayant rejoint les Français. On peut penser que les populations du gros cétacé y étaient peu nombreuses avant la chasse : entre 1 250 et 1 850 individus selon les estimations de Daniel Robineau. Les prélèvements n'avaient donc pas besoin d'être énormes pour être dévastateurs, le massacre des baleineaux et des femelles réduisant rapidement les effectifs.

La taille des baleines en a fait de véritables mines de matières premières organiques, exploitées de façon industrielle. On a oublié aujourd'hui que tout était bon à prendre chez la baleine. Les cétacés fournissaient une quantité importante de protéines et de graisse, mais aussi des fanons, de l'os, de l'ivoire et du cuir. La viande salée était consommée même au moment du carême, puisque les cétacés étaient considérés comme des poissons à lard ou à couenne. En Angleterre, un repas de marsouins rôtis était considéré comme un plat royal et en France, vers 1550, le marsouin salé ou séché et fumé fait l'objet d'un grand commerce. La langue était considérée comme un mets exquis au début du XVIe siècle. L'huile servait pour le chauffage mais surtout pour l'éclairage des villes. Les besoins étaient considérables : en 1769, pas de moins de trois mille cinq cents réverbères devaient êtres alimentés quotidiennement avec de l'huile de cétacés à Paris. L'huile de cachalot servait à lubrifier les machines travaillant à grande vitesse et demandant des mécanismes de haute précision. Juste avant l'interdiction de la chasse, les Soviétiques l'utilisaient encore pour certaines pièces de leurs fusées. Les os étaient utilisés comme matériau de construction, les fanons, grâce à leur résistance et à leur flexibilité, servirent jusqu'au XIXe siècle à fabriquer des baleines de parapluie et des corsets. Le cuir était réservé à la fabrication des ceintures, les intestins séchés étaient transformés en cordages. De nombreux produits cosmétiques et pharmaceutiques sont dérivés des baleines. L'ambre gris fourni par le cachalot servait à fixer les parfums et on lui donnait aussi des vertus aphrodisiaques au XVIIe siècle. Le spermaceti était employé à faire des bougies. C'est une huile présente dans le crâne du cachalot sous forme liquide qui se fige à basse température et permet à l'animal de gagner de la densité et de pouvoir se stabiliser quand il plonge à de grandes profondeurs.

À la différence de la morue, qui fixait et concentrait les pêcheurs sur les sites où elle était particulièrement abondante, comme les Grands

Bancs, le nombre limité des baleines et des gros cétacés a conduit les chasseurs à parcourir tous les océans à la recherche de nouvelles proies. Cette quête sans fin a conduit la flotte mondiale des baleiniers dans le Pacifique et dans l'océan Austral jusqu'après la Seconde Guerre mondiale. La baleine et le baleinier ont ouvert aux hommes la grande navigation et découvert le globe, écrivait Michelet, toujours visionnaire [24]. C'est en effet avec les cétacés que la prospection de nouvelles zones de pêche a été entreprise à l'échelle planétaire. En 1412, vingt bâtiments basques et bayonnais équipés pour la pêche à la baleine débarquèrent sur les côtes islandaises, à Groendjerfjord et dans le golfe de Grunden, où évidemment on ne les attendait pas. L'avocat Estienne Cleirac relate dans ses Mémoires qu'en 1617 les marchands de Bordeaux ont financé quelques navires « pour la pescherie vers la mer Glaciale de Groetland au nord de l'Irlande et de l'Écosse ». À cette époque, la chasse à la baleine avait déjà basculé dans l'ère coloniale. Les Basques affinèrent leur technique et jetèrent leur dévolu sur les baleines du Labrador et de l'estuaire du Saint-Laurent, tout en tuant aussi nombre de phoques et de morses.

Les autres pays européens avaient eux aussi flairé les bonnes affaires. En 1607, le capitaine Henry Hudson, au service de la Muscovy Company, confirme que les eaux du Groenland et du Spitzberg découvertes dix ans auparavant regorgent de phoques et de baleines. Les baleiniers hollandais et anglais recrutèrent alors des Basques pour leur enseigner la pêche à la baleine et investirent ces zones de pêche très productives. La suprématie hollandaise ne tarda cependant pas à se concrétiser. En 1684, ils envoient vers le nord 242 baleiniers, une année record. Un navire de 150 tonneaux pêche souvent une vingtaine de baleines dans les années 1680. Une nouvelle méthode est inventée vers 1637 par un Français qui permet de faire fondre à bord du navire les graisses de baleine. Ce procédé fait gagner un temps appréciable lors des manœuvres de conditionnement des baleines, puisqu'il ne faut dorénavant plus ramener l'animal à terre pour qu'il soit traité. Il sera employé pendant plus d'un siècle par les Basques et jusqu'au XIXe siècle par les trois-mâts baleiniers américains. Le partage des tâches de dépeçage et de fonte permettait aussi un gain de temps et une économie de main-d'œuvre.

Au début du XVIIIe siècle, l'hécatombe des baleines franches qui durait depuis près d'un siècle aboutit à leur brutale extinction aux abords du Spitzberg. Les campagnes deviennent désastreuses pour les Basques. Le Parlement anglais prend néanmoins des mesures en faveur de la pêche à la baleine en octroyant des primes et des aides et en taxant les huiles étrangères. Les Américains démarrent l'exploitation du cachalot, réputée beaucoup plus difficile que celle de la baleine franche, mais qui produit le spermaceti riche en lipides. En 1774, Nantucket, une petite île au large de la presqu'île du cap Cod, devient le grand centre de la pêche baleinière ; 150 des 360 baleiniers américains sont basés dans ce port.

La France en perte de vitesse est devenue dépendante des huiles et fanons produits par les Hollandais, les Anglais et les Américains. Étant donné les enjeux économiques, Louis XVI, qui défend une politique marine active, souhaite relancer la pêche à la baleine. Dunkerque devient le port français de pêche à la baleine et en 1792 trente baleiniers y ont leur port d'attache, cinq cents cachalots sont pris par saison. Au XIXe siècle, plusieurs ports français s'arment : Dieppe, Calais, Honfleur, Saint-Malo, Lorient. Les baleiniers explorent de nouvelles zones de chasse au Chili et en Australie. Le gouvernement décide d'accorder des primes importantes à la pêche à la baleine et au cachalot, susceptibles d'attirer les investisseurs. En 1861, C. E. Boüet, un négociant du Havre, rédige un petit livre où il détaille toutes les retombées financières possibles et expose l'arrière-plan politique de cette initiative. « Remarquant avec regret, avec inquiétude, l'immense développement maritime de l'Angleterre et des États-Unis, développement tel que la France, autrefois sans rivale sur les mers, n'est plus actuellement qu'au troisième rang, et reconnaissant que les grandes pêches sont la meilleure école pour les marins, le gouvernement a voulu, par l'appât de primes extrêmement riches, provoquer un grand nombre d'armements et obtenir tous les avantages qui en découlent : mouvements de fonds considérables, emploi permanent d'un grand nombre d'ouvriers et de matelots, travail abondant pour toutes les industries qu'alimente la marine et, par suite, plus de force, plus de puissance maritime[25]. »

Dans les années 1840, plus de 700 baleiniers à voiles américains exploitent de façon traditionnelle le cachalot et les baleines franches en sillonnant l'Atlantique, le Pacifique et l'océan Indien. Quand les campagnes sont réussies, il n'est pas rare de doubler, voire de tripler le capital investi. À New Bedford (Massachusetts), qui compte 329 baleiniers et 10 000 hommes, le niveau de vie des habitants est l'un des plus élevés du monde. La pêche à la baleine atteint alors son apogée, mais le déclin de la pêche américaine s'amorce à partir de la fin des années 1850. La guerre de Sécession et la ruée vers l'or en Californie ont raison de la plupart des équipages. En Angleterre, l'effondrement est rapide : de plus de 110 navires en 1820, les armements passent à 19 en 1849.

Deux phénomènes conjugués ont freiné pendant un temps la chasse à la baleine : d'une part, la découverte du pétrole en 1859 et des techniques de fabrication du kérosène, qui concurrencèrent directement l'huile de baleine. Et d'autre part la surexploitation qui obligeait les équipages à des expéditions toujours plus lointaines et coûteuses. L'industrie allait malgré tout connaître un ultime essor grâce à des inventions techniques qui allaient relancer les capacités de chasse à la baleine. Dès 1860, on arme les bateaux à vapeur d'hélices leur assurant une plus grande maniabilité et autonomie. Un industriel baleinier norvégien, Svend Foyn, met au point en 1868 un canon lance-harpon qui révolutionne la chasse à la baleine. Le bateau peut aller vite et le projectile muni à son bout d'un obus et relié à un câble provoque une mort rapide par hémorragie du mammifère. Avec cette nouvelle arme, 635 baleiniers modernes parviennent à tuer en 40 ans (de 1864 à 1904) autant de cétacés que 3 880 baleiniers hollandais, de 1660 à 1698. En 1880, on arrive à insuffler de l'air dans les intestins de l'animal mort, ce qui lui évite de couler. Cette technique va permettre de chasser des espèces jusqu'alors épargnées, notamment la baleine bleue, le plus grand des cétacés, pouvant atteindre 30 mètres, et les rorquals.

À la fin du XIXe siècle, après avoir épuisé les ressources de l'hémisphère Nord, les baleiniers se tournent vers l'hémisphère Sud. C'est la fuite en avant. Une amélioration technique des bateaux permettant de hisser le cétacé sur un plan incliné à l'arrière est inaugurée en 1925 par le navire-usine norvégien le *Lancing*. Cette innovation va permettre de conduire la chasse n'importe où en pleine mer, en totale autonomie. Les deux principaux pays baleiniers sont alors la Norvège (50 % des captures) et la Grande-Bretagne (25 %), suivis par le Japon, les États-Unis et l'Argentine. « Pendant la décennie 1927-1937, le nombre de captures mondiales va plus que doubler (passant de 23 593 à 54 902) et celui de la chasse pélagique antarctique plus que quadrupler (passant de 10 128 à 43 328) », relève Daniel Robineau[26]. Entre 1869 et 1939, 820 000 grands cétacés sont capturés. Les grands navires baleiniers capturent 17 500 cachalots durant la saison 1950-1951. De graves problèmes de conservation se posent alors pour de nombreuses espèces. La baleine des Basques est protégée en 1936 et la baleine du Groenland en 1947. Il faut attendre 1946 pour que la CBI soit enfin créée à Washington. Des limitations de chasse de certaines espèces sont alors promulguées. Un moratoire international interdit en 1986 la chasse de tous les grands cétacés. Cependant, les mesures de protection ne peuvent être efficaces qu'à long terme, à la condition qu'elles soient effectivement observées (le Japon et la Norvège, en particulier, détournent les lois et continuent la chasse). Le braconnage se poursuit, les captures accidentelles, les pollutions hypothèquent le recouvrement des populations de baleines et de nombreux autres cétacés.

Selon Daniel Robineau, plus de 2 millions de grands cétacés ont été tués au XXe siècle dans l'hémisphère Sud, dont 360 000 baleines bleues, 725 000 rorquals, 401 000 cachalots, 203 000 rorquals de Rudolphi, 208 000 baleines à bosse, 116 000 petits rorquals, 4 300 baleines australes. Depuis 1852 où l'on a recensé trois échouages, il n'y a plus trace de passages de la baleine des Basques près des côtes françaises. L'espèce est protégée depuis 1936 et il ne semble plus rester qu'une petite population qui ne se reproduirait plus que du côté du Groenland. Son seuil d'extinction est probablement atteint. Dans le golfe de Gascogne, des associations ont pu noter la présence d'un rorqual bleu en 2002, et entre 10 et 27 observations de rorquals communs entre 2000 et 2005. On est loin des captures d'environ 100 baleines par année au large de ce littoral durant la période de déclin de ces ressources au XVIe siècle.

L'effondrement de la morue

L'effondrement des populations de baleines était annoncé. Plusieurs voix s'étaient élevées dès le début du XXe siècle pour dénoncer cette « boucherie insensée, suscitant des sentiments d'horreur et de profond dégoût », comme l'avait fait en 1922 Sidney Harmer, l'un des directeurs du British Museum. Pour la morue de Terre-Neuve, c'était une tout autre affaire. Il s'agissait d'un poisson et la question de la surexploitation qui commençait à se poser publiquement dans les années 1950 dans plusieurs zones de l'Atlantique nord avait surtout débouché sur des conflits entre pays pêcheurs. Il n'était pas question alors de préserver les stocks au large de ses propres côtes, mais plutôt de les réserver à ses propres pêcheurs et d'empêcher les « prédateurs » des autres pays de venir les capturer. Seule la logique nationale prévalait dans cette affaire, c'était « un dispositif protectionniste à l'avantage des pêcheries nationales [27] », comme le souligne Marc Kurlansky, mais surtout pas un outil législatif visant à préserver les ressources marines.

Le président américain Harry Truman fut le premier à mettre sur le tapis la notion de zone d'exploitation exclusive (ZEE), qui revenait à affirmer un droit de propriété sur une large bande côtière. Il avait publié une proclamation dans ce sens en 1945, juste après la guerre, qui devait permettre aux États-Unis de s'assurer l'exploitation du pétrole de son plateau continental. C'était une perspective entièrement nouvelle. Jusqu'alors, la mer n'appartenait à personne. L'idée fit son chemin tout au long de la seconde moitié du XXe siècle et l'Islande la reprit à son compte pour interdire aux puissants chalutiers anglais de venir piller ses bancs de morue. Il y eut trois « guerres de la morue » entre l'Islande et la Grande-Bretagne : en 1964, quand le gouvernement islandais étendit ses limites territoriales de 4 à 12 milles marins autour de ses côtes, puis en 1972 à l'occasion de l'extension de la ZEE à 50 milles et, enfin en 1975, lors de son extension à 200 milles.

Cette période de découpage de l'accès à la ressource allait redonner paradoxalement une nouvelle dimension à l'exploitation. Avec l'avènement de cette période globale, au sens de Jackson, il n'y avait plus aucun frein, ni géographique ni technique, à l'exploitation. Tous les facteurs étaient alors réunis pour précipiter l'effondrement de la morue. La ZEE de la province canadienne de Terre-Neuve fut instituée en 1977, ce qui déclencha une sorte d'euphorie et une relance de l'exploitation des Grands Bancs. Le pouvoir canadien ayant subventionné l'achat de nouveaux bateaux équipés de moteurs et d'engins de pêche plus puissants, les pêcheurs étaient plus nombreux à l'intérieur de la toute nouvelle ZEE. En 1979, la proportion canadienne de la prise atteignit 73 %, soit une augmentation de 21 % par rapport à 1977. À Terre-Neuve, en 1981, le nombre de pêcheurs avait augmenté de 41 %, celui des vaisseaux immatriculés de 23 %, et les prises de 27 %.

À l'extérieur de la zone, les concentrations de bateaux avaient augmenté elles aussi. Ce qui avait pu apparaître comme une mesure conservatoire se révélait être une vraie catastrophe, comme l'ont montré les chercheurs canadiens qui ont essayé de chiffrer l'évolution des captures de morue à travers l'histoire. De 1500 à 1700, la production a été stable, autour de 100 000 tonnes en moyenne par an. Malgré une réduction des effectifs vers les années 1850, elle s'est accrue continuellement pour atteindre 200 000 à 300 000 tonnes en moyenne par an à la fin du XIXe siècle. À la suite de l'expansion des flottes de chalutiers européens dans les années 1950 et au début des années 1960, notamment dans les zones du large devant la partie sud-est du Labrador, les captures n'ont cessé de grimper jusqu'au record absolu de 810 000 tonnes, qui fut atteint en 1968.

C'est dans ce contexte que, le 2 juillet 1992, John Crosbie, ministre fédéral des Pêches et des Océans au Canada, annonça que le Canada décrétait un moratoire sur la pêche commerciale à la morue à la vue des données scientifiques alarmantes concernant l'état du stock et des baisses drastiques des captures. Le gouvernement canadien fermait une des pêcheries les plus productives de la planète après plus de cinq siècles d'exploitation. L'impensable était arrivé. On se trouvait face à quelque chose d'entièrement inédit et dont l'issue et les conséquences restent encore aujourd'hui perturbantes. Les flottilles des autres pays eurent une lourde responsabilité dans la destruction des stocks de morue, mais le Canada n'est pas tout à fait innocent. Tout en critiquant la surpêche étrangère, le gouvernement restait sourd aux avertissements de ses propres experts et passa sous silence une étude indépendante qui préconisait la réduction de la pêche à la morue du nord, jugée menacée. Craignant le chômage qu'entraînerait la fermeture de la pêche, on maintint les quotas. La morue de Terre-Neuve et du Labrador s'effondra.

Le moratoire frappa de plein fouet les communautés de pêcheurs de Terre-Neuve. La région était et est encore tétanisée. L'économie de l'île a perdu ses repères, les scientifiques sont désorientés et les politiques ne savent plus quel discours tenir. Les artistes produisent des chansons, des pièces de théâtre, des poèmes en l'honneur de la morue. Un musicien canadien a même écrit un requiem pour la morue ! Pas moins de trente mille emplois ont disparu. Bon nombre de pêcheurs ont quitté la région pour trouver un nouvel emploi ou bien ont essayé de se tourner vers l'exploitation d'autres espèces. Certains réclament de partager les quotas de pêches au homard, au crabe ou encore à la crevette, ce que refusent ceux qui exploitent déjà ces espèces. Les communautés traditionnelles se déchirent.

Pour maintenir les traditions de pêche et suivre le recouvrement des populations de morue, une pêche commerciale limitée dans la zone côtière, dite « pêche indicatrice », a été autorisée entre 1998 et 2002. Quelque cent cinquante pêcheurs du Québec et de Terre-Neuve y ont participé afin de savoir si le stock de morue était capable de se régénérer. Ces pêcheurs transformés en scientifiques pèsent les poissons et les mesurent, notent soigneusement les données qui permettront de constater, au fil des ans, secteur par secteur, l'évolution de la population de morues. Il y avait quelque espoir, mais la dure réalité est là. La pêcherie a dû fermer une nouvelle fois en 2003 faute de poisson. Les captures dues aux pêches indicatrices, pourtant extrêmement faibles en volume, ont eu un impact plus important sur le poisson qu'on ne le pensait.

Les dernières évaluations des stocks montrent que, ironie du sort, les abondances sont encore plus faibles aujourd'hui qu'il y a quinze ans. En guise de souvenir de cette époque révolue et pour montrer que la douleur de la disparition de la morue n'est pas cicatrisée, les touristes peuvent aujourd'hui acheter à Halifax une affiche présentant un enfant à l'air hagard, deux grosses morues accrochées à ses côtés. La légende indique *« In Cod we trust(ed) »* (« Nous croyons (avons cru) en la morue », allusion à la devise américaine *« In God we trust »*, « nous croyons en Dieu »).

Le constat est accablant. Loyola Hearn, membre du Comité permanent des pêches et des océans et porte-parole de l'opposition officielle en matière de pêches et océans, dépose en novembre 2005 à la Chambre des communes un rapport intitulé « La morue du Nord : un échec de la gestion canadienne des pêches », comportant quatorze recommandations formulées à l'intention du gouvernement fédéral. Le rapport mentionne notamment que « personne ne devrait s'étonner que nous en soyons venus à la conclusion que la surpêche a causé l'effondrement des stocks de morue... Cette surpêche est manifestement imputable à une mauvaise gestion, tant au pays qu'à l'étranger ». Il invoque les facteurs qui empêchent la reconstitution du stock : « La réouverture de la pêche côtière en 1998 à des niveaux insoutenables, et le manque de reconnaissance de la taille des troupeaux de phoques ont tous nui au rétablissement des stocks de morue. De mauvais choix stratégiques ont été faits dans un contexte où la vision et la stratégie à long terme étaient absentes. »

Au début, on a vraiment cru que le moratoire allait permettre à la morue, grâce à son incroyable fécondité, de reconquérir les espaces perdus et grossir en abondance. Tous les modèles de dynamiques des populations développés par les scientifiques semblaient l'indiquer. Mais la nature en a décidé autrement ; elle n'a suivi ni les avis des scientifiques, ni les espoirs des pêcheurs, ni les visions des politiques. L'exploitation de cette espèce a duré cinq cents années, sans interruption. À toutes les époques de son exploitation, il y a eu des années plus favorables que d'autres et les scientifiques ont trouvé des explications convaincantes en invoquant le climat, la disponibilité de la ressource, la prédation par les autres espèces ou bien d'autres facteurs.

Au niveau mondial, les stocks de morue sont en déclin et les captures n'ont fait que décroître depuis les années 1970, passant de 3,5 millions de tonnes à 0,9 million de tonnes en 2005.

La résistance des populations face à la pêche n'est pas une affaire de nombre d'œufs pondus dans l'océan, comme on le croyait encore au XIXe siècle. Si la sélection naturelle a conféré cette grande fécondité à la majorité des poissons, c'est bien qu'il est nécessaire de produire une progéniture abondante dans le milieu marin pour assurer *in fine* la survie de seulement deux individus. La morue est plus fragile qu'on ne le pensait et incapable de proliférer et remplir les mers en quelques années comme le laissaient augurer les calculs malthusiens relatés par Alexandre Dumas. Comme l'or, le charbon ou le pétrole, elle a fait l'objet de convoitises démesurées. Comme d'autres espèces vivantes, elle a quasi disparu.

2

LA SURPÊCHE, UNE PRISE DE CONSCIENCE PROGRESSIVE

Une sourde inquiétude

Les hommes sont-ils en train de vider l'océan de ses poissons ? Cette manne alimentaire, ce monde naturel incroyablement différent du monde terrestre risquent-ils un jour de disparaître à cause de la pêche ? Jamais l'homme ne s'était posé ces questions à l'échelle planétaire dans les termes où elles se posent aujourd'hui. Une sourde inquiétude a néanmoins cheminé très tôt dans certains esprits. Elle s'est portée d'abord sur les cours d'eau, puis les fleuves, les zones côtières et, au fur et à mesure du développement des techniques et des puissances de pêche, elle s'est étendue au large. Cette inquiétude s'exprimait alors dans un contexte d'abondance. On en trouve ici ou là quelques échos dans la littérature. C'est ainsi qu'en Chine, au IIIe siècle avant J.-C., le philosophe confucéen Meng-Tseu recommandait aux autorités locales d'interdire l'utilisation de filets à mailles serrées pour attraper les poissons et les tortues dans les étangs et les rivières. « Si l'on ne trouble pas le calendrier des travaux agricoles, il y aura plus de grains que l'on n'en puisse consommer. Il en est de même des poissons et des tortues, quand on ne jette plus de filets à mailles serrées dans les étangs et les lacs. Lorsque haches et cognées ne pénètrent dans la forêt qu'à la bonne saison, on dispose de plus de bois qu'il n'en faut. C'est l'abondance de grains, de poissons, de bois qui permet au peuple de nourrir les vivants et d'enterrer les morts sans rancœur, c'est par là que commence la voie royale [1]. »

En Europe, sous l'Ancien Régime, la volonté des autorités royales de contrôler la pêche et les pêcheurs visait à assujettir les populations et à capter les richesses locales plutôt qu'à préserver les ressources. Il n'empêche que, dès le Moyen Âge, une petite frange de la population était déjà sensibilisée à cette question et consciente du risque qu'une pêche excessive pouvait faire courir aux poissons. La première alerte remonte outre-Manche à 1376, comme le rapporte Malcolm MacGarvin dans l'ouvrage que l'Agence européenne de l'environnement a consacré au principe de précaution. Une pétition fut présentée au Parlement britannique afin de solliciter l'interdiction du filet « à mailles très petites, dans lequel tous les poissons – même ceux de petite taille – restent prisonniers une fois capturés. En utilisant cet instrument, les pêcheurs attrapent des poissons en si grand nombre qu'ils ne savent qu'en faire et les donnent à manger aux cochons, au détriment du peuple d'Angleterre et des stocks de poissons qu'ils détruisent, ce à quoi ils cherchent une solution [2] ».

On trouve trace de préoccupations similaires dans un texte étonnant de Bernard Palissy [3] (1510-1590), célèbre pour sa quête passionnée du secret de la fabrication de l'émail. Habitant de Saintonge où des bancs entiers de coquillages apparaissent dans les terrains crétacés et tertiaires, il s'était toujours demandé pourquoi ces fossiles se trouvaient là en si grand nombre. La paléontologie n'existant pas à l'époque, l'explication qu'il avance montre que la surpêche dans les cours d'eau était déjà un problème bien réel. « Je fus l'espace de plusieurs années devant que je cogneusse qui pouvait estre la cause que ces pierres estoient formées de telle sorte : mais il advint un jour qu'un nommé Pierre Guoy, bourgeois et eschevin de cette ville de Xaintes, trouva en sa mestairie une desdites pierres qui estoit ouverte par la moitié et avoit certaines dentelures... et parce que ledit Guoy sçavoit que j'estois curieux de telles choses, il me fit le présent de ladite pierre, dont je fus grandement rejouy, et dès lors je cogneu que ladite pierre avoit esté d'autres fois une coquille de poisson duquel nous n'en voyons plus. Et faut estimer et croire que ce genre de poisson a d'autre fois fréquenté à la mer de Xaintonge ; car il se trouve grand nombre desdites pierres, mais le genre du poisson s'est perdu à cause qu'on l'a pesché trop souvent, comme aussi le genre des saumons se commence à perdre en plusieurs contrées des bras de mer, parce que sans cesse on cherche à le prendre à cause de sa bonté. »

Au XVIIIe siècle, François Le Masson Du Parc, inspecteur général des pêches et du poisson de mer, qui avait été chargé par Louis XV de visiter les ports de pêche entre Bayonne et Bordeaux, dénonce dans son rapport l'utilisation de filets à mailles trop petites et d'engins de pêche dévastateurs, comme les dragues. Mais c'est seulement au XIXe siècle que la surpêche et son impact sur les espèces deviennent un motif de préoccupation à part entière, avant même les débuts de l'industrialisation de la pêche. Quand James Bertram rédige des rapports sur la pêche au hareng au large des côtes écossaises entre 1818 et 1863, il n'oublie pas de signaler que les quantités pêchées diminuent alors même que la superficie des filets dérivants n'arrête pas de s'accroître. « J'ai toujours eu du mal à croire que les réserves de poissons étaient inépuisables et je peux aisément imaginer le développement d'une pêche trop intensive, que certaines personnes dédaignent avec désinvolture [...]. Dans ce cas, je pense que l'importante industrie de la pêche à Wick [en Écosse] devra s'arrêter un jour. Au début, les pêcheurs portaient leurs filets sur le dos, de nos jours l'aide d'un cheval et d'une charrette leur est nécessaire [4]. » Dans la préface de son livre que nous avons déjà cité plus haut, il demandait déjà – on était en 1873 – que soit établi un vrai bilan des pêches afin de savoir avec exactitude « si nos ressources en poissons peuvent être infinies ou pas ».

Mais les alertes parvenues jusqu'à nous n'émanent que d'un petit nombre de personnes. L'océan apparaissait alors tellement immense qu'il était impossible d'imaginer que l'homme puisse un jour parvenir à entamer les richesses marines, comme on l'a vu plus haut. Ce postulat a d'ailleurs inspiré au XVIIe siècle le juriste néerlandais Grotius, le père fondateur du droit de la mer. Dans *Mare Liberum*, son ouvrage de référence publié en 1609, il souligne nettement la différence entre « la capture des poissons de rivière, qui ne peut être libre car cela conduirait à son rapide épuisement » et « la pêche en mer qui est libre, car il est impossible d'en épuiser les richesses ». Nous verrons plus loin que ses préceptes dominent encore la réglementation de la pêche en haute mer.

Les alertes se sont par la suite focalisées autour des espèces comme la baleine ou la morue, et sur des zones bien circonscrites comme la mer du Nord. Mais il fallut attendre les premières enquêtes scientifiques pour que ces faits épars puissent être quantifiés et devenir convaincants pour une large majorité.

Les premières enquêtes scientifiques

La science ne s'est réellement invitée dans la gestion des pêches qu'à partir de la moitié du XIXe siècle, quand les bateaux de pêche ont commencé à être équipés de moteurs de plus en plus puissants. En effet, cette innovation a eu très vite pour conséquence d'augmenter considérablement les captures totales mais aussi, dans le même temps, de diminuer les rendements individuels des pêcheurs. Les interrogations des pêcheurs et des pouvoirs publics face à cette mécanique infernale ont pris vraiment corps quand on s'est rendu compte que la fécondation artificielle des poissons marins ne parviendrait pas à repeupler les océans, contrairement à ce qui s'était passé avec les truites dans les cours d'eau. De 1890 à 1920, plusieurs biologistes d'Europe du Nord et de Grande-Bretagne avaient tenté des expériences de repeuplement en relâchant des millions de larves de poissons nées dans des écloseries. Mais leur rêve d'une sorte d'aquaculture sauvage aux dimensions de l'océan s'était vite avéré un mirage. « Dès 1911, Louis Roule, un grand ichtyologiste français, comparant le nombre d'œufs que l'on pouvait produire dans les écloseries au nombre de morues femelles que l'on pêchait chaque année, et au nombre plus grand encore de morues femelles qu'on laissait heureusement dans la mer pour perpétuer l'espèce, concluait à la vanité de ces efforts. Il n'empêche qu'en 1917, les déversements de larves ont encore atteint dix-sept milliards d'œufs[5] », rapporte Lucien Laubier, membre de l'Académie des sciences.

La possibilité de faire un suivi des populations marines par l'intermédiaire de l'étude des pêcheries et de leurs captures a germé dans les esprits à cette époque. À défaut de pouvoir compter les poissons dans la mer, on pouvait au moins avoir accès à des évaluations indirectes, notamment par les statistiques de pêche collectées auprès des pêcheurs. La demande était forte car la confusion régnait et l'incidence de la pêche sur la dynamique des populations marines faisait déjà l'objet de vives controverses. On savait que les stocks fluctuaient, mais on ne savait pas si cela était dû aux variations de l'environnement, à la pêche ou à des modifications dans les itinéraires de migration des poissons. Certains prétendaient que les poissons se déplaçaient d'année en année d'une zone à l'autre, d'autres que les rejets de poissons pourris polluaient les mers et effrayaient les harengs qui s'éloignaient alors des côtes.

Les premières recherches débutèrent dans les années 1850, dans les îles Lofoten, au nord de la Norvège. Les seules ressources alimentaires de ce pays, qui à l'époque était encore rattaché à la Suède, étaient constituées par la pêche et les pommes de terre, qui pouvaient manquer cruellement certaines années, comme le raconte l'écrivain Knut Hamsun dans ses livres. Si les poissons venaient à manquer, les hommes n'avaient souvent qu'une solution : émigrer pour échapper à la misère. Les îles Lofoten sont une zone très riche en sels minéraux, où la température de l'eau avoisine les 4 à 6 °C. C'est le parfait refuge des morues arctiques (*skrei* en norvégien). Elles s'y rassemblent pour pondre entre février et avril, en plus ou moins grand nombre selon les années. Juste avant le frai, la chair des poissons est blanche et sa qualité est très réputée, aujourd'hui encore. À la fin du XVIIIe siècle, ces îles représentaient déjà des zones de grande activité. La morue était pêchée avec des lignes à main munies d'hameçons. Une fois séchée, elle était destinée à l'exportation. Ces côtes sont particulièrement dangereuses en raison des courants et des tempêtes : en 1875, une centaine de bateaux de pêche sombrèrent avec tout leur équipage alors qu'ils poursuivaient la morue dans ses migrations.

En 1859, le gouvernement norvégien recruta deux biologistes, Axel Boeck puis surtout Ossian Sars, pour étudier la pêcherie et apporter si possible des réponses qui puissent être utiles aux pêcheurs. Sars passa là-bas plusieurs saisons de pêche. Il fut vraisemblablement l'un des tout premiers biologistes des pêches digne de ce nom. Il essaya de comprendre le cycle biologique des morues et leur fécondité. Il identifia les œufs de morue et essaya d'en faire éclore. Il rendit visite aux pêcheurs et embarqua avec eux pour connaître leurs habitudes de pêche. Il collecta le maximum de données et tout particulièrement le nombre total de morues capturées mais aussi la prise par pêcheur et le nombre de pêcheurs opérant dans les différentes zones.

Le premier constat de Sars montrait que le nombre de poissons pêchés par pêcheur pouvait varier d'un facteur 3, entre 500 et 1 500 morues annuellement. Il y avait des périodes où la pêche était bonne, d'autres où elle était mauvaise, parfois pendant plusieurs années. Or, pour qu'une famille puisse vivre de sa pêche, il lui fallait prendre environ 900 poissons par an.

En comparant les prises par pêcheur et le nombre de pêcheurs en activité chaque année, Sars fit un second constat qui, pour la première fois, mettait le doigt sur la dynamique des pêcheries. Lorsque les prises étaient bonnes, le nombre de pêcheurs augmentait car, même si ces derniers ne sont pas très loquaces au sujet de leurs prises, tout le monde savait que la morue était abondante et cela créait des vocations. Mais, lorsque le nombre de pêcheurs augmentait, il fallait alors partager la ressource et le nombre de morues prises par chaque pêcheur diminuait. Si les pêcheurs devenaient trop nombreux, les captures globales étaient élevées, mais chacun d'entre eux pêchait de moindres quantités. Ces chutes de rendement individuel avaient des effets désastreux pour les pêcheurs qui ne pouvaient plus vivre de leur activité et devaient quitter les îles pour trouver un autre travail.

Les travaux de Sars permettaient en fait de clarifier deux dynamiques. Celle des poissons, ponctuée par des périodes d'abondance et des périodes de rareté. Mais aussi celle des pêcheurs, caractérisée par une compétition pour le partage du poisson, où le nombre de parts dépend du nombre de pêcheurs. Autrement dit, la pêche, même si elle peut paraître miraculeuse au départ, conduit inévitablement par le jeu de la compétition à une diminution des captures individuelles et par conséquent à un appauvrissement des pêcheurs.

La situation de la pêcherie de la sardine le long des côtes bretonnes était très proche de celle des îles Lofoten. Pratiquée dès le Moyen Âge, cette pêche prit un essor considérable dans les années 1830 grâce à l'invention de la boîte en métal qui permettait de les conserver et les distribuer dans toute la France. Le port de Concarneau devint le centre de cette activité de pêche et de transformation. C'est là que s'installa le premier laboratoire maritime permanent destiné à étudier les évolutions d'une ressource bien capricieuse. En effet, les années ne se ressemblaient pas et les sardines n'étaient pas toujours au rendez-vous. Les périodes d'effondrement de la ressource ont marqué l'histoire : on les appelait les « crises sardinières », qui ruinaient les pêcheurs, les travailleurs et les usines de conditionnement. Ainsi, par exemple, les pêches furent bonnes en 1865 mais s'effondrèrent en 1870, puis en 1880 et de nouveau en 1912. La production des usines pouvait ainsi passer de 1 million de boîtes à moins de 100 000 et les prix faisaient le yo-yo en fonction des captures.

Là aussi, les variations saisonnières de la sardine firent l'objet de nombreuses hypothèses. Des changements dans les courants modifiaient la migration des poissons et les éloignaient de la côte, les rendant ainsi inaccessibles aux pêcheurs. Cet argument des modifications des conditions environnementales fut avancé notamment par le prince

Albert Ier de Monaco pour la période de vaches maigres allant de 1902 à 1909. Les pêcheurs estimaient de leur côté qu'il y avait trop de prédateurs dans la mer et que les dauphins consommaient les sardines ou bien les dispersaient. Ces arguments étaient récurrents. Déjà en 1589, un banquier français avait interpellé le pape au sujet de ces interactions néfastes entre les dauphins et les sardines. Dans une lettre qu'il lui avait fait parvenir, il le suppliait d'éliminer cette « vermine » qui compromettait la vie des pêcheurs par le recours à « des prières à l'église, des processions, et des jeûnes répétés ».

Les recherches sur les relations entre le pêcheur (le prédateur) et les poissons (les proies) ont peu à peu pris forme et les mathématiciens ont commencé à s'y intéresser. À la fin du XIXe siècle, plusieurs personnalités scientifiques de stature internationale donnèrent leur avis sur la question des ressources marines. En juillet 1883, lors de la grande exposition internationale sur la pêche à Londres, deux scientifiques anglais très influents participèrent à une conférence sur les causes des fluctuations des captures dans les pêcheries. Thomas Huxley, un ami de Darwin, déclara que les grandes pêcheries étaient probablement inépuisables étant donné la grandeur des océans et la difficulté de les exploiter. Il avait calculé que la pêche causait la mort de 5 % des poissons. « Rien de ce que nous faisons ne peut affecter le nombre de poissons [6] », écrivait-il. Au contraire, Ray Lankester prétendait que c'était une erreur de croire que l'océan était un vaste grenier dont les ressources sont infinies. Il s'inquiétait notamment des captures des femelles qui, selon lui, devaient avoir un effet sur la production des jeunes et, par conséquent, sur les résultats des pêcheries.

Il ne s'agissait là que de considérations émises par de grands hommes de science. Mais les enjeux économiques, politiques et sociaux étaient considérables. Ainsi s'opposaient de manière frontale ceux qui pensaient que « le rejet de mesures de protection et de régulation des méthodes de pêche sera, de manière ultime, désastreux pour les pêcheries marines, de la même manière que pour nos pêcheries en rivières et dans les lacs », et ceux qui demandaient « une complète liberté exempte de toutes ces limitations qui ne font que limiter l'esprit d'entreprise [7] ». En 1874, Sars pressentait que le problème de l'irrégularité des pêcheries pouvait être résolu scientifiquement, mais il fallait aller plus loin et développer un cadre scientifique solide.

La grande théorie des pêches

Les premières méthodes quantitatives d'analyse firent leur apparition au milieu du XIXe siècle. Un nouvel état d'esprit naissait : on allait pouvoir tout mesurer pour comprendre le fonctionnement de la nature. Francis Galton, touche-à-tout de génie et cousin de Charles Darwin, et son disciple Karl Pearson furent les premiers à développer les méthodes statistiques en Angleterre. Une frénésie de la mesure s'empara des chercheurs de toutes disciplines devant des outils aussi puissants. La quantification des observations biologiques et leur mise en correspondance furent alors considérées comme une condition nécessaire à l'étude et à la compréhension du monde vivant. On allait enfin pouvoir relier les choses entre elles, grâce aux corrélations, les quantifier, émettre des théories sur le fonctionnement des populations marines et ensuite prédire à l'aide d'autres variables ce qu'il adviendrait.

C'est dans cet état d'esprit que les mathématiciens commencèrent à s'intéresser aux ressources marines. Ils allaient ainsi s'approprier les méthodes et formaliser de façon rigoureuse les idées qui émergeaient sur la dynamique des pêcheries et des stocks. En quelques décennies, on allait bâtir la théorie des pêches qui consisterait à définir de manière scientifique la gestion rationnelle des stocks. À partir de ce moment, le grand rêve d'optimalité ne cessera de se concrétiser au travers des méthodes et modèles, parfois au mépris des réponses que pouvaient produire les systèmes naturels eux-mêmes.

Sars avait déblayé le terrain. Il fallait maintenant trouver la formule idéale capable à la fois d'assurer la stabilité des captures pour les pêcheurs et le renouvellement des stocks de poissons. Cela apparaissait d'autant plus nécessaire qu'un nombre croissant de pêcheries à la fin du XIXe siècle montrait des signes de déclin, comme certaines espèces de poissons plats en mer du Nord. Le modèle mathématique de Pierre-François Verhulst développé au milieu du XIXe siècle pour expliquer la croissance d'une population humaine avec le temps inspira de nombreux écologistes par sa simplicité et son réalisme. Une loi scientifique des mécanismes d'accroissement des populations s'échafaudait dans un climat d'excitation intellectuelle qui réunissait mathématiciens, démographes, écologistes terrestres et marins.

Le biologiste anglais Michael Graham fut un des pères fondateurs de la nouvelle théorie des pêches. Il poussa plus avant les observations de Sars. Mais avec le recul et à la lumière de la crise actuelle, on se rend compte qu'il a focalisé son attention sur le comportement des pêcheurs sans s'intéresser réellement à l'état des populations elles-mêmes. Du coup, la théorie des pêches s'est résumée à une gestion des hommes plutôt qu'à une gestion des poissons.

En étudiant les captures de la plie en mer du Nord sur une longue période, il observa que juste après la Première Guerre mondiale, la diminution de la pêche avait permis une récupération des stocks. La plie – ou carrelet – vit sur les fonds sablonneux de la zone côtière. Ce poisson plat était surpêché depuis plusieurs décennies et les autorités s'inquiétaient de la baisse des captures. Les premiers calculs de Graham montraient que les prises ne s'accroissaient pas dans la même proportion que l'effort de pêche, c'est-à-dire le nombre de bateaux et de pêcheurs. Si on ajoute deux fois plus de pêcheurs, on n'attrape pas globalement deux fois plus de poissons, mais beaucoup moins au contraire. Pour compenser la baisse de leur prise individuelle, les pêcheurs doivent alors augmenter leur capacité de pêche, acheter d'autres filets, installer un moteur plus puissant, construire un bateau plus grand ou acquérir de nouveaux équipements pour améliorer à court terme leurs prises et maintenir leur niveau de vie. Graham fut un des premiers à comprendre cette course aux armements et son cycle infernal : l'accroissement global de l'effort réduit de plus en plus le stock de poissons jusqu'à ce qu'il diminue inexorablement, quels que soient les investissements des pêcheurs.

La principale conclusion de Graham se résumait dans cette formule : « Le bénéfice d'une exploitation efficace réside plus dans une économie de l'effort (de pêche) que dans un accroissement (global) des captures[8]. » Pour lui, cette dynamique de la surexploitation était la grande loi de la pêche, « la clé de l'histoire de la pêche, partout dans le monde[9] ». Toutes les pêcheries mondiales lui sont soumises, qu'elles soient industrielles ou artisanales, qu'elles capturent les baleines, la morue ou bien la crevette. Pour chacune des pêcheries, on pouvait donc définir un niveau de prélèvement optimum qui permet aux stocks de se régénérer et aux pêcheurs de vivre. Il était illusoire de pêcher plus. Sa théorie était valide. En 1935, Graham publia un article devenu célèbre[10] dans lequel il présentait trois principales limitations au développement des pêcheries, qui devaient servir de base dans toutes les négociations sur leur aménagement.

Le premier argument partait du constat que les captures entre 1928 et 1932 dans toute la mer du Nord étaient du même ordre de grandeur que celles réalisées au cours de la période 1909-1913, mais que l'âge et donc la taille des poissons avaient diminué dans la période récente. Graham en déduisait que la pêche s'intensifiait sans permettre une augmentation des captures, ni des revenus des pêcheurs. Pour une même capture en poids, le nombre de poissons tués par la pêche est plus élevé si elle est constituée de jeunes, et plus faible si elle est constituée de vieux poissons. La seconde recommandation était, selon les calculs de Graham, de pêcher des poissons plus âgés, donc plus gros. Laisser les petits poissons devenir gros présentait un gain substantiel en matière de captures qui pouvait être dorénavant calculé à partir d'équations mathématiques. La troisième constatation était plus subtile et allait servir à toutes les modélisations de dynamique des populations à venir. Elle consistait à affirmer que, certes, la pêche diminue l'abondance, mais elle peut aussi stimuler le renouvellement des stocks de poissons ; cependant, cette stimulation n'est effective que jusqu'à un certain point. Graham chercha à quantifier jusqu'à quelle limite sa théorie du renouvellement des populations opérait, mais il n'avait pas à sa disposition les chiffres qui lui auraient permis ce calcul. Il avait pu observer cependant qu'en 1919, après un arrêt de la pêche dû à la guerre, l'abondance du poisson en mer du Nord était environ 2,2 fois celle observée juste avant la guerre, alors que l'exploitation avait été intensive.

Les réactions furent enthousiastes et ces recherches furent saluées comme un événement sans précédent au sein de la communauté scientifique internationale. « Nous pouvons faire avec confiance des recommandations aux gouvernements, en considérant la conservation d'un stock de poissons suffisant dans la mer et en optimisant l'usage économique de ce stock[11] », déclarait par exemple en 1934 Henry Maurice, le président du CIEM.

L'homme allait enfin pouvoir gérer la nature grâce aux modèles mathématiques. Les recommandations qui en découlaient furent acceptées à l'unanimité lors de plusieurs congrès, en 1936 et en 1937. Un agrément international fut établi sur ces bases scientifiques qui aboutit à la convention de Londres sur les pêcheries de 1937, à laquelle les Français n'ont jamais voulu adhérer. Cette convention préconisait que les filets n'aient pas de mailles inférieures à 70 millimètres. Elle définissait aussi, pour chaque espèce, des tailles minimales en fonction de leur taille à première maturité. En effet, étant donné que des espèces comme les flétans ou les turbots n'ont ni la même physionomie que les morues ou les harengs, ni la même longévité, ces mesures devaient être spécifiques et adaptées aux espèces et aux engins de pêche.

Des groupes techniques et scientifiques du CIEM s'attelèrent à la tâche. Tout le monde était optimiste. Le CIEM, dont Johan Hjort, le grand biologiste norvégien, avait pris la tête en 1938, trouvait là enfin sa raison d'exister. Il avait des objectifs clairement affichés : une « coopération scientifique internationale » pour laquelle « les hommes cherchent la vérité pour le bien-être commun de l'humanité ». Les chercheurs travaillèrent pour élaborer une théorie complète quantifiable. En réalité, les travaux scientifiques de Graham ne furent jamais appliqués mais aboutirent à la création d'une convention sur la surexploitation en 1946 dont sont issues les commissions internationales de l'Atlantique nord.

En 1954, M. B. Schaefer publia une étude où il développait des outils mathématiques simples permettant de calculer une « capture maximale autorisée », ce que Graham n'était pas parvenu à faire. À partir de données de pêcheries relativement faciles à collecter, comme les prises, les efforts de pêche (le temps passé à pêcher) et les prises par unité d'effort, il était possible de calculer, pour un stock donné, un indicateur de développement durable. Ce modèle postule qu'il existe un équilibre dynamique entre les naissances, les gains de poids individuels acquis par la croissance des individus, et les décès dus à des causes naturelles et à la pêche. Reprenant les théories de Graham sur le taux d'accroissement relatif des populations inversement proportionnel à la biomasse, Schaefer trouva la formulation mathématique qui permettait au stock de réagir en augmentant son accroissement naturel pour retrouver sa position d'équilibre d'origine.

Par principe, une population non exploitée est en équilibre stable avec le milieu. Si les conditions environnementales fluctuent peu d'une année sur l'autre, alors l'accroissement de la population compensera la mortalité naturelle. Au fil des années, les populations se renouvellent naturellement avec des effectifs qui oscillent peu autour d'une valeur moyenne. Avec les prélèvements par la pêche, les populations réagissent en augmentant leur accroissement naturel pour tenter de retrouver leur niveau d'abondance d'origine. C'est une forme d'ajustement et de réaction des populations face à des conditions qui ne leur sont pas propices. La pêche stimule en quelque sorte la productivité naturelle des espèces et les populations marines réagissent en produisant davantage. Si le prélèvement correspond régulièrement à ce surplus de production, alors un nouvel équilibre est trouvé, avec une abondance inférieure à celle qu'avait le stock vierge ou inexploité. Les populations de morues, de thons ou de sardines peuvent être exploitées avec la même intensité d'une année sur l'autre sans trop de problème. Leur renouvellement est assuré, même si leur niveau d'abondance est moindre par rapport à celui qu'elles connaissaient quand les populations étaient inexploitées.

La capture maximale que peut supporter un stock de façon durable venait par ce modèle d'être définie, et fut baptisée TAC (totaux autorisés de captures ou *total allowable catch* en anglais) ou encore MSY *(maximum sustainable yield)*. Ce nouveau concept permettait de définir un objectif pour chacune des pêcheries monospécifiques. L'aménagement des pêches avait pour but de rationaliser l'exploitation afin que l'homme tire de la ressource marine le meilleur bénéfice possible. Le modèle de Schaefer fixait des limites à l'exploitation. Il proposait une solution quantifiée qui permettrait un équilibre entre l'exploitation et le renouvellement des ressources.

Ce modèle remarquable par sa simplicité a été utilisé dans pratiquement toutes les pêcheries du monde pour évaluer leur niveau d'exploitation et optimiser leur impact. Les TAC sont rapidement devenus l'indicateur universellement utilisé pour la gestion des pêches, permettant de définir la notion de surexploitation. Un stock est surexploité lorsque les captures totales déclinent malgré un accroissement de l'effort de pêche, ou évoluent au-delà du TAC. Si un stock de morues d'une zone de l'Atlantique nord peut produire 1 000 tonnes avec vingt bateaux, et seulement 800 tonnes avec trente-cinq bateaux, alors on peut dire que le stock est surexploité. La définition avait le mérite d'être validée par une théorie mathématique, compréhensible par tous et pragmatique pour l'aménagement des ressources halieutiques.

Les économistes ne tardèrent pas à s'inspirer de ce modèle pour remplacer les captures par des prix, mais sans parvenir à convaincre. H. S. Gordon fut le premier, en 1954, à développer une théorie économique d'une ressource en accès libre en prenant la pêche pour exemple. Selon son modèle, les nouveaux pêcheurs entrent dans la pêcherie jusqu'à ce que les profits se réduisent tellement que les pêcheurs les moins productifs arrêtent leur activité et c'est ainsi que l'effort cesse de croître. Ce modèle économique est théorique et les exemples chiffrés d'application restent très rares. Les pêcheurs ne livrent pas aisément leurs comptes d'exploitation. Enfin, les écologues et les économistes ne travaillent pas fréquemment ensemble, ne publient pas dans les mêmes revues et n'ont pas les mêmes discours, ni parfois les mêmes outils pour décrire le comportement des pêcheries.

Les modèles développés par Graham et Schaefer étaient néanmoins considérés comme simplistes. Ils prenaient en compte uniquement les captures et l'effort de pêche, c'est-à-dire le nombre de bateaux ou le temps passé en pêche, mais ils laissaient de côté la structure des populations de poissons. En 1918, Charles Gilbert avait déjà pointé du doigt le problème en affirmant notamment que « le remède primordial est de permettre à plus de poissons, beaucoup plus de poissons de devenir des reproducteurs [12] ». Il avait vu juste et, au début des années 1950, les modèles dits structuraux (dénommés ainsi suite à la prise en compte des structures en taille et en âge des poissons) firent l'objet de nombreux développements.

W. Ricker, qui travaillait sur les pêcheries de saumons, savait qu'il existait des liens étroits entre le nombre de géniteurs et le nombre de recrues, c'est-à-dire le nombre de descendants. En 1954, il explora la relation entre le nombre de saumons qui se reproduisent dans la rivière et le nombre de smolts (jeunes saumons de printemps) qui les dévalent pour aller rejoindre les zones marines d'alimentation. Il fit de même avec des poissons comme le haddock et trouva là aussi que le nombre de jeunes recrues (on appréciera le vocabulaire militaire utilisé par les dynamiciens des populations !) augmentait avec le nombre de parents jusqu'à une certaine valeur, puis diminuait lorsque les parents étaient nombreux, un phénomène s'expliquant par la prédation des jeunes par les adultes.

Beverton et Holt, deux chercheurs anglais, menèrent leur enquête de leur côté en explorant les relations parents/progéniture (stock/recrutement dans le jargon halieutique) pour la plie, le haddock et le saumon, tout en proposant des modèles assez proches. L'idée de sauvegarder les poissons reproducteurs pour assurer le renouvellement des stocks avait été de tout temps présente à l'esprit, mais, avec ces considérations quantitatives, ces idées prenaient une nouvelle tournure. Les tailles de mailles des chaluts pouvaient permettre d'éviter de capturer les poissons immatures. Il s'agissait là d'un outil de gestion puissant. En faisant varier les tailles de mailles et en les reliant à la dynamique des populations qui prenait en compte la démographie des poissons, on pouvait construire des scénarios d'exploitation et modifier les pressions de pêche sur certaines classes d'âge. Mais pour adapter les modèles aux outils de gestion, il faut avoir des données sur la croissance des poissons.

Connaître l'âge et la croissance des poissons n'est pas chose facile. La méthode la moins compliquée consiste à les identifier à l'aide de marques numérotées et à les relâcher dans le milieu naturel. Si on a la chance de les capturer à nouveau, il est alors possible de connaître la croissance de chacun des poissons et d'évaluer leur âge. C'est cependant coûteux et difficile à mettre en œuvre. Les chercheurs préfèrent des méthodes indirectes comme l'étude des marques du temps sur les pièces calcifiées des êtres vivants, la sclérochronologie selon le terme savant.

Autrefois, on utilisait les écailles mais aujourd'hui on a recours aux otolithes – des particules minérales de l'oreille interne –, qui grandissent autour d'un noyau central par dépôts de couches successives plus ou moins riches en protéines ou en calcium. Les nuances dans la composition et l'épaisseur de ces couches permettent de les différencier et fournissent une somme d'informations sur l'âge des animaux, leurs relations avec l'environnement et l'évolution du climat. En effet, si le rythme de leur formation est connu, le comptage des stries indique directement l'âge du poisson – de la même façon que l'on peut donner un âge à un arbre à partir des cernes d'accroissement du tronc. Il existe des stries annuelles liées aux saisons qui se forment quand la différence de température entre l'hiver et l'été est de plus de 3-4 °C. C'est d'ailleurs pourquoi les otolithes des poissons vivant dans les eaux tropicales dont les températures restent constantes ne portent pas ces marques. Il y a aussi des microstries journalières qui se déposent et se marquent en fonction de la différence d'activité entre le jour et la nuit. Leur alternance permet un repérage précis dans le temps lorsque la date de prélèvement de l'otolithe est connue. La lecture de l'âge est facile pour de nombreux poissons comme la morue, le lieu, l'églefin, chez qui les stries annuelles suffisent pour établir les âges, mais délicate chez les poissons à durée de vie courte, pour lesquels il est nécessaire d'interpréter les stries journalières, qui sont peu lisibles.

L'halieutique au service de l'aménagement

Les tailles de mailles des filets pouvant être adaptées pour ne sélectionner que les poissons qui se seraient déjà reproduits, il fallait adapter les modèles de gestion halieutique des stocks. Des développements théoriques, parfois sophistiqués d'un point de vue mathématique, se firent sous l'impulsion de Beverton et de Holt qui, en 1957, développèrent de nombreux modèles. En connaissant la structure en taille des captures, la croissance des espèces, et en estimant les taux de mortalité naturelle et ceux induits par la pêche, ils étaient en mesure de simuler des résultats de stratégies de pêches en modulant la taille de première capture, le maillage ou en modifiant les taux d'exploitation. Avec ces nouveaux outils, la théorie des pêches prenait son essor dans un contexte où la nécessité de gérer les ressources marines apparaissait désormais évidente.

Les groupes de travail des scientifiques commençaient à répondre à des questions pratiques comme celles que l'on aborde en mathématiques. Sachant que les juvéniles de merlu de mer du Nord grandissent de 10 centimètres par an jusqu'à leur maturité sexuelle, où ils atteignent entre 40 et 60 centimètres suivant les sexes pour un âge de 4 à 7 ans ; sachant que la taille minimale autorisée pour la pêche est de 27 centimètres et que les TAC annuels ont été fixés à 43 900 tonnes ; sachant que le maillage des chaluts est de 100 millimètres, calculez les taux de mortalité de la population de merlus de mer du Nord en fonction de différents scénarios de recrutement et d'autres paramètres que l'on épargnera au lecteur.

La science halieutique rentrait ainsi dans sa phase quantitative et exploratoire, dans laquelle on allait bientôt la cantonner. La conférence de Rome, qui s'est tenue en 1955 et à laquelle plus de quarante-cinq pays participèrent, marqua un tournant décisif. Des chercheurs comme Graham, Schaefer et Beverton présentèrent leurs travaux quantitatifs où la relation entre l'activité des pêcheurs et la dynamique des populations exploitées était optimisée. Le spectre de l'exploitation anarchique semblait se dissiper au profit d'une exploitation rationnelle et réglementée. Schaefer présenta durant le symposium une vue où il considérait la recherche écologique comme un idéal plutôt que comme une nécessité, une espèce de raffinement intellectuel en quelque sorte. Les recherches donneraient plus de précision aux décisions, mais ne proposeraient pas de conseils d'aménagement alternatifs. Les objectifs humanistes de Hjort semblaient se dissiper dans la technicité halieutique.

En réalité, dans les coulisses de la conférence de Rome se jouait également l'avenir de l'accès aux ressources marines. Dans un contexte d'après-guerre où la sécurité alimentaire était un enjeu crucial, les États-Unis voulaient avoir accès aux ressources mondiales. Le concept de MSY défini par les scientifiques tombait à pic et donnait un argument scientifique irréfutable pour préserver l'accès libre aux ressources marines : tant que l'on n'aurait pas atteint le niveau de capture correspondant au MSY, il n'y aurait aucune contrainte sur l'effort de pêche. Autrement dit, tant que les pays ne pouvaient pas prouver scientifiquement que les stocks de poissons étaient tombés au-dessous du niveau prescrit, la pêche ne nécessitait nullement d'être aménagée ni l'effort de pêche d'être réduit.

Les États-Unis jouèrent un rôle central dans l'adoption de ce concept lors de la conférence. Le vote fut très serré (dix-huit voix pour et dix-sept contre, venant des pays en développement) et l'accès libre aux ressources y fut affirmé de justesse. Les bateaux des pays développés gagnaient ainsi une liberté nouvelle, notamment dans les eaux côtières de nombreux pays en développement comme le Pérou ou bien le Mexique, qui n'avaient pas encore de flottilles de pêche vraiment développées. Depuis cette date, le concept de MSY est universellement imposé et n'a pas été remis en cause. Les scientifiques ont été optimistes quant à leur capacité à identifier cette capture maximale. De ce fait, les États-Unis ont gagné avec toutes les nations riches la liberté d'action et d'exploitation sur les mers, ce qui entraîna une énorme surcapacité de pêche, un gâchis économique et la surexploitation des océans. On peut dire que le MSY a été pour la pêche une sorte de droit d'entrée dans l'ère globale.

Le cahier des charges de la recherche au service de l'aménagement était défini, l'idéalisation initiale de la grande théorie des pêches et de la place de l'homme dans la nature (titre d'un ouvrage célèbre de Thomas Henry Huxley) semblait prendre fin. Les perspectives de Schaefer sur le rôle que devaient tenir les scientifiques furent adoptées unanimement pendant la conférence. Il pensait que les recherches procureraient plus de précisions mais ne modifieraient pas, ni n'orienteraient les conseils en aménagement. Les groupes de travail du CIEM se mirent en place pour répondre aux questions techniques posées par l'aménagement des pêches. Les causes des fluctuations de l'abondance des ressources soulevées par Sars n'étaient plus d'actualité. Ricker pensait que les modèles économiques n'étaient pas essentiels, les modèles écologiques suffisaient pour gérer les ressources. Les approches économiques furent marginalisées, les bilans économiques des pêcheurs n'étaient que rarement pris en compte dans les modèles. Les économistes des pêches, comme Gordon, se plaignirent de cette scission : « Les biologistes ont tendance à traiter le pêcheur comme un élément exogène, et le comportement des pêcheurs n'est intégré à aucune théorie bio-économique générale [13]. »

La théorie des pêches qui prétendait transformer la gestion des ressources renouvelables était devenue en quelques années un simple outil destiné à résoudre les problèmes techniques de la gestion. Un beau projet de société s'effondrait pour laisser place à un projet technique. Aujourd'hui encore, on peine à élargir les perspectives des recherches halieutiques. Pour Tim Smith, historien avisé de l'histoire des pêches, il manque aux sciences halieutiques la capacité de développer et de mettre en œuvre un véritable agenda de recherche, indépendant des demandes de l'aménagement [14]. Le rideau était tombé avec la clôture de la conférence de Rome.

La FAO et l'océan global

L'intérêt pour les modèles ne s'est pas démenti et les calculs des niveaux de captures pouvant être prélevés sans mettre en danger les stocks ont été appliqués à tous ceux qui présentent un intérêt économique. Mais une évaluation des grandes tendances au niveau mondial et dans un contexte de développement de l'exploitation était indispensable pour réaliser une évaluation de la sécurité alimentaire mondiale. Cette tâche est assurée depuis 1950 par la FAO, qui centralise et gère les données sur les captures de chaque pays au sein d'une base de données mondiale. Ses experts ventilent les captures par espèces ou par grands groupes d'espèces. La qualité des données dépend de ce que fournit chacun des pays, les informations de base étant apportées par les pêcheurs eux-mêmes, ce qui ne va évidemment pas sans soulever de graves questions sur leur validité. Certaines sont très précises alors que, pour d'autres, les chiffres ne varient guère d'une année sur l'autre, faute de statistiques de pêche ou de suivi des ressources. Quoi qu'il en soit, il s'agit là de l'unique base de données concernant les prélèvements des ressources à un niveau mondial et elle n'a pas d'équivalent pour les ressources naturelles exploitées en milieu terrestre.

Les différents indicateurs obtenus à partir des statistiques de la FAO ne suffisent malheureusement pas pour promouvoir une gestion durable des ressources marines. Pour connaître l'état des ressources, il faut des données fines, notamment sur les quantités débarquées, les espèces, les lieux et les durées de pêche. Or, elles sont rarement disponibles pour la plupart des stocks. Et les données sur les captures reflètent une combinaison subtile et parfois variable de plusieurs facteurs : l'abondance des poissons, l'effort de pêche, la plus ou moins grande disponibilité des espèces, les changements environnementaux...

En dépit de toutes ces difficultés, deux experts de la FAO, le Français Serge Garcia et l'Irlandais Richard Grainger, ont cherché dans les années 1990 à caractériser à partir des seules captures l'évolution des pêcheries au cours des dernières décennies. Ils ont eu la bonne idée de regarder comment se comportaient d'année en année les captures des pêcheries, si elles s'accroissaient, stagnaient ou décroissaient sur les cinq dernières décennies. Ils sont ainsi arrivés à obtenir une information indirecte mais robuste sur l'épuisement des ressources. Mais il leur fallait être très prudent, car une pêcherie peut s'arrêter faute de poissons, à cause d'une surexploitation mais aussi pour des raisons économiques, comme l'effondrement d'un marché. Cette approche leur permit néanmoins de classer tous les stocks de poissons en stocks sous-exploités (les captures augmentent rapidement au cours du temps), modérément exploités (les captures augmentent lentement), pleinement exploités (les captures sont stables), surexploités (les captures diminuent), effondrés (les captures sont proches de zéro après avoir été fortes) ou en récupération (les captures remontent après s'être effondrées).

Cette méthode a l'avantage d'être simple et elle permet de donner un état des ressources marines aisément compréhensible et utilisé par tous, scientifiques ou non. Pour la première fois depuis la naissance des pêcheries, Garcia et Grainger avaient réussi à donner un bilan complet de l'état des pêcheries mondiales. Ils avaient permis de caractériser la surexploitation à l'échelle planétaire à l'aide de simples données de captures et de leur évolution. Leur travail fut salué unanimement.

Le bilan qui se dessinait était globalement mauvais. Les captures mondiales marines n'ont cessé d'augmenter à partir des années 1950, passant de 20 millions de tonnes à plus de 80 millions de tonnes dans la période récente. Depuis 2000, les captures mondiales stagnent autour de 85 millions de tonnes, assurant à 2,6 milliards de personnes au moins 20 % de leur apport en protéines animales. Pourtant, au cours des trois dernières décennies, le nombre de pêcheurs a augmenté plus rapidement que la population mondiale : 41 millions de personnes travaillent en qualité de pêcheurs ou d'aquaculteurs. La moitié des stocks mondiaux sont pleinement exploités, interdisant toute expansion future, et un quart des stocks sont surexploités ou épuisés, produisant donc moins que leur rendement potentiel maximal. Enfin, un quart des ressources reste modérément exploité.

En 2004, trois zones de pêche importantes, l'Atlantique nord-est, sud-ouest et le Pacifique centre-est, ont vu leurs captures chuter de plus de 10 % en deux ans. L'effort de pêche devient trop important, les captures commençant à décliner parfois fortement dans certaines zones ou à rester stables malgré des efforts de pêche accrus. Cette stagnation récente semble le signe fort d'une limite qui se dessine, celle de la production globale des océans.

Depuis longtemps, les chercheurs ont voulu évaluer le potentiel des océans mondiaux. En 1993, les statistiques de la FAO faisaient état d'une capture mondiale de 100 millions de tonnes, répartie entre 80 millions de tonnes pour les ressources marines et 20 millions de tonnes pour les pêcheries d'eau douce. Ce chiffre symbolique excitait les esprits depuis longtemps. Dès les années 1950, en effet, les chercheurs avaient proposé les premières évaluations. Thompson avait avancé en 1951 le chiffre de 22 millions de tonnes, chiffre rapidement corrigé par plusieurs auteurs qui pensaient que ce serait plutôt entre 50 et 60 millions de tonnes. Dans les années 1970, les chiffres gonflèrent au rythme de l'exploitation : on envisageait dorénavant des captures entre 200 millions et 2 milliards de tonnes. Entre 1978 et 1994, l'euphorie retomba, on revint aux réalités, les chiffres s'assagirent quelque peu dans une fourchette allant de 100 à 350 millions de tonnes.

Les méthodes des quelque treize auteurs – recensées dans un article publié par Daniel Pauly en 1996 [15] – qui produisirent ces chiffres étaient différentes, ce qui pouvait en partie expliquer de tels écarts dans les évaluations des potentiels mondiaux. Certains extrapolaient les tendances observées dans les captures de la FAO, d'autres se servaient de la productivité de zones de pêche connues pour l'appliquer à l'ensemble des océans, d'autres partaient de considérations écologiques. Une seule chose était sûre, les captures des océans n'étaient pas inépuisables, contrairement à toutes les certitudes qui avaient présidé à l'essor de la pêche coloniale. Les limites des ressources renouvelables marines étaient perceptibles et ces limites s'exprimaient en tonnes, sonnantes et trébuchantes.

Pour affiner les calculs de ses prédécesseurs, le Français Daniel Pauly reprit les modes de calculs qui intégraient la productivité des océans, c'est-à-dire le nombre de tonnes de poisson produites par espèce et par kilomètre carré, mais en combinant ces évaluations avec quelques règles écologiques de base. Pour comprendre sa démarche, il faut se représenter la chaîne alimentaire ou chaîne trophique marine. Le premier maillon est un végétal chlorophyllien. Les plantes vertes occupent ce rôle en milieu terrestre ; pour les océans, c'est le phytoplancton. Il est constitué d'algues microscopiques qui se développent grâce à l'énergie solaire, tandis que dans les profondeurs abyssales où les rayons du soleil ne parviennent pas les bactéries thermophiles tiennent cette place de premier maillon. Un cran au-dessus, on trouve le zooplancton, des petits crustacés qui se nourrissent de phytoplancton. Ces animaux microscopiques sont à leur tour mangés par des poissons qui sont eux-mêmes dévorés par d'autres prédateurs, et ainsi de suite. La chaîne alimentaire est donc constituée d'une suite d'êtres vivants où chacun mange celui qui le précède et est mangé par celui qui lui succède, selon la position trophique qu'il occupe. Globalement, c'est la production en plancton qui détermine la production en poisson et, par conséquent, la productivité globale des océans.

Une perte énergétique est associée à chaque transfert d'un niveau trophique à l'autre. Dans le milieu marin où le rendement de ce transfert est faible, on estime qu'il est de l'ordre de 10 % seulement. Autrement dit, il faut 10 kilos de hareng pour produire 1 kilo de prédateur comme la morue. L'homme tient une place à part dans la chaîne de la production marine. Prédateur supérieur, il consomme aussi bien des poissons planctophages, comme les sardines et les anchois, mais aussi, le plus souvent, des poissons prédateurs comme les morues, les mérous, les thons, les espadons... Il est un superprédateur.

Les écologues se sont intéressés depuis une dizaine d'années à ce rendement énergétique pour essayer de quantifier l'impact des activités de prélèvement, ce qu'ils dénomment l'appropriation par l'homme de la production primaire. En effet, si l'on arrive à calculer la quantité de production primaire totale et la part relative nécessaire à la production halieutique, on peut parvenir à mesurer le taux d'exploitation des ressources vivantes que l'homme exerce sur l'environnement marin. Ces estimations présentent l'intérêt de placer les ressources vivantes au centre du questionnement au lieu de les tenir pour accessoires, comme ont tendance à le faire la plupart des analyses économiques. Elles donnent ainsi une image globale d'une problématique qui apparaît toute différente quand elle est traitée en termes exclusivement nationaux.

L'ensemble de la production primaire planétaire, c'est-à-dire les éléments végétaux, terrestres et aquatiques produits par l'énergie solaire, fournit annuellement quelque 224 milliards de tonnes de biomasse, d'après les calculs de Vitousek et de ses collaborateurs [16]. Dans le milieu aquatique, une première estimation avait été avancée au début des années 1980, établissant que seulement 2,2 % de la production primaire aquatique était nécessaire pour produire les tonnages de poissons débarqués. Il n'y avait donc pas de quoi s'affoler. Ce chiffre apparaissait en effet sans commune mesure avec les 35 % à 40 % de la production primaire totale que l'homme s'approprie en milieu terrestre. La surexploitation vue sous l'angle de la production primaire apparaissait donc bien lointaine : les captures mondiales pouvaient certainement s'accroître sans grand risque.

Daniel Pauly, aidé de son collègue danois Villy Christensen, a affiné dans une autre étude ces calculs en prenant en compte non seulement les captures mais aussi les rejets de l'activité de pêche et surtout les niveaux trophiques des espèces pêchées. Grâce à plus de quarante-huit modèles écosystémiques, ils sont parvenus à répartir les captures mondiales par groupes d'espèces selon leur niveau trophique et selon les lieux où elles étaient pêchées, tout en reconstituant dans le même temps les proies et les prédateurs de chacun de ces groupes. Leur première surprise fut de constater qu'au niveau mondial les pêches représentent non pas 2,2 % de la production primaire, mais 8 %. Certes, ce chiffre était encore bien loin des 35-40 % de la production terrestre, mais il représentait néanmoins quatre fois l'estimation précédente.

Mais une autre surprise les attendait. En calculant le pourcentage de l'appropriation de la production primaire dans des zones de forte production halieutique comme les zones côtières et d'upwelling (des zones très poissonneuses en raison des remontées d'eaux des profondeurs très riches en sels nutritifs), il grimpa selon les zones à 24,2 %, voire pour certaines à 35,3 %. En d'autres termes, dans les zones propices à la pêche, un quart à un tiers du plancton est nécessaire à produire le poisson qui est pêché. Il est difficile dans ces conditions d'accroître ces niveaux de transfert et de prétendre que ces écosystèmes pourront produire plus. En effet, une part importante de cette production planctonique ne rentre pas dans la chaîne trophique et se dépose au fond des océans, où elle est transformée en détritus. Étant donné que seuls des mécanismes climatiques peuvent accroître la productivité des océans de façon durable, on peut penser que les limites de la productivité des océans sont déjà globalement atteintes. Les captures mondiales ne pouvaient plus augmenter, les contraintes globales de productivité le disaient. L'estimation de 100 millions de tonnes semblait être la limite à la production mondiale aquatique et le chiffre record atteint en 1993 un maximum en matière de prélèvement marin.

Le diable est dans les détails

Les statistiques de la FAO sont primordiales. Depuis 1996, elles permettent de dresser une fois tous les deux ans la situation mondiale des pêches et de l'aquaculture (rapport SOFIA). Mais si une idée paraît bonne et acceptable par tous, il existe toujours un ou deux détails qui peuvent tout remettre en cause. Les Anglo-Saxons ont l'habitude de dire que le diable est dans les détails. Les scientifiques sont excellents pour les débusquer et remettre en question les fondements même de résultats qui semblaient acquis. C'est ce que certains d'entre eux se sont appliqués à faire en épluchant toutes les données.

Les statistiques de la FAO sont basées sur les déclarations de chaque pays et ces dernières, bien souvent, ne sont pas exactes. Ce n'est un secret pour personne que de nombreux pays sous-estiment leurs captures. Le Yémen, par exemple, déclare 1 000 tonnes de thons pêchées devant ses côtes alors que ses ventes avoisinent en réalité les 40 000 tonnes ! Watson et Pauly étaient très étonnés des déclarations de la Chine, qui révélaient, entre 1980 et 1998, une croissance quasi exponentielle alors que les autres pêcheries mondiales commençaient à stagner. Durant cette période, les pêcheries chinoises progressaient dans leur zone économique et pour les flottilles du large de 3 à 15 millions de tonnes. Il y avait vraiment de quoi s'étonner car, généralement, les pays auraient plutôt tendance à sous-évaluer les débarquements de poissons auprès de la FAO.

En 2001, les deux chercheurs jettent un pavé dans la mare et publient un article dans la célèbre revue *Nature* où ils démontrent que le gouvernement chinois fournit des déclarations de captures irréalistes et sans fondement[17]. En comparant les prises faites par différents pays dans certaines zones de pêche, ils montrent que celles de la Chine présentent des incohérences, les valeurs déclarées étant fortement surestimées. À l'aide d'un modèle prenant en compte des caractéristiques environnementales et océanographiques (production primaire, profondeur de pêche, température de surface...), ils recalculent les valeurs probables des captures chinoises et corrigent les statistiques. Les écarts sont considérables. Une fois les corrections apportées, il s'avère que la Chine ne pêche plus que 5,5 millions de tonnes au lieu des 10,1 millions de tonnes annoncées en 1999.

La seule justification à cette surévaluation des captures est liée à l'économie socialiste chinoise. Pour les responsables, le mot d'ordre à cette époque était d'accroître la production halieutique au même titre que les autres productions agricoles. Les systèmes statistiques s'étaient emballés et les déclarations visaient seulement à satisfaire les politiques, même si elles n'avaient aucun fondement. En 1998, le gouvernement central chinois s'est aperçu du manque de réalisme de ces objectifs et a décrété tout aussi arbitrairement que les captures devaient dorénavant être stables par rapport au niveau observé en 1998... ouvrant la voie à de nouvelles dérives.

Compte tenu de l'importance des pêcheries chinoises, ces déclarations erronées avaient introduit un biais majeur dans les tendances mondiales et conduit à des conclusions impropres pour l'aménagement des pêcheries mondiales. Watson et Pauly reprirent les chiffres de la FAO en tenant compte de ce biais important. Le déclin de la pêche mondiale était alors pleinement visible pour l'ensemble des pêcheries, et encore bien plus en retirant la pêcherie d'anchois du Pérou destinée à la farine. Entre 1987 et 1999, la décroissance des prises globales mondiales apparaît alors au grand jour, visible et soutenue. Elles avaient eu l'apparence rassurante d'une stabilité depuis plusieurs décennies, mais, avec cette correction, elles déclinaient régulièrement, de quoi inquiéter la FAO. Depuis 1988, le déclin est chaque année de 0,36 million de tonnes. La sécurité alimentaire mondiale n'est pas assurée et les projections ont été révisées à la baisse.

Amnésie collective

Un autre écueil guette les analystes des pêches : l'amnésie collective et le manque de recul historique. Chaque génération de scientifiques travaillant sur les pêcheries utilise comme situation de référence le niveau des stocks et la composition en espèces qu'ils ont connus en début de carrière, et ils utilisent ces données pour comprendre la dynamique des écosystèmes. Quand une nouvelle génération se met au travail, les stocks ont diminué et cette nouvelle référence sert à nouveau comme point de départ aux nouvelles analyses. Le résultat est une dégradation des points de référence, une accoutumance graduelle à une situation dégradée en changeant de référent en permanence. Ceux-ci sont de fait inappropriés pour évaluer les ressources et les pertes économiques qui peuvent résulter de la surpêche, ou encore pour évaluer les objectifs d'une reconstitution des stocks. La recherche du point zéro constitue un des principaux défis de l'écologie historique.

En 1995, Daniel Pauly s'inquiétait de cette perte de mémoire et du changement constant de points de référence. La science physique n'est pas tombée dans ces écueils. Ainsi l'astronomie utilise-t-elle les observations vieilles parfois de plus de mille ans de taches solaires, de comètes, de supernovae ou d'autres phénomènes qui permettent aujourd'hui de tester les hypothèses courantes. Pauly cite l'exemple en océanographie de protocoles ayant permis d'assembler les données de courants, de vents et de températures de surface des océans qui remontent à 1870 et qui ont contribué à montrer l'existence du changement climatique. Par comparaison, on peut s'étonner qu'il n'existe pas de cadre pour les pêcheries qui permettrait de définir ces situations de référence de façon structurée. Il est frappant de constater, par exemple, que les abondances passées des grands prédateurs ou des mammifères marins citées dans les ouvrages sont souvent considérées seulement comme des anecdotes.

Ainsi, à Kayar, petit port de pêche du Sénégal, les pêcheurs ramenaient dans les années 1960 jusqu'à quatre-vingts mérous par pirogue, et certaines années plusieurs tonnes de cette espèce pouvaient être prises par des sennes tournantes lorsque l'espèce migrait en bancs. Aujourd'hui il n'y a pratiquement plus de prises de mérou, ou elles se limitent à quelques individus pêchés de temps en temps. Récemment, un étudiant qui travaillait sur cette espèce n'avait pas pris le temps de chercher à analyser ces données anciennes, il est vrai difficilement accessibles. Son analyse n'était pas fausse, mais son expertise amenait à penser que, finalement, cette espèce était modérément exploitée. Il avait analysé les données des statistiques de pêche depuis les années 1990, oubliant que le mérou était surexploité depuis longtemps.

De même, au Danemark, dans les années 1920, le grand-père de l'océanographe Villy Christensen était agacé de voir ses filets de pêche au maquereau et au hareng attaqués par des thons rouges qui n'étaient pas commercialisés à cette époque. Aujourd'hui, nombreux sont les chercheurs, même les experts en thons, qui pensent que le thon rouge n'a jamais fréquenté les côtes du Danemark. Des anecdotes de ce type sont nombreuses. Sans cadre réel de suivi des populations marines sur la longue période, on oublie ce que le monde marin pouvait produire. L'accumulation de témoignages peut conduire à changer notre perception de l'exploitation. Daniel Pauly cite ainsi l'exemple d'une chercheuse qui a compilé des travaux faits par des anthropologues dans le Pacifique sud et qui relataient des captures insignifiantes de petits poissons des milieux coralliens par les enfants et les femmes. Or, après avoir fait ses calculs, elle s'aperçut que ces captures correspondaient en fait à des prises bien supérieures à celles mentionnées dans les statistiques officielles. L'ampleur de la surexploitation est ainsi trop fréquemment masquée par une forme d'amnésie, d'ignorance et de glissement progressif de nos références.

Effondrement sans avertissement

L'halieutique traditionnelle est aujourd'hui confrontée à ses propres échecs et à de nouveaux scénarios qu'elle n'a pas prévus. Il aura fallu attendre 1992 et l'effondrement de la morue du Canada pour réaliser que les pêcheries peuvent empêcher le renouvellement des populations de poissons. Nous pensons que les processus naturels sont immuables, durables. Les pêcheurs et les politiques utilisent couramment le niveau des captures pour communiquer l'état des stocks : si la pêche a permis de prélever 1 000 tonnes de poissons ces cinq dernières années, pourquoi ne le ferait-elle pas dans les années qui viennent ? Intuitivement, cela paraîtrait logique. Pourtant, une étude récente, coordonnée par Christian Mullon et deux autres chercheurs de l'Institut de recherche pour le développement (IRD) et du Centre de recherche halieutique méditerranéenne et tropicale (CRH) de Sète, montre que les stocks peuvent s'effondrer sans signe avant-coureur[18].

Christian Mullon est un mathématicien qui jette un regard neuf sur toute chose. Il a toujours été étonné par le fait que les stocks ne s'effondrent généralement pas de façon continue mais plutôt de façon abrupte, « non linéaire » dans le jargon scientifique. Les poissons disparaissent tout à coup et avec eux les pêcheries. Il a observé ce phénomène sur les stocks de poissons du lac Tchad, dont les captures sont stables pendant une grande période de temps avant de s'effondrer brutalement. En 2005, Christian Mullon et ses collaborateurs se sont demandé quelle ampleur ce phénomène pouvait prendre au niveau des pêcheries mondiales. Pour cela, ils ont analysé les chiffres de production des pêcheries recueillis entre 1950 et 2000 par la FAO. Il apparaît qu'un quart des 1 519 pêcheries considérées ont vu leur stock (évalué d'après les quantités pêchées) s'effondrer au cours des cinquante dernières années. Mais, fait le plus troublant, 21 % de ces effondrements ont été précédés par un plateau de production, c'est-à-dire que les quantités pêchées étaient restées stables pendant une dizaine d'années avant la chute brutale des captures.

Pourquoi une phase de plateau est-elle suivie d'un effondrement de la population ? Simulations mathématiques à l'appui, la conjonction de deux facteurs est invoquée. Le premier s'explique par une régulière augmentation de l'effort de pêche, notamment en raison des améliorations techniques. L'autre tient à l'existence d'un seuil des populations pêchées : si l'effectif de la population de poissons est inférieur à un certain seuil, son renouvellement n'est plus assuré (en raison d'une plus grande rareté de rencontres entre individus qui rend difficile la reproduction, par exemple, ou plus vulnérable vis-à-vis des prédateurs). Malgré la diminution de la population, l'effort de pêche croissant conduit, pendant un certain temps, à des captures d'apparence stable. En fait, la phase de plateau dans les prises ne serait ainsi qu'un équilibre apparent, masquant un déclin progressif de la population de poissons. Ensuite se produit un effondrement, sans préavis, des populations de poissons et de la pêcherie.

À la lumière de ces travaux, on peut se demander si les captures ne sont pas un des plus mauvais indicateurs pour évaluer la surexploitation ou l'utilisation durable d'une espèce. Il apparaît en tout cas que lorsque les expertises approfondies font défaut, on ne peut pas se fier à cet indicateur. Une production stable ne témoigne pas obligatoirement de l'exploitation durable des ressources, mais peut au contraire annoncer un déclin rapide, inattendu de l'abondance des poissons. La stabilité des captures n'est pas le signe d'une gestion viable des ressources et c'est pourtant le critère souvent utilisé pour juger de la durabilité d'un stock. Ces résultats jettent un doute sur la gestion actuelle de la pêche, car, trop souvent, les autorités responsables estiment que l'équilibre entre l'activité de pêche et le renouvellement des populations est atteint lorsque, d'année en année, il y a stabilité des quantités de poissons capturées. La stabilité des captures de morues avant 1991 et les politiques de gestion, incapables de s'adapter aux fluctuations d'abondance des ressources, ont eu raison de la morue de Terre-Neuve et de quelque trois cents autres stocks mondiaux.

La reconstitution problématique des stocks

La population des grands requins blancs a diminué de plus de 75 % dans l'Atlantique nord-ouest, celle de la morue de 99,9 % dans l'Atlantique nord, les stocks de mérous se sont effondrés à plus de 80 % en Afrique de l'Ouest. Des déclins aussi importants sont ponctuellement observés. Suffirait-il d'arrêter de pêcher pour que les populations se reconstituent ? Cela peut paraître aller de soi. C'est d'ailleurs ce qu'on fait miroiter aux pêcheurs en leur expliquant que, si les stocks se reconstituaient, ils pourraient pêcher de plus grandes quantités avec un effort de pêche moins important, d'un tiers, voire un dixième de ce qu'il est actuellement. Malgré une faible fécondité, les mammifères et oiseaux marins possèdent cette faculté de pouvoir accroître leurs niveaux de population depuis des niveaux très bas. Mais ce n'est apparemment pas aussi simple pour les poissons. D'abord, il faudrait arrêter de pêcher l'espèce qui est ciblée, ce qui, dans bien des cas, s'avère quasi impossible. La morue du Canada continue d'être exploitée malgré un moratoire limité. L'expérience montre aussi que l'exploitation d'autres espèces entraîne quasi systématiquement, sous forme de prises accessoires, la capture de juvéniles de l'espèce qui s'est effondrée.

Non, il ne suffit pas de s'arrêter de pêcher pour que les poissons reviennent. C'est la principale démonstration des travaux de Hutching et Reynolds, deux chercheurs du Canada et du Royaume-Uni [19], qui ont sélectionné 230 populations exploitées de harengs, morues, turbots, soles, mérous... Ils ont collecté pour chacune de ces espèces des séries temporelles aussi longues que possible – entre 10 et 73 ans – de façon à quantifier les diminutions d'abondance. Pour évaluer les déclins, ils ont pris en compte le niveau d'abondance historique et le niveau d'abondance le plus bas. Ils ont ainsi montré que 58 % des populations avaient baissé de plus de 80 %. Les résultats ont surpris les auteurs eux-mêmes, qui ont ensuite tenté d'examiner la capacité des populations de poissons à se reconstituer.

Là non plus, les résultats ne furent pas très encourageants. Cinq années après leur effondrement, 41 % des populations continuaient à décliner, et seulement 8 % avaient retrouvé des niveaux d'abondance qu'elles avaient connus auparavant. Après quinze années, le taux de recouvrement des stocks ne dépassait pas 12 % et concernait essentiellement les poissons pélagiques : anchois, sardines et maquereaux. Les résultats étaient plus sombres pour les espèces dites nobles, à longue durée de vie, comme les gadidés, dont plus de 40 % n'avaient pas montré de signe de remontée. Malgré l'arrêt de la pêche à la morue dans l'Atlantique nord-ouest suite à l'effondrement du stock en 1992, le niveau de biomasse est aujourd'hui encore plus faible qu'il y a vingt ans et aucune récupération ne s'amorce. Seulement 7 % des stocks qui se sont effondrés ont vu une récupération de leurs effectifs après une génération. Les populations marines ont bien du mal à se reconstituer, beaucoup plus de mal qu'on ne le pensait.

Des mécanismes subtils se mettent en place lorsque les populations ont atteint des niveaux extrêmement bas. La diversité génétique intraspécifique se réduit et des pressions de sélection peuvent affecter le taux de renouvellement. Enfin, de nombreuses autres causes sont rassemblées sous le terme fréquemment utilisé en écologie d'« effet Allee », qui regroupe toutes sortes de facteurs adverses empêchant le recouvrement des populations marines : la difficulté pour des partenaires sexuels de se rencontrer dans un environnement aussi dispersif que le milieu marin, le faible taux de succès de la fertilisation des œufs lorsque le nombre de reproducteurs est faible ou encore le risque de prédation qui s'accroît.

Un autre phénomène de plus en plus souvent observé peut aussi expliquer l'absence de résilience. Il tient aux changements de régime observés dans les écosystèmes marins à la suite de la disparition d'une espèce clé de voûte ou bien de la raréfaction d'un ensemble d'espèces qui sont importantes pour la stabilité de l'écosystème. Cette reconfiguration de l'ensemble de la structure et du fonctionnement de l'écosystème ne permet plus à l'espèce qui est devenue rare de retrouver le niveau d'abondance qu'elle avait connu.

La publication de l'ensemble de ces résultats a provoqué la stupeur, mais elle a été rejetée par une bonne partie des experts en place. Le fait qu'il ne suffisait pas d'arrêter de pêcher pour que naturellement et rapidement les populations se reconstituent était contraire à tout ce qu'ils avaient appris. Si l'on protège une population de mammifères terrestres ou marins, éléphants ou baleines, c'est vrai qu'il faut quelques années pour que ces espèces à longue durée de vie et à faible fécondité se reconstituent. Mais pour une morue qui pond des millions d'œufs, c'est une tout autre histoire. Il y a là quelque chose d'apparemment paradoxal. Le monde marin est un monde dispersif où existent des interactions fortes de toute nature et entre de nombreuses espèces. Si les morues pondent tant d'œufs, c'est qu'il est bien difficile d'y survivre.

Des disparitions très discrètes

Le monde marin est un monde secret et mystérieux, idéal pour un crime parfait. De rares indices, pas de témoins gênants, pas d'enquêteurs. Les disparitions des espèces marines peuvent passer d'autant plus inaperçues que leur diversité est immense. Si 230 000 espèces ont été décrites à ce jour dans les océans, soit seulement 15 % de la biodiversité totale, l'inventaire s'enrichit chaque année de 1 300 à 1 500 nouvelles espèces. Les poissons représentent à eux seuls plus de la moitié de toutes les espèces de vertébrés vivants, qui totalisent 48 000 espèces. En termes de répartition, 58 % des espèces de poissons sont marines, 41 % sont des poissons d'eau douce et 1 % partagent les deux milieux. Parmi les 14 500 espèces de poissons marins décrites, la majorité (69 %) vit dans des zones de faibles profondeurs comme les zones coralliennes. Seulement 2 % d'entre elles vivent près de la surface dans le vaste milieu pélagique hauturier (poissons pélagiques principalement). Seules quelques espèces marines ont disparu de la profondeur des océans au cours des trois cents dernières années et il n'y a aucune disparition avérée d'espèces de poissons, selon le bilan dressé par Carlton en 1999[20]. Seulement 12 espèces marines étaient considérées comme éteintes, 3 espèces de mammifères marins, 5 d'oiseaux et 4 de mollusques.

Mais en 2003, un chercheur anglais, Nick Dulvy, et ses collaborateurs ont produit un travail plus abouti qui a permis de dresser un panorama des espèces marines éteintes à un niveau local, régional ou bien global[21]. Leur bilan était beaucoup plus sévère. Cette équipe a documenté cent trente-trois exemples d'extinctions d'espèces animales et végétales (mammifères, oiseaux, poissons, chondrichtyens, échinodermes, mollusques, arthropodes, annélides, cœlentérés et algues). Ce chiffre est considéré, au regard des techniques d'études utilisées, comme une hypothèse basse du nombre d'extinction.

Le délai moyen entre le moment où un organisme est vu pour la dernière fois et le moment où il est déclaré éteint est de cinquante-trois ans. Les facteurs qui provoquent ces extinctions sont multiples.

Cependant l'exploitation apparaît comme la principale cause des extinctions (55 %), suivie par la perte ou la dégradation des habitats (37 %), le reste étant attribué aux espèces invasives, au changement climatique, aux pollutions ou aux maladies. Les extinctions locales et régionales à la suite d'une surexploitation concernent les loutres de mer, les éléphants de mer, les dugongs, plusieurs espèces de raies, de requins et des poissons coralliens. Du côté des poissons ou des mollusques, on dénombre le hareng islandais qui pond au printemps et les ormeaux du nord-est Pacifique. Beaucoup de poissons tropicaux marins ont eu le même destin du fait de leur capture en tant que prises accessoires, comme les raies par exemple.

En 2007, une étude publiée par Pablo del Monte-Luna et ses collaborateurs[22] montre que les chiffres avancés par Dulvy sont parfois exagérés de près de 50 % pour plusieurs groupes. Certaines espèces déclarées éteintes sont en fait toujours vivantes, quelques exemplaires ont même été recensés récemment. Les loutres de mer du nord-est Pacifique ont été aperçues à quelques occasions en Californie, ainsi que cinq dugongs le long des côtes chinoises. Si la baleine grise a totalement disparu de la mer de Wadden et de l'océan Atlantique, elle est abondante dans le Pacifique. Quelques espèces de poissons et de requins déclarées éteintes par Dulvy sont observées à de rares occasions au cours de campagnes océanographiques ou encore lors des échantillonnages des captures. Ce n'est qu'après l'arrêt des captures de la raie commune *(Raja batis)*, dans les années 1960 dans les pêcheries françaises puis dans les années 1980 dans la mer d'Irlande et dans la plupart des zones de pêche de la mer du Nord, que l'on a commencé à accumuler des indices sur les risques d'extinction de cette espèce. Cependant elle est toujours présente, bien que discrète, dans certaines zones réduites de l'Atlantique nord-est. De même, une autre espèce de raie de grande taille *(Dipturus leavis)*, que l'on croyait éteinte en 1998, a été à nouveau observée occasionnellement dans des zones refuges difficiles à chaluter.

Les connaissances sur la biodiversité marine sont éparses, fragmentaires et peu disponibles. En milieu terrestre, on peut parfois observer la mort d'une espèce. C'est ainsi que le dernier pigeon migrateur américain *(Ectopistes migratorius)*, une espèce pourtant extrêmement abondante, est mort dans le zoo de Cincinnati, le 1er septembre 1914. Rien de tel en milieu marin : déclarer éteinte une espèce est un exercice délicat, pour ne pas dire périlleux. Quoi qu'il en soit, la problématique de la conservation des espèces marines a fait tomber bien des préjugés sur le fonctionnement des écosystèmes marins, qui était considéré comme un acquis par l'halieutique. Il était admis notamment que les animaux marins étaient moins vulnérables aux extinctions que les animaux terrestres car ils sont en général présents plus longtemps dans les enregistrements fossiles. L'exemple du cœlacanthe *(Latimera chalumnae)* et de plusieurs espèces de tortues marines qui sont aujourd'hui menacés de disparition ne semblent pas confirmer cette hypothèse. Enfin, le dogme fondateur de l'halieutique est lui aussi tombé : les espèces de poissons dont la fécondité est grande ne sont pas moins vulnérables que les autres !

L'halieutique s'appuie sur un autre argument, pas toujours ouvertement exprimé, selon lequel les pêcheries arrêteront d'exploiter pour des raisons économiques une espèce devenue trop rare. La réalité a montré que ce n'était souvent pas le cas. D'une part, comme nous allons le voir dans le chapitre suivant, les pêcheries sont très rarement monospécifiques et il existe de nombreuses prises accessoires. Même si la pêcherie arrête de cibler l'espèce en danger, les prélèvements risquent de continuer. D'autre part, nombre d'espèces deviennent de plus en plus chères lorsqu'elles sont rares et elles sont alors d'autant plus recherchées. De nombreux poissons démersaux (vivant à proximité du fond) de grande taille, comme les mérous, en sont des illustrations. Plusieurs espèces sont maintenant considérées comme des articles de luxe pour la consommation alimentaire, tels certains gros poissons des récifs coralliens (le napoléon ou encore le thon rouge du Sud), ou comme des aphrodisiaques, tels les hippocampes *(Syngnathidae)* ou les dangereux fugus consommés par les riches gourmets japonais.

La rareté aiguise les envies et modifie en conséquence l'attractivité, donc le prix. La vessie natatoire du bahaba chinois (poisson-tambour, famille des sciaenidés de grande taille) atteint 64 000 dollars le kilo, et les œufs d'esturgeon dépassent maintenant 3 500 livres le kilo à l'aéroport de Londres. La même dynamique s'applique aux poissons exotiques recherchés par les aquariophiles pour leur couleur, leur forme et leur rareté.

L'apparition sur la liste des espèces vulnérables ou en danger d'extinction de l'Union internationale pour la conservation de la nature (UICN, *International Union for the Conservation of Nature*) de plusieurs espèces de poissons comme la morue de l'Atlantique *(Gadus morhua)*, le haddock de la mer du Nord *(Melanogrammus aeglefinus)*, les thons rouges du Sud *(Thunnus maccoyii)*, plusieurs espèces de requins ou bien encore le mérou géant *(Epinephelus itajara)* marque un tournant. Aujourd'hui la liste rouge comporte plus de cent espèces de poissons marins qui ont vu un important déclin de leur abondance ou dont des populations locales se sont éteintes. Des débats ont suivi pour déterminer si ces espèces étaient réellement menacées ou non d'extinction. Les débats se poursuivent, et pendant ce temps des pêcheries disparaissent, les espèces surexploitées se font de plus en plus discrètes et l'extinction de nombreuses espèces marines se profile.

Un constat toujours controversé

Les captures mondiales ont crû à un taux voisin de 6 % durant les années 1950 et les années 1960 pour se borner à seulement 2 % dans les deux décennies suivantes. Le taux est devenu négatif à partir des années 1990 malgré des raffinements technologiques sans précédent qui auraient dû permettre de soutenir cette croissance. En effet, la réponse de l'industrie de la pêche à la décroissance des captures a été d'incorporer toujours plus de technologie au mépris de la capacité biologique des ressources. Le constat est brûlant : les pêcheries mondiales vont mal. Elles sont en surcapacité chronique et le nombre de bateaux dépasse sans doute de deux à trois fois celui qui permettrait de prélever les captures annuelles de 90 millions de tonnes. Le niveau des prises accessoires et des rejets reste inacceptable dans une perspective de conservation. Les pêcheries illégales défient toutes les règles et tentatives de gestion. Plusieurs populations de poissons prédateurs continuent d'être exploitées, comme la morue du Canada, dont on prélève encore 21 000 tonnes par an, à titre de pêches prétendument exploratoires. La surexploitation perturbe le fonctionnement des écosystèmes dans leur intégralité alors même que le recouvrement des espèces constituantes est aléatoire et souvent coûteux. Il y a quelques décennies seulement, on pensait qu'il n'était pas possible de surexploiter les ressources marines, aujourd'hui il n'est plus acceptable de nier le phénomène qui a pris des allures globales. Pourtant, le constat fait l'objet d'opinions pour le moins divergentes, dès qu'il est interprété ou utilisé à des fins d'aménagement.

Certains contestent avec virulence le bien-fondé de ces analyses. C'est le cas du statisticien danois Bjorn Lomborg, qui a publié en 2001 un livre rempli de tableaux dans lequel il tend à démontrer que l'état environnemental de la planète est meilleur aujourd'hui qu'il ne l'était hier[23]. Après avoir fait le constat encourageant et indiscutable que nous vivons toujours plus vieux, que nous mangeons mieux qu'autrefois et achetons des aliments dont les prix ne cessent de diminuer, Lomborg rappelle que, globalement, le poisson ne constitue que 6 % de nos apports quotidiens en protéines (entre 14 % et 16 % des protéines animales selon la FAO). Il critique le rapport annuel de l'ONU qui s'inquiète de la surexploitation de nombreux stocks de poissons et explique que cette surexploitation est un mal nécessaire et non un réel handicap au développement de nos sociétés.

Il ne faut pas croire que les études sur la surpêche ne suscitent pas des controverses dans les rangs mêmes des spécialistes. Devant l'état de surexploitation des stocks, un nombre croissant de chercheurs s'interrogent sur les fondements des modèles et sur les indicateurs utilisés dans la gestion des ressources renouvelables. Alan Longhurst, un océanographe britannique retiré à Cajarc, dans le Lot, se demande s'il existe une seule exploitation viable des ressources marines sur le long terme[24]. Une vision pessimiste qui illustrerait l'incapacité des pêcheries à inscrire l'exploitation des ressources dans la durée. La remise en cause des modèles et de la façon d'appréhender le pouvoir de régénération des populations est un phénomène nouveau. De grands scientifiques en dynamique des populations, Donald Ludwig, Carl Walters et Ray Hilborn, avouaient en 1993 qu'il n'y avait pas d'autre méthode pour évaluer les limites que peuvent endurer les systèmes naturels que la surexploitation des stocks[25]. Ces déclarations ont évidemment de quoi déconcerter.

Une étude publiée dans la revue *Nature* en 2003 par Myers et Worm[26] a déclenché une polémique extrêmement vive pendant plusieurs mois. Les deux scientifiques ont exploité les données d'abondance de communautés de grands poissons prédateurs de quatre grandes zones océaniques et de neuf grands écosystèmes depuis le début de l'exploitation industrielle, dans les années 1950. Ils ont pu ainsi mettre en évidence qu'il reste dans les océans souvent moins de 10 % de l'ensemble des communautés de poissons de grande taille, des tropiques aux pôles. C'est vrai pour les espèces de haute mer comme les thons, les marlins, les espadons et pour les espèces côtières comme les morues, les raies, les poissons plats ou encore les mérous. Leur constat remettait en cause les diverses estimations ponctuelles en donnant une vision globale de la situation pour les principales ressources marines. Pour eux, il était grand temps de réagir en prenant des mesures de gestion appropriées.

Pour mesurer le déclin de l'abondance des thons dans les écosystèmes du large, les deux chercheurs ont traité les données des engins les plus répandus : les lignes appâtées japonaises. Les courbes sont saisissantes : là où dix poissons étaient pris tous les cent hameçons, aujourd'hui on a bien de la chance si on attrape un seul poisson ! Non seulement les grands poissons sont moins abondants en nombre mais, avec l'accroissement de la pêche, ils ne peuvent jamais atteindre la taille maximale. La taille de ces grands prédateurs est réduite et, dans beaucoup de cas, les poissons sont tellement petits qu'ils n'ont pas le temps de se reproduire une seule fois.

Les résultats firent la couverture des grands journaux et les réactions ne tardèrent pas. Certains chercheurs comme Daniel Pauly allèrent dans le sens de cette étude en déclarant que, si la décroissance est de 90 % et que la technologie a été améliorée depuis le début de la pêcherie, alors le déclin des ressources doit être encore plus grand. Jeremy Jackson prétendit que c'était la démonstration pure et simple de l'amnésie qui nous avait fait oublier combien les océans pouvaient être productifs dans le passé. « Lisez *Le Vieil Homme et la Mer* d'Hemingway et vous verrez qu'on avait l'habitude de harponner des espadons de trois mètres de long depuis des bateaux à rames ! » lançait-il aux journalistes.

Le travail de Myers et Worm sur les thons souleva une véritable levée de boucliers parmi certains spécialistes de la question. Entre les mois de mai 2005 et janvier 2007, pas moins de trente-cinq articles, lettres publiques, réponses dans les journaux furent publiés pour démontrer que l'article incriminé surestimait la diminution d'abondance des thons et que Myers et Worm avaient manipulé et instrumentalisé leurs résultats. Les chercheurs furent accusés d'incompétence dans un article virulent intitulé : « Un petit savoir combiné à beaucoup d'informations peut faire une dangereuse combinaison[27]. » Le journal *Nature* fut montré du doigt et Ray Hilborn, un chercheur en dynamique des populations, jeta l'anathème sur les évaluateurs de cet article et sur la politique éditoriale des grands journaux scientifiques, à la recherche de publicité[28]. Un de ces chercheurs, Mark Maunder, alla même jusqu'à écrire à un sénateur pour dénoncer la diffusion de connaissances erronées. Le débat se plaçait sur le terrain politique, celui-là même sur lequel les chercheurs américains avaient reproché à Myers et Worm de se situer.

Quatre auteurs américains corrigèrent à leur manière les évaluations de Myers et Worm. Entre 1950 et 2004, selon eux, les niveaux d'abondance des espèces de thons avaient diminué de 36 à 91 % (comparé à 80-90 % dans l'étude de Myers et Worm), les grands poissons de plus de 1,75 mètre ne représentaient plus que 1 % de l'abondance d'origine. En réalité, les problèmes de fond soulevés par les analyses des deux auteurs basés au Canada n'avaient pas été résolus. Pourquoi a-t-on observé une diminution si importante des rendements au début des pêcheries ? Pourquoi les abondances de certains thons paraissent si stables depuis plusieurs décennies alors qu'elles ont certainement diminué ? Les discours sur la surexploitation ne sont pas prêts de s'éteindre.

3

LA PÊCHE, UNE CHASSE À L'AVEUGLE

La chasse océanique

La pêche est l'équivalent de la chasse dans le milieu aquatique, elle prélève des animaux sauvages dont la production se renouvelle naturellement. C'est la façon la plus écologique de se nourrir et aussi la plus ancienne. Il y a plus de 10 000 ans, tous les êtres humains se nourrissaient ainsi. Nos sociétés ont cependant progressivement appris depuis 2 000 ans à maîtriser leur production alimentaire grâce à l'agriculture et à l'élevage. Cette évolution d'une société de chasseurs-cueilleurs vers une société d'agriculteurs sédentaires est une histoire complexe où les changements climatiques mais aussi la destruction de la mégafaune ont joué un rôle important dans ce que certains, comme John Alroy [1], dénomment la théorie de la *surchasse*.

Si on prend l'exemple de ce qui s'est passé en Australie il y a 40 000 ans, il semble vraisemblable que les premiers *Homo sapiens* ont exterminé dès leur arrivée les grandes espèces de marsupiaux qui avaient évolué sur ce continent durant des millions d'années. Mais la guerre de l'homme contre les grands animaux s'exerça à une vaste échelle. Il y a 11 000 ans, presque toute la mégafaune – soixante-dix espèces environ – disparaissait de notre planète, contraignant les hommes à d'autres modes d'exploitation. John Alroy simula l'éradication par l'homme des grands mammifères à la fin du Pléistocène en développant un modèle mathématique simple, avec des populations humaines en faible expansion, des chasses faites au hasard et une efficacité de prélèvement faible et non sélective. Les simulations montrent qu'il aura fallu entre 800 et 1 600 ans pour décimer les trente espèces de grands mammifères qui peuplaient l'Amérique du Nord. Les mastodontes, paresseux, tatous, chameaux géants et autres n'étaient pas faits pour résister à l'homme.

Au cours des 10 000 dernières années, nos sociétés furent ainsi contraintes de domestiquer plantes et animaux pour survivre et se développer. Autrefois activité de survie, la chasse est aujourd'hui devenue une activité récréative, excepté pour quelques rares sociétés africaines qui surexploitent les petits mammifères terrestres au Cameroun, au Ghana ou encore en Côte d'Ivoire. On imaginerait difficilement une activité de chasse s'exerçant à l'échelle industrielle. Bisons, biches, lapins, faisans et autres animaux seraient vite anéantis.

Avec la surexploitation actuelle, la pêche n'est-elle pas en train de suivre un destin similaire ? Certains s'interrogent sur ces deux trajectoires historiques, car il y a à la fois des ressemblances et des divergences entre leurs modes d'exploitation respectifs. Si la pêche, notre dernière activité de prélèvement d'une ressource sauvage, a subsisté, c'est certainement qu'elle est moins destructrice que la chasse, avancent certains. La surexploitation d'un grand nombre de stocks marins est pourtant bel et bien devenue une réalité au niveau mondial. Il y a donc une convergence forte avec la théorie de la surchasse en milieu terrestre.

Il y a un phénomène qui n'existe pas dans la chasse mais qui joue un rôle fondamental dans la pêche, c'est celui des « prises accessoires ». Ce vocable peu évocateur est utilisé dans la littérature scientifique mais reste mal connu du grand public. Il se veut rassurant, voire anecdotique, quand on parle d'exploitation. Il représente pourtant l'un des problèmes les plus préoccupants que les pêcheries devront résoudre rapidement si elles veulent survivre.

Des captures dites accessoires

Les cris des mouettes et des goélands suivant les bateaux de pêche qui rentrent au port font partie des clichés souvent associés à la mer et à la pêche. Ces images de vacances masquent en réalité l'un des problèmes majeurs de la pêche en mer : celui des rejets et des prises accessoires. Car les mouettes et les goélands attendent patiemment que les pêcheurs jettent par-dessus bord les déchets de poissons qui ne les intéressent pas, pour s'en emparer et les avaler. En effet, lorsqu'un pêcheur jette sa ligne à l'eau, il ne sait pas, malgré toute son expérience, si c'est un congre, un merlu ou bien encore un requin qui va mordre à l'hameçon, voire un oiseau de mer. Même s'il cible une espèce précise avec son engin de pêche, ses méthodes de capture ne sont la plupart du temps pas sélectives. Il en va ainsi avec les palangres de plusieurs dizaines ou centaines de kilomètres de long. Les milliers d'hameçons qui attraperont les poissons attirés par les appâts peuvent aussi accrocher des requins, des tortues ou encore des oiseaux marins. Les filets maillants ou les chaluts peuvent les emprisonner dans leurs mailles de Nylon.

La pêche est aveugle et le gâchis énorme. Si on la compare avec la chasse, la pêche paraît tout simplement monstrueuse. C'est comme si on décidait de tuer tous les animaux d'une forêt avec une bombe ou un poison pour prélever uniquement les espèces économiquement intéressantes, n'hésite pas à déclarer Nils Ryman, généticien des populations marines[2]. Les écologistes du milieu terrestre s'étonnent à juste titre de ces pratiques. Si elles avaient cours dans nos forêts, elles seraient évidemment condamnées par tous.

Par « prises accessoires », on entend habituellement les espèces non ciblées. Les rejets désignent les espèces parfois vivantes, mais souvent mortes, qui sont remises à la mer. Il y a en réalité de nombreux cas de figures. En anglais, il existe pas moins de dix-huit termes différents pour caractériser les rejets en mer, s'ils sont pris intentionnellement ou par accident, s'il s'agit d'espèces interdites à la pêche ou non, si elles sont capturées par des pêcheurs légaux ou par des flottilles fantômes. Les espèces capturées non intentionnellement sont d'une diversité infinie. On trouve aussi bien des poissons non commercialisés, des espèces commercialisées mais de tailles trop petites, des oiseaux, des tortues, des mammifères ou des invertébrés marins dont on ne sait que faire.

La pêche est la dernière grande activité de cueillette héritée du Paléolithique, mais les technologies ultrasophistiquées et les puissants moteurs qui équipent les bateaux ont rendu cette activité extrêmement dévastatrice. Les rejets et les prises accessoires se sont multipliés de manière considérable. L'attention a commencé à se porter sur ces dégâts depuis seulement une quinzaine d'années, avec la publication des premières estimations au niveau mondial produites par la FAO.

Le phénomène était plus ou moins accepté pour les poissons tant qu'on se trouvait encore dans un contexte d'abondance des espèces. Ce n'est que pour les baleines que la question des pertes est très vite apparue problématique. Leur taille, leur puissance et les risques encourus par les chasseurs faisaient que ces derniers étaient fréquemment amenés à abandonner en mer les animaux qu'ils venaient de tuer. Dans l'Antarctique et dans les eaux boréales, de nombreux spécimens qui avaient été harponnés étaient bien souvent abandonnés par les équipages en raison des risques que les glaces flottantes représentaient pour les bateaux. Un chirurgien embarqué sur un baleinier en 1853 cite des navires qui perdaient en moyenne huit fois sur dix la baleine qu'ils avaient réussi à toucher. Parfois récupérées mortes, elles étaient souvent dans un tel état de décomposition que leur cadavre n'était plus utilisable. Les taux de capture s'améliorèrent avec les techniques de pêche et l'habileté des équipages. À la fin du XVIIIe siècle, la proportion de baleines harponnées et transformées en huile et autres produits variait de 30 à 60 %, ce qui était néanmoins encore très bas. Les pertes furent dénoncées dès 1730 par les Basques et on peut penser qu'elles contribuèrent à accélérer la raréfaction des baleines du Groenland et du golfe de Gascogne.

Même si le pêcheur cible les espèces qu'il veut capturer en adaptant ses engins de pêche ou bien en exploitant des zones océaniques où elles se concentrent, il risque toujours d'en attraper d'autres. De nombreux paramètres peuvent aussi l'amener à rejeter une partie de ses prises : la taille du poisson peut être trop petite, les prix trop bas si les arrivages sont trop abondants, les prises trop importantes pour être traitées, ou les TAC annuels du stock ont été atteints. Tous ces poissons morts non ciblés sont alors rejetés par-dessus bord. C'est ainsi que le chalut utilisé dans le golfe de Gascogne, et conçu pour ramener des lottes et des merlus, capture en même temps un nombre incroyable d'autres espèces qui se trouvent au fond des océans, des coraux, des mollusques, des algues, des annélides, des polychètes, des bulots, des tortues marines, des méduses, des oligochètes, des crabes, des poissons de toutes espèces... Une incroyable hécatombe.

Le phénomène des prises accessoires est amplifié par le fait que l'homme ne consomme qu'un nombre très limité d'espèces de poissons. Pour les pêcheries pélagiques par exemple, on estime que cent quatre-vingt-six espèces sont capturées mais que sept d'entre elles (anchois, hareng, sardine d'Afrique du Sud et du Japon, capelan, chinchard et maquereau) représentent la moitié des prises mondiales.

Les rejets en mer sont difficiles à quantifier car il n'existe pas de statistiques fiables et officielles dans ce domaine, bien que plusieurs chercheurs se soient essayés à des estimations. C'est encore une fois le rapport de la FAO qui fait autorité en la matière. Dans leur rapport publié en 1993, Alverson et ses collaborateurs ont épluché toutes les publications qu'ils ont pu trouver sur les rejets en mer et les prises accessoires, soit en tout près de huit cent vingt études. Ils ont pu ainsi constituer une base mondiale de données pour cinquante-cinq espèces pêchées et soixante-trois espèces rejetées en mer.

Leur analyse confirma la gravité du problème : ils estimaient ainsi que 27 millions de tonnes d'organismes vivants sont rejetées à la mer chaque année pour une capture qui, en 1977, représentait 77 millions de tonnes. Autrement dit, les prises accessoires représentaient cette année-là plus du tiers des captures mondiales de poissons. La stupeur fut considérable à l'annonce de ce chiffre, qui signifiait que de nombreux écosystèmes avaient perdu des poissons juvéniles qui auraient pu être pêchés ultérieurement, et que de nombreuses espèces protégées avaient été détruites inutilement. Ce chiffre déjà énorme correspondait en réalité à une évaluation minimale des rejets en mer, la pêche récréative n'étant pas comptabilisée dans ces statistiques. Dans l'Atlantique nord-ouest, où opèrent les pêcheries européennes, les rejets étaient estimés à 3,7 millions de tonnes. Dans la pêcherie de merlu au chalut du golfe de Gascogne, la moitié des prises totales est rejetée, tandis que dans la pêche au chalut de dorade grise du golfe de Normandie-Bretagne, l'espèce cible n'atteint pas en poids le tiers des prises totales et 30 % du poisson capturé n'a pas la taille requise, comme le note le rapport de l'Académie des sciences de 2003.

En matière de rejets et de prises accessoires, il y a une grande disparité entre les différentes pêcheries. Certaines parviennent à capturer l'espèce qu'elles commercialisent, comme de nombreuses pêcheries artisanales asiatiques ou africaines, d'autres ramènent à leur bord de nombreuses espèces « indésirables » qui sont rejetées pardessus bord alors qu'elles sont déjà mortes. Alverson donne une fourchette pour les rejets de 18 à 30 millions de tonnes en pointant du doigt les pêcheries de crevettes tropicales. Elles représentent à elles seules près de 10 millions de tonnes de rejets. Pour prendre 1 kilo de crevettes en Indonésie, en Thaïlande ou aux Philippines, on estime qu'il faut capturer de 5 à 10 kilos d'organismes vivants, petits poissons, anémones de mer, étoiles de mer ou petits crabes. Par chance, certaines pêcheries sont moins destructrices pour la faune marine, comme par exemple les pêcheries de calmars, de seiches ou encore de poulpes. Il ne faut pas croire pour autant que les pêcheries faisant peu de prises accessoires, comme les senneurs thoniers, peuvent être qualifiées d'écologiques ou durables. Ce n'est pas systématiquement vrai, loin s'en faut.

En 2005, Kieran Kelleher, de la FAO, a actualisé et enrichi le rapport Alverson. Les rejets en mer sont désormais estimés à 7,3 millions de tonnes pour 78,3 millions de tonnes débarquées, soit 9 % au lieu des 35 % du précédent rapport. Une nette amélioration. À l'annonce de ces chiffres, Dirk Zeller et Daniel Pauly ont toutefois expliqué que la bonne nouvelle n'en était pas réellement une[3]. Ils ne contestent pas la diminution des rejets mais, selon eux, elle est due au fait que depuis dix ans de nombreuses espèces nouvelles sont commercialisées pour être consommées au lieu d'être rejetées. Pour eux, les chiffres de la FAO illustrent plutôt une chute importante des captures mondiales.

Cette diminution des rejets est donc en réalité préoccupante et son interprétation est délicate. L'exemple des chalutiers qui opèrent en Tunisie, dans le golfe de Gabès, une des plus importantes nurseries de la Méditerranée, est à cet égard instructif. Dans les années 1980, les rejets des pêcheries côtières étaient de l'ordre de 500 kilos par heure de chalutage ; ils ont chuté à 20 kilos pour la période récente. Une diminution semblable s'est produite pour les pêcheries de crevettes, dont les rejets sont passés de 9 à 2 kilos par kilo de crevettes pêchées, sans qu'aucune mesure particulière n'ait été prise. Les chercheurs tunisiens expliquent cette diminution par la baisse considérable de l'abondance des nombreuses espèces démersales dans le golfe de Gabès. Pas de quoi pavoiser donc, le déclin des rejets semble lié à la destruction des faunes marines plutôt qu'à une amélioration sensible des pratiques de pêche.

Les victimes collatérales

Les oiseaux marins sont de remarquables prédateurs, c'est ce qui leur vaut de compter eux aussi parmi les victimes collatérales de la pêche. Ils peuvent accomplir des centaines de kilomètres au cours d'un seul voyage à l'affût de leurs proies. Des appareils émetteurs et enregistreurs miniatures accrochés à leurs pattes, sur leur dos ou bien sur leur queue, ont permis de découvrir qu'ils peuvent parcourir de très grandes distances à la recherche de poissons pour se nourrir eux-mêmes ou leur progéniture. Dans l'immensité océanique, loin de toute terre et sans témoins, leur rencontre avec les bateaux et les engins de pêche peut alors leur être fatale. Emmêlés dans des filets ou entraînés au fond de l'océan par un hameçon appâté fixé à une palangre qui ne leur était pas destinée, ils se noient. En termes académiques, on dit que les oiseaux marins sont victimes des mortalités incidentes résultant de l'interaction entre les opérations de pêche et des espèces non ciblées. Non seulement ils peuvent chercher à attraper les produits de la pêche en surface, mais ils peuvent aussi plonger pour les prendre quand ils sont à quelques mètres de profondeur. Dotés d'une acuité visuelle exceptionnelle, ils sont en effet capables de repérer un appât qui coule ou encore un poisson en train de se mailler dans un filet. Souvent de grande taille, ils ont la faculté de nager à quelques mètres de profondeur à la recherche de leurs proies. Les macareux, par exemple, peuvent plonger à 35, voire 75 mètres de profondeur.

Les oiseaux marins sont ainsi particulièrement vulnérables face aux engins de pêche statiques comme les filets maillants ou encore les palangres, qui entraînent des mortalités considérables. C'est particulièrement le cas lorsque proies et prédateurs se concentrent sur les zones de ponte. À Terre-Neuve, quand les morues se rassemblaient pour dévorer les capelans au moment de la reproduction, pêcheurs et oiseaux (fous, guillemots et macareux) se retrouvaient en grand nombre. Des centaines de milliers d'oiseaux étaient alors capturés par les engins de pêche et mouraient la plupart du temps noyés ou étranglés. Dans le nord Pacifique, avant le moratoire décrété par les Nations unies sur les filets dérivants hauturiers en 1992, les mortalités d'oiseaux provoquées par les pêcheries japonaises, taïwanaises et coréennes étaient énormes. On parlait alors de près de 1,25 million d'oiseaux morts par an. Ces engins de pêche sont aujourd'hui fort heureusement interdits.

Les albatros et les pétrels sont particulièrement exposés. Ces espèces monogames ont une grande longévité (60 ans en moyenne) et se reproduisent tous les 2 ans après 6 à 10 années d'existence. La dynamique de leurs populations est donc extrêmement lente, même dans un environnement favorable. Tout facteur qui peut contribuer à la mortalité des adultes a un impact très important sur le futur de ces espèces. C'est ainsi que la moitié des 125 espèces de pétrels et 16 des 21 espèces d'albatros sont considérées comme étant en danger d'extinction. Des estimations publiées il y a une décennie montraient que 33 000 albatros étaient victimes des palangres japonaises dans l'océan Austral. On parle de 250 000 oiseaux tués par les pêcheries de légines de Patagonie entre 1996 et 1999. En 2006, des observateurs placés à bord des chalutiers autour des îles Falkland avaient recensé en 157 jours plus de 1 500 oiseaux tués par la pêche, principalement des albatros à sourcils noirs.

Les rejets peuvent aussi constituer pour plusieurs espèces d'oiseaux marins des opportunités alimentaires. Des poissons comme la morue, l'églefin ou encore le merlan sont retrouvés dans les estomacs d'oiseaux qui seraient incapables de les capturer en temps ordinaire. Ce qui se passe en mer du Nord a quelque chose d'effrayant : 576 000 tonnes de poissons seraient annuellement rejetées par les pêcheurs, ce qui représente environ 3 % de la biomasse totale de l'ichthyofaune et 22 % des quantités de poissons débarquées. À tous ces poissons rejetés, il faut encore ajouter 150 000 tonnes d'invertébrés benthiques, et 63 000 tonnes de déchets de captures éviscérées à bord des navires. La totalité de ces 789 000 tonnes de produits marins rejetés constitue désormais la source principale de nourriture pour les 5,9 millions d'oiseaux marins nécrophages de la mer du Nord. En effet, cette masse des rejets équivaut à plus du double de la quantité de poissons vivants consommés (256 000 tonnes) par toute l'avifaune de la mer du Nord. Des calculs ont montré que, si les rejets autour de la Grande-Bretagne étaient utilisés par les oiseaux, ils pourraient nourrir 2,8 millions d'entre eux.

Bien sûr, ces calculs sont théoriques, car une grande partie de cette nourriture coule au fond sans être consommée, ou bien elle est ingurgitée par d'autres prédateurs. Il n'en reste pas moins que ces espèces d'oiseaux peuvent consommer jusqu'à 75 % des rejets de poissons. Depuis 1950, date de début de l'industrialisation des pêcheries, on assiste en mer du Nord à une prolifération des populations d'oiseaux nécrophages, comme les goélands ou les sternes. L'association de protection des oiseaux Birdlife s'est émue de cette situation, la considérant comme une artificialisation de l'écosystème. Assurément, l'avenir de 2,5 millions d'oiseaux en mer du Nord deviendrait vite très précaire si les rejets en mer étaient interdits.

En 1990, les scientifiques de la Commission baleinière internationale avaient recensé cinquante-trois espèces de mammifères marins affectées par les engins de pêche, ce qui représentait en tout entre 65 000 et 86 000 animaux tués annuellement. Ces chiffres sont très approximatifs car ces captures accidentelles ne sont enregistrées et actualisées dans aucune base de données. Ce sont seulement des estimations d'experts. Elles ont été particulièrement importantes entre les années 1960 et 1980, période de pic d'utilisation des filets maillants. À cette époque, en effet, la production de fil synthétique avait permis une large diffusion de ces filets légers et facilement utilisables et, de plus, la création de zones exclusives interdisant l'exploitation par les flottes étrangères avait donné un coup de fouet aux pêcheries nationales.

C'est de cette époque que date la prise de conscience de l'ampleur des prises accessoires de dauphins et autres mammifères marins. Un moratoire sur tous les filets dérivants en haute mer a été décidé par l'ONU en 1991 et est devenu effectif en décembre 1992. Il visait à protéger les mammifères marins, les tortues, les requins et les oiseaux de mer. En Méditerranée, pourtant, le résultat ne fut pas à la hauteur des attentes et un grand nombre de cétacés sont toujours capturés par des filets dérivants utilisés par les pêcheries de poissons porte-épée et de thons. La législation européenne a recommandé de son côté de ne pas utiliser des filets de plus de 2,5 kilomètres de long, mais on en utilise encore de plus de 10 kilomètres et, en 1993, plus de huit cents navires italiens et deux cents marocains pêchaient de la sorte.

Les pêcheurs français continuent eux aussi à utiliser des thonailles qui ne sont rien d'autre que des filets dérivants, en dépit d'un arrêt du Conseil d'État qui spécifie bien que ces deux filets sont de même nature. Un navire d'une ONG américaine a filmé à la fin du printemps 2007 un groupe de bateaux en train de se livrer à cette pêche interdite mais pourtant tolérée jusqu'à présent par l'administration française. Les petits dauphins en particulier sont menacés par ces filets, mais les engins actifs et tout particulièrement les sennes tournantes sont eux aussi réputés pour induire parfois de fortes mortalités chez les dauphins.

Ces derniers peuvent aussi faire les frais de leur proximité avec une espèce très recherchée par les pêcheurs : les thons. Depuis 50 millions d'années, les deux espèces se côtoient dans le même environnement car leurs proies sont les mêmes : des petits poissons pélagiques comme les anchois et les sardines. Pourtant, ils ont une biologie bien différente, les mammifères ayant une faible fécondité avec un petit tous les trois ans tandis qu'une femelle de thon albacore pond chaque année des millions d'œufs. Ils ne sont donc pas sensibles de la même manière à la pêche et la situation peut varier d'un océan à l'autre. Bon connaisseur des pêcheries mondiales de thons, Alain Fonteneau a noté que, à l'inverse de ce qui se passe dans le Pacifique, les thons ne sont que très peu associés aux dauphins dans les océans Indien et Atlantique[4].

Selon lui, leur association ne viserait pas à les protéger mutuellement des requins ou à partager leurs proies. Ils se retrouveraient dans un même secteur non pas pour des affinités particulières mais pour éviter les zones de subsurface pauvres en oxygène. Il est vrai que, dans les autres parties du monde, les dauphins occupent habituellement des zones plus profondes.

Dans le Pacifique est, les pêcheurs de thons utilisent les dauphins pour repérer et pour capturer les thons albacores. Ils entourent les bancs de thons et les dauphins avec la senne tournante. Les dauphins sont alors prisonniers, incapables de sauter hors du piège qui vient de leur être tendu. Un grand nombre d'entre eux ont ainsi été décimés. Entre 1960 et 1975, 200 000 à 500 000 ont été tués chaque année. Pour chaque banc capturé d'environ 700 poissons, soit à peu près 20 tonnes, le nombre de dauphins capturés tournait entre 300 et un millier. Ce drame fut filmé par une ONG américaine, Earth Island, au début des années 1970. Projeté en boucle à la télévision, il provoqua un électrochoc dans l'opinion publique américaine. Les populations de dauphins avec une très faible fécondité étaient au bord de l'effondrement, car les prises accidentelles devenaient beaucoup trop importantes par rapport à la taille des populations existantes.

Les réactions furent vives et amenèrent les pêcheurs à imaginer des dispositifs pour libérer les dauphins juste après leur encerclement par la senne tournante. Une manœuvre spéciale mise au point par Harold Medina, un patron de pêche américain, permet aisément de frayer un passage aux dauphins en faisant couler le haut de la senne. Un équipage utilisant un Zodiac et un équipement de plongée peut alors intervenir pour faciliter leur fuite. Un peu d'imagination et de respect a permis depuis les années 1990, soit trente ans après le démarrage de cette activité, de diminuer les prises accidentelles de dauphins pour atteindre probablement moins de deux mille individus par an. Mais il aura fallu une mobilisation forte des médias ainsi que des distributeurs, qui ont mis sur le marché des boîtes de thon labellisées *« dolphin safe »*, thon pêché sans dauphin. En 1990, le Congrès américain a même rédigé une loi qui établit des critères pour la labellisation de ces boîtes de conserve. Depuis 1993, tous les produits importés aux États-Unis doivent posséder ce label.

La mortalité accidentelle semble aujourd'hui revenue à des niveaux acceptables. Tous les senneurs dans le Pacifique ont des observateurs à bord pour compter les mortalités des dauphins ; ceux qui tuent plus de cent dix individus au cours d'une année doivent stopper leur activité.

Les mortalités ont ainsi chuté de plus de 90 % avec des mesures simples à mettre en œuvre. Les bateaux ont des dispositifs qui permettent aux dauphins de s'échapper et les équipages sont sensibilisés à la conservation de l'espèce. Il n'empêche que les populations de dauphins ont connu des déclins extrêmement sévères induits par des pratiques aujourd'hui interdites. Le dauphin tacheté a vu sa population s'effondrer de 3 millions d'individus à 500 0000 et celle des dauphins à long bec de 2 millions d'individus à moins de 500 000. En dépit de la forte réduction des prises accessoires, les populations ne se sont pas reconstituées dans les années récentes, au grand étonnement des spécialistes. Des mesures prises trop tardivement les amènent à des niveaux tellement bas qu'elles ont beaucoup de mal à recouvrer les niveaux d'abondance passés. À la différence de ce qui se passe pour certains oiseaux, on ne sait pas si les rejets ont des effets positifs sur les populations de mammifères marins.

En mer du Nord, selon Greenpeace, les marsouins connaîtraient actuellement le même sort que les dauphins du Pacifique est. Au cours d'un suivi partiel des bateaux de pêche danois effectué en 1983, on a enregistré une prise de marsouins à chaque sortie. Une étude conduite en 1993 en mer du Nord aurait montré que les filets danois (entre 5 000 et 10 000 kilomètres lancés chaque jour pour attraper principalement du turbot, de la sole, du carrelet ou de la morue) captureraient sept mille marsouins par an, ce qui représenterait 5 % de la population totale de ce mammifère marin.

Mais les mammifères marins ne sont pas les seules victimes de leurs migrations de grande ampleur, au cours desquelles ils risquent de faire de mauvaises rencontres. Requins et tortues marines sont aussi de grands voyageurs. Ils migrent sur de très longues distances entre la haute mer et les zones côtières. Comme les oiseaux marins et les mammifères marins, ils sont attirés par des lignes appâtées et s'étranglent dans les filets. Rares sont les études qui permettraient de mieux comprendre les processus et les taux de captures. Elles sont souvent conduites dans une zone géographique réduite, sur une courte période et seulement pour certaines pêcheries. Les résultats sont donc souvent partiels et peu transposables.

Les bulldozers des mers

Le chalut est un filet en forme d'entonnoir qui est traîné par des câbles reliés au navire de pêche appelé chalutier. Déjà, dans sa monumentale encyclopédie intitulée *Histoire naturelle*, Pline l'Ancien évoque l'existence du *targula*, ancêtre du chalut, une sorte de filet de pêche qui était traîné sur le fond marin. C'est un engin de pêche qui racle les fonds marins sur lesquels vivent poissons mais aussi nombre d'animaux et végétaux marins. Il est très efficace mais non sélectif, excepté par le contrôle de la taille de la maille utilisée pour le filet, qui permet de sélectionner la taille minimale des poissons capturés. Dès son introduction en tant que technique de pêche, le chalut a été perçu comme un engin de destruction de l'habitat des fonds sous-marins. En 1376, seulement six années après son apparition, les pêcheurs de casiers envoyèrent une pétition au roi Edouard III à propos du déclin des populations de poissons engendré par ce nouvel engin destructeur qui « détruit les fleurs de la terre sous les eaux, et aussi les bancs d'huîtres, de moules et aussi les autres poissons qui servent de nourritures aux prédateurs ». Ils ajoutaient que ce gâchis profitait bien peu à tous : « Par cet instrument les pêcheurs prélèvent dans de nombreux endroits une quantité de petits poissons dont ils ne savent que faire, et ils nourrissent et engraissent leurs cochons avec, endommageant les communs et engendrant la destruction des pêcheries [5]. » Le roi décréta qu'il fallait l'utiliser en eaux profondes mais le chalut ne fut pas interdit.

L'inquiétude est toujours vive quant à l'utilisation de cet engin qui détruit « les fleurs de la mer ». Les conflits ont atteint leur apogée dans la période récente. Le chalut est aujourd'hui la technique de pêche la plus utilisée dans le monde, sous l'impulsion des politiques nationales de développement des pêches. Cette technique peut équiper des bateaux de moins de 10 mètres jusqu'aux chalutiers de grande pêche moderne de 125 mètres de long avec des équipages de cent personnes. Le chalut permet de capturer plus de la moitié des prises mondiales et 80 % des captures de haute mer proviennent du chalutage profond.

Les surfaces océaniques chalutées sont importantes : un chalut de 12 mètres de large qui travaille pendant une heure à une vitesse de 6 kilomètres-heure couvre approximativement une surface de

70 000 mètres carrés. Chaque année, le chalutage couvre la moitié du plateau continental mondial, ce qui représente cent cinquante fois la surface déforestée chaque année et deux fois la superficie des États-Unis d'Amérique. Certaines zones productives sont pêchées jusqu'à huit fois par an en mer du Nord, et jusqu'à vingt-cinq à cent trente et une fois dans certains estuaires.

L'efficacité du chalut a contribué à sa popularité dans le monde de la pêche. Mais cet engin est aujourd'hui considéré comme une cause de perturbation majeure des fonds marins. Parfois surnommés les « bull-dozers », les chalutiers opèrent sur tous les plateaux continentaux du monde, là où se développent une faune et une flore particulièrement riches. Si le fond est meuble, les sédiments seront mis en suspension ; s'il est solide, les structures vivantes, tels les coraux ou les herbiers, seront détruites. Des forêts tropicales marines résultant d'une vie benthique importante peuvent ainsi être transformées en déserts sous-marins.

Les pêcheurs au chalut sont connus pour éviter les « croches » qui abîment les filets et pour réduire intentionnellement les anfractuosités des fonds marins, « préparer le terrain » dans le jargon des pêcheurs : on laboure les fonds afin de rendre le terrain plus propice au chalutage. Là s'arrête la comparaison avec l'agriculture, car labourer n'est pas un terme adéquat. Lorsqu'un agriculteur laboure son champ, il détruit les mauvaises herbes et le rend plus propice à la production végétale d'une seule espèce. Un chalut qui repasse à de nombreuses reprises sur le fond marin n'améliore en rien la productivité de l'écosystème, qui ne dépend pas du sol sous-marin. L'oncle de Mirabeau a dit en parlant de la mer : « Cette plaine qui se laboure toute seule », mais comme le fait remarquer Alexandre Dumas, il n'a pas dit : « La mer, cette plaine qui s'ensemence toute seule. »

Jeremy Collie a comparé les perturbations de différents habitats liées au chalutage[6]. Les habitats les plus bouleversés sont les fonds de gravier, tandis que les fonds de sable et de boue semblent moins sensibles. Pour ces derniers, il faut cependant attendre une centaine de jours pour que les habitants de ces milieux se développent à nouveau après le passage d'un chalut. La plupart des fonds chalutables sont ainsi maintenus dans un état permanent d'altération.

Le chalutage en haute mer est aussi responsable de la destruction de la surface des montagnes sous-marines, inconnues pour la plupart, qui constituent des habitats d'une grande richesse et ne relèvent d'aucune juridiction nationale quand elles sont en haute mer, en dehors des zones économiques exclusives. Les écoutes des sous-marins américains effectuées durant la guerre froide autour de certains de ces monts sous-marins révélaient une faune qui a parfois été complètement détruite, comme le rapporte Serge Garcia, de la FAO[7].

Sous la pression de plusieurs ONG, les Nations unies ont négocié en 2007 un possible moratoire sur la pêche au chalut pour ces zones coralliennes d'eaux froides particulièrement sensibles, parfois vieilles de plusieurs milliers d'années. On peut assimiler le chalutage de ces zones à la destruction de la forêt primaire en milieu terrestre, sauf que personne n'est là pour constater les dégâts provoqués par ces prélèvements. La destruction de ces zones apparaît inévitable et déjà plus de 50 % d'entre elles ont été chalutées. Personne n'a pu évaluer les pertes de productivité associées à ces destructions massives. Les recherches à ces grandes profondeurs sont coûteuses et difficiles, il faut compter 0,5 million de dollars pour échantillonner seulement une dizaine de kilomètres carrés. Les chercheurs travaillent plus lentement que les chalutiers.

En mai 2007, une vingtaine de pays ont proscrit le chalutage dans certaines parties du Pacifique sud pour protéger les récifs coralliens : les chalutiers doivent embarquer des observateurs à bord et pêcher en dehors des zones sensibles. Les pressions sont fortes contre l'utilisation de cet engin de pêche peu sélectif et gourmand en énergie fossile (1,5 tonne de gazole par jour pour un chalutier de fond de 20 mètres), mais on peut se demander si la mobilisation au niveau international sera suffisante pour des enjeux qui échappent entièrement aux regards.

Les coraux dynamités

Des petites îles paradisiaques avec des poissons aux couleurs vives qui s'ébattent au milieu de coraux dans des eaux tropicales. Voilà l'image des milieux coralliens véhiculée par les médias et les agences de voyages. Ces habitats très riches contiennent des faunes d'une incroyable diversité qui font la joie des plongeurs. Même si ces régions ne constituent que 0,02 % de la surface des océans, elles renferment 33 % des espèces, ces dernières étant sédentaires ou migrantes sur de faibles distances.

Mais la réalité est souvent toute différente. Un éboulis de coraux entouré de poissons mourants, flottant ou sédimentant sur le fond, c'est aussi ce à quoi peut ressembler le même milieu corallien après sa destruction par des méthodes de pêche peu respectueuses. Aujourd'hui, 30 % des milieux coralliens sont dégradés, particulièrement dans les zones à forte pression démographique. En Indonésie, dans de nombreuses zones suivies depuis 1996, plus de 60 % des récifs possèdent aujourd'hui moins de la moitié de leur couvert corallien et ce qui reste est la plupart du temps dégradé. Bien qu'ils fournissent la moitié des protéines animales consommées dans ce pays, ces réservoirs de diversité du vivant sont le plus souvent pillés et fort peu contrôlés.

Les écosystèmes coralliens sont menacés par des pratiques de pêche extrêmement destructrices, comme l'utilisation d'explosifs ou de cyanure. De 1907 à 1910, les expéditions du bureau des Pêches des États-Unis ont utilisé des explosifs pour prospecter les faunes ichtyologiques des Philippines. Leur utilisation était permise pour la recherche mais aussi pour l'éradication des baleines, des crocodiles, des requins et autres poissons dangereux de grande taille. Le terme éradication convient bien pour ce type de pêche qui supprime toute forme de vie. Aux Philippines, 70 000 pêcheurs, soit plus de 12 % de la totalité, sont suspectés d'utiliser des explosifs pour la pêche. Cette méthode prohibée est en fait tolérée ; elle est même considérée comme traditionnelle. Dans ce pays, le gouvernement organise chaque année des campagnes de presse pour essayer de limiter le problème, sans réel succès.

Cette méthode de pêche est, il faut le reconnaître, simple et redoutablement efficace, bien que non exempte de danger pour les pêcheurs eux-mêmes. Dans les villages indonésiens, il n'est pas rare de rencontrer des pêcheurs estropiés, dont la jambe ou le bras a été emporté dans l'explosion. Il y a aussi des morts. Le pêcheur jette un explosif qui éclate à quelques mètres de profondeur et émet une série de vagues qui se propagent dans l'eau. Une première vague de forte intensité est générée par la décomposition chimique de la bombe, qui crée une onde de choc et dégage un grand volume de gaz, suivie rapidement par une autre vague émanant de l'expansion du gaz dans l'eau et qui cause une contraction/expansion alors que le gaz remonte à la surface. Cette deuxième onde de choc est moins intense mais annihile les quelques animaux marins survivants. Cette pratique détruit principalement les poissons qui ont des vessies natatoires, c'est-à-dire tous les poissons coralliens et les poissons pélagiques. Les pêcheurs ne récupèrent qu'une partie de leur butin, abandonnant souvent les poissons qui ne sont pas remontés à la surface.

Dans les années 1960, le commerce international de poissons exotiques d'aquarium a connu un essor important. Le marché est devenu extrêmement attractif pour une population côtière qui explose et dont les salaires sont au plus bas. Cette nouvelle donne a provoqué un boom de la pêche au cyanure. Grâce à une poire en caoutchouc dans laquelle on dissout quelques comprimés du produit, c'est d'une facilité presque enfantine de s'approcher du poisson convoité et de lui envoyer une petite giclée du produit hautement toxique. L'effet est instantané et le poisson étourdi est facilement capturé à l'aide d'un petit filet. Dans les années 1980, ce mode de prélèvement a connu un débouché encore plus lucratif avec l'approvisionnement des restaurants asiatiques en poissons vivants. Près de 20 000 tonnes sont ainsi écoulées dans les restaurants à Hongkong chaque année. Les riches clients peuvent choisir dans de grands aquariums le poisson qui finit quelques minutes plus tard dans leur assiette.

Le marché des poissons vivants est très porteur et les pêcheurs philippins peuvent ainsi gagner des sommes considérables, sans commune mesure avec un salaire de fonctionnaire local ni avec celui d'un pêcheur traditionnel, puisque les poissons sont vendus à la pièce, leur valeur étant le quintuple de celle d'un poisson mort. Les poissons rares peuvent atteindre plusieurs dizaines de dollars pièce, comme c'est le cas pour une truite corallienne de belle taille. Si les revenus sont importants, les dégâts faits à la biodiversité marine et les habitats sont considérables. On estime que 80 % des récifs seraient affectés par ces pratiques douteuses et illégales mais rarement sanctionnées par les autorités. L'expansion du commerce de poissons vivants a été rapide et a entraîné des surexploitations locales de plus en plus nombreuses dans le Pacifique et l'océan Indien. Dans les années 1970, il se limitait aux Philippines. Vingt ans plus tard, il s'était répandu en Indonésie et en Papouasie-Nouvelle-Guinée, et en 1990, de nombreux pays sont impliqués dans ce commerce, comme les Maldives, l'Australie, les îles Fidji, Salomon...

Selon le WWF, aux Philippines, plus de mille tonnes de cyanure auraient été déversées dans les eaux coralliennes, détruisant au passage les algues, les polypes, les alevins de poissons et les larves de crustacés. Pour chaque poisson capturé, on estime qu'un mètre carré est stérilisé par cette pratique. Méthode non sélective, l'utilisation du cyanure favorise la surexploitation car son efficacité est grande. Là où on capture deux poissons à la ligne, on en prend douze avec le cyanure. Cette substance est interdite aux Philippines, mais il est facile de s'en procurer localement. Les marchés ne sanctionnent pas non plus cette pratique puisque aucune mesure n'est prise pour contrôler le taux de cyanure dans les poissons qui sont exportés. Les sanctions à l'encontre de ces pêches illicites sont elles aussi quasi inexistantes aux Philippines. Certaines zones sont dévastées et deviennent impropres à la pêche traditionnelle. Les pêcheurs traditionnels se plaignent de ces pêcheurs itinérants qui dévastent tout sur leur passage et se déplacent d'une zone à l'autre en laissant derrière eux des déserts écologiques.

La filière joue la clandestinité en toute impunité. Dès que des mesures coercitives se mettent en place, les trafiquants adoptent de nouvelles solutions : ils utilisent par exemple des avions ou leur propre vedette pour acheminer les produits vivants directement à Hongkong. Cependant, les petites communautés de pêcheurs, aidées par certaines ONG, essaient de soigner les récifs coralliens en développant les réserves naturelles et la surveillance. Des initiatives se font jour mais il faudra du temps pour convaincre les populations du bien-fondé d'une gestion à long terme.

La pêche à l'explosif ou au cyanure détruit non seulement les écosystèmes mais dégrade aussi les relations entre les pêcheurs au cyanure et les pêcheurs traditionnels, pour qui l'accès aux ressources et aux territoires marins est limité par un ensemble de règles et de restrictions. C. C. Thorburn, qui a passé douze mois aux îles Kei, au sud-est des Moluques, pour réaliser sa thèse de doctorat en géographie culturelle, a été témoin de graves conflits. Lorsque les stocks de poissons déclinent, les sociétés propriétaires des unités de pêche au cyanure déplacent leur flottille vers de nouvelles zones de pêche. Quand elles quittent les lieux elles laissent aux pêcheurs traditionnels des déserts marins inexploitables. Des petites ou moyennes entreprises prennent alors le relais pour nettoyer ce qu'il reste des stocks de poissons. On voit des petites unités de pêches utilisant palangrottes, pièges et cyanure tirer de maigres profits d'écosystèmes qui ne produisent plus grand-chose.

Pour C. C. Thorburn, « cette deuxième vague de pêcheurs au cyanure perpétue les ravages commencés par ceux de la première vague [8] ». Cela entraîne des conflits ouverts avec le chef du village qui confisque les bateaux et frappe les fautifs. Les règles traditionnelles sont bafouées. Autrefois les étrangers devaient demander l'autorisation de pêcher à des fins commerciales, processus qui demandait concertation et pourparlers avec les anciens et impliquait le versement d'un loyer. Bien évidemment, les sociétés propriétaires des bateaux de pêche au cyanure ne se sont pas embarrassées de telles tractations. Les affrontements ont pris de l'ampleur, des bateaux ont été confisqués par les pêcheurs traditionnels, furieux de cette intrusion. Des milices privées ont été engagées pour assister les pêcheurs au cyanure. L'administration s'est bien gardée de s'immiscer dans ces affaires, les hauts responsables militaires et politiques ne partageant pas tous le même point de vue. En quelques années, le chaos a gagné les petites îles de Kei. Le cyanure n'empoisonne pas seulement le milieu marin.

Les pêcheries fantômes

Ce que l'on appelle la pêche fantôme met aussi en péril les ressources marines. Il s'agit d'engins de pêche, de casiers, de filets ou de palangres perdus ou abandonnés par les pêcheurs et qui fonctionnent encore comme des pièges mortels pour les habitants des mers. Ils continuent de capturer des poissons, des crustacés et parfois des mammifères. Bien que leur efficacité diminue au cours du temps, ils restent actifs longtemps, beaucoup trop longtemps. Le problème a commencé à être reconnu dans les années 1980 avec les pêcheries de filets dérivants en haute mer, qui furent interdits pour cette raison, sans qu'on connaisse leur impact réel.

Aujourd'hui encore, ces engins abandonnés continuent de faire des ravages. Sur des photos sous-marines, on voit mourir de faim des poissons qui croupissent lentement dans leurs prisons, des cages rouillées qui ne seront jamais relevées. Des langoustes prises au piège d'un filet dérivant dans les océans et pourrissant au cours des semaines. Le cadavre d'une pieuvre au fond d'une cage dont les parois se recouvrent progressivement d'algues brunes. Des phoques étranglés par les chutes d'un filet qui dérive depuis de trop nombreuses années. Ces pièges mortels sont nombreux au fond des océans. Aux États-Unis, on estime que la mortalité des crabes au fond des casiers abandonnés par les pêcheurs représente près de 7 % de la mortalité par la pêche officielle.

Une étude menée dans les pêcheries de crabes au Japon a montré que 639 casiers avaient été abandonnés mais que 273 d'entre eux restaient encore actifs, soit dix fois le nombre de casiers déposés journellement par les pêcheurs japonais. Dans ce cas-là, les pêches fantômes dépassaient donc largement les pêches actives. Un filet maillant abandonné peut capturer entre 226 et 333 poissons, et entre 839 et 1 823 crustacés. Et la durée de vie de son activité destructrice est estimée entre 70 et 586 jours. Au Japon, dans certaines zones, les pêches fantômes des poulpes avoisineraient 212 000 à 505 000 individus, soit entre 100 et 250 tonnes, ce qui équivaut à deux fois les captures annuelles dans la même zone de pêche. La mortalité annuelle des mammifères marins étranglés par des nappes de filets abandonnés ou perdus pourrait atteindre 1,5 à 2 % des populations de phoques australiens en Tasmanie du Sud.

On a également observé que les plombs des lignes des pêcheurs de saumons peuvent aussi être ingérés par inadvertance par certains oiseaux marins, entraînant leur mort. Quand on sait que plus de 200 tonnes de plombs sont ainsi perdues chaque année par les pêcheurs de saumons en Suède, on peut légitimement s'interroger sur l'incidence de ces rejets. Quand la pêche fantôme surpasse la pêche active et affecte de façon notable les populations marines, le sujet mériterait d'être traité dans les plans d'aménagement des pêcheries, ce qui n'est pas le cas.

D'autres fantômes hantent les mers. Ce sont les très nombreux pêcheurs illégaux. Ils ignorent les organisations de pêcheurs, violent les règles et opèrent dans les zones de pêche sans aucune autorisation ou bien en haute mer sans aucun pavillon. Leurs captures ne sont enregistrées dans aucune statistique de pêche ni déclarées par aucun pays. Ces pêcheurs sont appelés les IUU (illégaux, non réglementaires et non enregistrés). Véritables pirates des mers, ils sont là pour prendre le plus de poissons possible en des temps records et alimenter des circuits commerciaux illégaux.

Les pêcheries illégales ne sont pas le privilège d'un pays particulier, qui n'aurait pas de structures de contrôle adéquates. Elles sont le fait de nombre d'entre eux. Un bateau appréhendé par les Australiens contenait 116 tonnes de légines australes d'une valeur proche de 630 000 dollars. Le bateau fut condamné à verser une amende de 335 000 dollars. Un autre bateau palangrier avec une cargaison de 2,2 millions de dollars s'est vu infliger une amende de 100 000 dollars. En fait, les bateaux qui se livrent à des pêches illégales ont peu de chance – une sur cinq – de se faire prendre. De plus, dans de nombreux cas, la condamnation n'est pas pénalisante. Quand les bateaux ont été saisis, généralement les opérateurs couvrent rapidement les frais (modérés) pour récupérer leur bien ou pour acheter un autre navire et redémarrer leur travail. Étant donné que les profits dépassent largement le prix des bateaux, il n'y a pas d'enjeu à les abandonner lorsqu'ils sont saisis. Beaucoup de ces navires utilisent des compagnies de complaisance et échappent ainsi à toutes les amendes qui pourraient leur être infligées. L'identité des navires et des compagnies change sans cesse, ce qui rend le contrôle et le suivi presque impossibles, si ce n'est souvent illusoires. L'inscription d'un bateau sous un pavillon de complaisance peut désormais se faire en quelques minutes sur Internet, pour une somme modique. Pour que ces pêcheries illégales cessent, il faudrait que les condamnations soient beaucoup plus élevées et que les contrôles soient à la hauteur de cette activité florissante au niveau mondial.

Les gains associés à cette activité sont suffisants pour motiver de nombreux pêcheurs du monde entier. Avec l'augmentation du prix de la légine australe, qui atteint 23 dollars le kilo sur le marché illégal, l'application de quotas aux pêcheries légales et l'accroissement démesuré de la demande des marchés internationaux, les pêcheries fantômes ont de beaux jours devant elles, comme l'affirment Rashid Sumaila et Alder Keith en 2006 [9]. Entre 1979 et 1993, la surveillance aérienne ne permettait de couvrir approximativement que 5 % des surfaces en haute mer, ce qui est notoirement insuffisant quand on connaît le rayon d'action de ces pêcheries illégales. Les pirates des temps modernes ne prennent pas de grand risque dans l'exercice d'une activité des plus lucratives.

Vers une diminution lointaine des rejets

Il a fallu attendre le début des années 1980 pour que le problème des prises accessoires commence à être pris en compte au niveau mondial. Entre reconnaissance et action, les délais paraissent toutefois interminables. Ce n'est qu'à la fin des années 1990 que l'intérêt scientifique s'est cristallisé sur cette question. Les études qui pourraient contribuer à mettre au point des principes efficaces sont encore rares mais des solutions simples, acceptables par tous et commercialement viables existent. Selon Gilman, seule une collaboration multilatérale pourrait permettre d'identifier, tester et améliorer les méthodes permettant d'éviter les captures accidentelles de tortues marines et d'oiseaux marins [10]. Depuis plusieurs années, on s'oriente principalement vers une modification des engins de pêche qui les rendrait plus sélectifs. À Hawaï, le nombre de tentatives d'attaque par les oiseaux des palangres destinées aux espadons a été réduit de plus de moitié grâce à des tunnels sous-marins capables de masquer les lignes appâtées. On peut aussi modifier les zones et les horaires de pêche : la pêche de nuit par exemple limite les attaques des oiseaux. Il existe en outre des méthodes protectrices comme le fait de voiler le départ de la palangre à l'aide d'une goulotte en matière plastique ou d'accroître le poids de la palangre pour qu'elle file plus rapidement au fond.

Depuis plusieurs années, des efforts ont été faits pour diminuer les rejets en mer en suivant trois orientations. La première consiste donc à réduire les captures accessoires en modifiant les engins de pêche pour les rendre plus sélectifs, ainsi que les zones et les horaires de pêche. On peut aussi changer de méthode pour certaines espèces, par exemple capturer les morues avec d'autres engins que les chaluts. On peut enfin limiter l'effort de pêche global.

Les États-Unis ont mis en place une série de dispositifs pour améliorer la sélectivité des pêcheries. Depuis 1996, un décret américain, le Magnuson-Steven Fisheries Conservation and Management Act, limite au maximum les mortalités des espèces marines non ciblées. Malgré ces efforts, en 2005, Harrington et ses collègues ont montré que plus de 1 million de tonnes sont encore rejetées sur les 3,7 millions débarquées chaque année aux États-Unis, soit 28 % des captures débarquées. Si l'on considère les engins de pêche, le chalut est le premier fautif des rejets en mer, puisqu'il représente à lui seul 72 % des rejets. Si l'on considère les espèces ciblées, la recherche des crustacés et la pêche des poissons démersaux (poissons de fond) constituent plus de 86 % des rejets par espèces. Il y a de grandes disparités locales dues aux types d'engins utilisés, les pêcheries situées au sud-est culminant avec des taux records de rejets en mer de 59 %, alors que les pêcheries de l'Alaska atteignent 12 %.

Les États-Unis sont l'une des plus grandes pêcheries des pays occidentaux. Des sollicitations financières ont été privilégiées pour minimiser les rejets, comme l'octroi de subventions pour les pêcheurs plus respectueux de l'environnement marin. Des programmes d'amélioration des engins de pêche ont aussi été menés ainsi que des campagnes de sensibilisation des pêcheurs. Mais il faut reconnaître que l'amélioration de la situation a été, nous l'avons vu, très modeste. Les rejets restent un problème majeur aux États-Unis, qui hypothèque la récupération de nombreux stocks de poissons. Malgré des injonctions appuyées de la part de l'administration, malgré des niveaux de technicité jamais atteints et malgré l'impact écologique inadmissible dans un contexte de surexploitation, le plus grand pays du monde n'arrive pas à réduire les taux incroyablement élevés de rejets en mer de ses pêcheries. Les autres pays ne font guère mieux et l'absence de statistiques permet de minorer ou tout simplement d'ignorer le problème.

En 2007, il existe de nombreuses méthodes, certaines anecdotiques, d'autres qui ont été testées et validées scientifiquement. Mais les comparaisons entre tous ces procédés sont pour ainsi dire inexistantes et un long chemin reste à parcourir avant de pouvoir obtenir des conclusions quelque peu robustes quant à l'efficacité de nos engins de pêche. Il n'y a pas une seule méthode de pêche miracle qui pourrait permettre d'éviter ces captures accidentelles, plutôt un ensemble de précautions qui peuvent concourir à limiter les pertes. Mais le pêcheur est le seul maître à bord et c'est à lui de décider s'il veut vraiment mettre en œuvre l'ensemble de ces outils pour protéger les nombreuses espèces qui habitent le milieu marin. Il est aussi le seul à pouvoir rejeter une tortue marine ou un requin encore vivant à la mer en prenant un peu sur son précieux temps. Il s'agit là d'initiatives importantes, mais pas déterminantes, car on estime que 38 % des tortues marines prises dans les chaluts à crevettes périront de toute manière.

En 2005, Hall et Mainprize ont montré que la réduction des rejets mondiaux était potentiellement considérable [11]. Il serait toutefois illusoire de croire que les seules modifications techniques seraient à même d'améliorer la situation. Elles doivent aussi être admises socialement. Les auteurs tablent sur une réduction comprise entre 25 % et 63 %. Ce serait un gain immense pour la survie de nombreuses espèces en danger d'extinction et pour le fonctionnement de nos écosystèmes marins.

Le choix de John

Le chercheur anglais Robert Enever a suivi entre 2002 et 2005 les rejets en mer du Nord des chalutiers anglais [12]. Il a analysé le détail des captures de 132 bateaux durant 306 campagnes en mer. Ainsi, 3 633 coups de chalut ont été examinés au peigne fin, chacune des espèces identifiée et comptabilisée. Sur une prise totale d'environ 72 000 tonnes, ce qui correspond à 186 millions de poissons et céphalopodes, 117 millions d'individus ont été rejetés en mer par les pêcheurs. Ce mauvais chiffre a jeté un certain trouble dans la communauté et embarrassé Robert, qui ne s'attendait pas à un résultat aussi mauvais de la part des chalutiers. Avec ces résultats, ces derniers étaient une fois de plus montrés du doigt.

Les évaluations faites dans cette zone de pêche de la mer du Nord s'avéraient en outre être bien supérieures aux estimations fraîchement publiées par la FAO. La différence était même considérable, les estimations des rejets de la FAO étaient de 100 893 tonnes, celle de Robert Enever de 152 000 tonnes. Dans le contexte de surexploitation chronique de la mer du Nord, pour trois poissons pêchés par les chalutiers, deux sont rejetés sans vie en mer. Face à une telle situation, il fallait agir et agir vite.

Les craintes d'une interdiction définitive du chalutage en mer du Nord devenaient de plus en plus fortes. Le Center for Environment, Fisheries and Aquaculture Science (CEFAS), un laboratoire de recherche anglais, eut alors l'idée de lancer un concours pour élire le vainqueur de la pêche propre, la « Clean Fishing Competition », une incitation à pêcher autrement. Pour gagner, il fallait montrer que la capture du chalutier respectait les normes en vigueur, notamment les tailles autorisées pour chaque espèce de poissons, et minimisait les prises accessoires.

John est un des meilleurs pêcheurs de la région. Sa famille écume les zones de pêche depuis longtemps. Il sait qu'aujourd'hui son métier est en danger et qu'on doit changer les habitudes et les pratiques. Il a anticipé et a installé sur son chalutier des filets qui permettent d'éviter les captures de jeunes poissons, de tortues marines, de crustacés hors taille. Ces engins lui ont coûté un peu d'argent. Il sait aussi éviter les zones de pêche où il y a abondance de ces espèces non commercialisables. Pour pêcher un poisson de meilleure qualité, il a diminué les durées de chalutage. Son savoir-faire, sa motivation et son matériel de pêche ont fait le reste. Ses captures ont diminué en volume, mais le poisson est de meilleure qualité et de plus grande taille, ce qui lui vaut de le vendre beaucoup plus cher et d'en tirer plus d'argent.

Ses captures accessoires ayant diminué de 60 % par rapport à ses concurrents, John a remporté le concours doté d'un prix de 20 000 livres. Les chercheurs du CEFAS et John sont peut-être en train de sauver une activité de pêche à l'avenir incertain. John, lui, a devancé les problèmes en essayant d'améliorer ses pratiques de pêche. Il est encore une exception. En 1998, l'Ifremer avait testé des filets sélectifs et les avait présentés à la presse à Boulogne-sur-Mer. Quelques années plus tard, l'unique pêcheur qui avait choisi de s'en équiper était critiqué par ses confrères. Ces derniers n'étaient pas encore prêts à accepter que les qualités d'un pêcheur ne se mesurent plus seulement à ce qu'il pêche, mais aussi à ce qu'il ne pêche pas.

4

LA SURENCHÈRE TECHNOLOGIQUE

La course à l'armement

Durant la période coloniale, les nations maritimes se sont jetées dans la conquête du monde pour s'emparer des richesses minérales et des ressources vivantes, y compris les hommes. L'exploitation de la morue de Terre-Neuve et des grands cétacés par les pêcheurs européens et nord-américains s'inscrit dans ce mouvement. Cette conquête s'appuyait sur la puissance militaire, mais aussi sur l'innovation et le savoir-faire. Le *Traité des pêches* de Henri-Louis Duhamel Du Monceau (1700-1782) est le premier ouvrage du genre à se focaliser sur la technologie et à lui faire toute la place. Rédigé en parallèle à l'*Encyclopédie ou Dictionnaire raisonné des Sciences, des Arts et des Métiers* de Diderot, il s'intéresse tout particulièrement aux techniques de capture. Près de deux cent cinquante planches gravées entre 1769 et 1782 décrivent avec beaucoup de précision les engins de pêche et leur utilisation. On y voit aussi bien la taille et l'agencement des éperviers que l'utilisation et la fabrication des lances, arcs, flèches, gaffes qui étaient employés en France au XVIIIe siècle pour attraper les lamantins, phoques et autres mammifères marins, ou les différents harpons et leur maniement, destinés à affaiblir puis à tuer la baleine et ensuite la dépecer.

On serait bien en peine de dresser la liste des engins de pêche et de toute l'électronique qui équipent aujourd'hui les bateaux modernes. Pourtant, tous ces nouveaux équipements ont contribué à accroître les capacités de pêche des flottilles ainsi qu'à augmenter de manière continue la puissance des bateaux. On est passé en un peu plus d'un siècle de la navigation à voiles à la machine à vapeur, puis aux moteurs Diesel surpuissants qui équipent aujourd'hui les plùs grands navires-usines. L'exemple de l'Union soviétique, qui se lança dans les années 1960 dans l'industrie de la pêche comme dans une campagne militaire, illustre cette incessante « course à l'armement ». Les planificateurs soviétiques décidèrent d'augmenter par la pêche l'apport en protéines dans l'alimentation de leur population et construisirent des navires pour ratisser les mers.

À cette époque, le *Professeur Baranov*, un gigantesque bateau-usine de 165 mètres de long, était capable de transformer le total des prises de 20 chalutiers de 40 à 50 mètres, comme le rappelle une brochure de l'université de Mount Allison (Canada). Il pouvait saler 200 tonnes de hareng, réduire 150 tonnes de poisson et de déchets de poisson en farine, fileter et congeler 100 tonnes de poisson de fond, fabriquer 5 tonnes d'huile, produire 20 tonnes de glace et distiller 100 tonnes d'eau par jour ! En outre, la flottille russe était accompagnée de navires de ravitaillement en carburant, de remorqueurs de sauvetage, de navires frigorifiques et d'ateliers de réparation flottants, ce qui lui permettait de pêcher en continu. Durant la guerre froide, ces bateaux qui opéraient souvent au large des côtes africaines approvisionnaient les populations locales en échange de carburant ou d'autres produits.

L'apport de l'électronique a été considérable à partir du moment où les engins militaires de détection de bateaux et de sous-marins ennemis ont été utilisés pour repérer les bancs de poissons. La guerre froide avait donné lieu à de multiples innovations dans ce domaine. La navigation et le positionnement par satellite, les cartes des fonds marins, les capteurs attachés aux engins de pêche, les moyens de détection acoustique, les radars, les sonars et le GPS ont multiplié les capacités de pêche de manière exponentielle. On peut désormais pêcher à presque toutes les profondeurs, dans tous les milieux, sous la glace, dans les canyons, dans des zones de croches où il était auparavant impensable de pêcher sans risquer de perdre ses engins.

L'inventaire des nouveautés technologiques de pêche au cours des dernières décennies risque d'être fastidieux. Les filets en fibres synthétiques, les sennes et les palangres de plusieurs centaines de kilomètres, les chaluts de grande taille, les *power blocks* (poulies à moteur qui permettent de remonter rapidement les filets et leur capture sur le pont du bateau), la réfrigération, le conditionnement de très grandes quantités de poissons directement sur place, ont été sans cesse perfectionnés au cours de la période récente. Sans oublier les cartes de télédétection représentant les données de températures de surface ou de production primaire qui sont diffusées mondialement à des milliers de navires de pêche pour mieux localiser les poissons. On retiendra surtout que tous ces équipements sont très coûteux et obligent les pêcheurs à capturer toujours plus de poissons. Un cercle vicieux d'autant plus pernicieux qu'ils se raréfient et sont toujours plus difficiles à attraper. Dans un de ses rapports, la FAO estime que 46 % de la valeur des prises totales débarquées dans le monde représentent le retour sur investissement du capital investi dans les flottes. Un chiffre que les experts de l'organisation jugent trop élevé.

La FAO elle-même est la première à reconnaître qu'on ne connaît pas la capacité de pêche de la flotte mondiale. « Il n'existe pas de statistiques sur le tonnage total et la puissance totale de la flotte de pêche mondiale », lit-on dans son rapport 2006. Non seulement les déclarations des États sont erronées, mais la puissance de pêche ne donne pas beaucoup d'informations sur la capacité et l'efficacité réelle de capture. Les dénombrements publiés dans le rapport 2006 de la FAO ont donc une signification très illusoire. À la fin de 2004, la flotte mondiale de pêche comptait environ 4 millions d'unités, dont 1,3 million de navires pontés de différents types, quasi tous mécanisés, et 2,7 millions d'embarcations non pontées, généralement équipées de moteurs hors-bord. En fait, les seules données actuellement fiables sont fournies par les services d'information maritime de la Lloyd qui sont chargés d'actualiser l'ensemble des données concernant les navires, y compris les navires de pêche, de plus de 100 tonneaux jauge brute (TjB). On note ainsi une expansion persistante des flottilles en Indonésie et aux Philippines, et aux États-Unis, le nombre de ces navires s'est accru de 3,5 % entre 2003 et 2005.

En revanche, les « vieux démons » de la surexploitation des ressources marines, comme les appelle Serge Garcia, qui fut longtemps directeur des ressources halieutiques à la FAO, sont bien connus. De très nombreuses pêcheries sont aujourd'hui en état de surcapacité, ce qui entraîne un gaspillage pour la société et un danger de surexploitation chronique pour les ressources. L'existence d'aides publiques, tout particulièrement celles des pays riches, a largement favorisé le développement des flottilles, sans rapport avec les réalités des marchés ni avec les stocks de poissons disponibles à l'époque. Dans presque toutes les pêcheries du monde, il y a trop de bateaux, trop de filets, de palangres, de chaluts, trop d'usines qui transforment le poisson. Trop d'engins pour prélever un poisson qui devient très rare. Les flottes mondiales possèdent aujourd'hui une capacité technique qui est estimée à deux fois celle requise pour capturer les ressources marines à un niveau durable. Malgré cela, la « course à l'armement » ne semble pas s'arrêter.

En 2002, la Chine a adopté un programme sur cinq ans visant à supprimer les licences et à mettre à la casse 30 000 bateaux de pêche, soit 7 % de sa flottille commerciale. Ce programme est fondé sur la participation volontaire et cible les petites embarcations. Doté de dédommagements annuels de 33 millions de dollars, il a permis durant la première année la mise hors service de 5 000 bateaux et de leurs licences de pêche. Néanmoins, le nombre de navires commerciaux déclarés à la FAO en 2003 et en 2004 a été supérieur à celui de 2002.

Les aides publiques consenties pour l'achat, la modernisation et le maintien des flottilles jouent un rôle important pour le maintien de capacités de production excédentaires. Les pêcheries mondiales ne permettent pas de rémunérer le capital investi. Ainsi, les dépenses publiques en faveur du secteur des pêches représentaient en 1997 un peu plus de 4 600 euros par personne employée, soit plus du double de celles consacrées au reste de l'économie. Des études économiques faites sur les flottilles de la Manche révèlent qu'une réduction de moitié des capacités de captures ferait progresser le résultat net de plus de 46 millions d'euros, et ce malgré un recul de 25 millions d'euros de la valeur débarquée du fait des économies qui seraient réalisées sur les charges d'exploitation et du coût d'opportunité du capital.

Dans un article publié dans le respectable journal *Marine Policy*, Jahn Petter Johnsen s'est penché sur ce qu'il appelle la « machine à capturer », véritable cancer de l'exploitation des ressources renouvelables [1]. En Norvège, malgré de nombreux efforts pour réduire la capacité de capture des flottes durant les dix dernières années, celle-ci n'a pas cessé de progresser. Toutes les pêcheries importantes ont été fermées dans les eaux norvégiennes. Le nombre de bateaux de pêche et de pêcheurs a effectivement diminué, mais la capacité de pêche des bateaux – notamment de ceux de plus de 41 mètres – a fortement augmenté entre 1995 et 2000. Les bateaux anciens et peu efficaces ont été remplacés par des bateaux moins nombreux, plus puissants et technologiquement supérieurs.

Johnsen souligne que les politiques de gestion se focalisent sur des mesures techniques spécifiques, alors que l'activité de pêche et son efficacité sont le résultat de nombreux facteurs souvent oubliés dans les politiques d'ajustement. L'expansion de la capacité de capture n'est pas le résultat d'un choix délibéré des pêcheurs, mais d'un processus complexe combinant la gestion, la science, le développement technologique, les marchés, les relations humaines, les intérêts personnels, le savoir-faire. Cette machine infernale est difficilement contrôlable si l'on continue à ne vouloir comptabiliser que les pêcheurs ou les bateaux. La pêche est un système complexe fait d'interactions, et les politiques de contrôle devraient être capables d'intégrer toutes ces données. Il n'est pas possible de gérer les pêcheries en supputant des relations de cause à effet simplistes et en considérant les pêcheurs comme des acteurs économiques rationnels. La machine à pêcher s'est emballée en Norvège comme dans la plupart des pêcheries mondiales, et on ne sait vraiment pas comment l'arrêter.

La plus grande pêcherie du monde sans pêcheur

Lors des rencontres halieutiques de Rennes d'octobre 2006 sur l'avenir des pêches maritimes françaises, Pierre-Georges Dachicourt, du Comité national des pêches maritimes et des élevages marins (CNPMEM), a fait un exposé remarquable sur les pêcheries nationales, les menaces et les enjeux. Il a mentionné les difficultés d'une réglementation de plus en plus stricte à l'égard des pêcheurs, alors que le secteur va devoir relever des défis tels que l'accroissement du prix du fioul dans un futur proche. Sa présentation était accompagnée d'une suite de vues des jolis ports bretons, remplis de bateaux. Mais parmi eux, il fallait avoir l'œil bien aiguisé pour identifier un ou deux chalutiers au milieu de centaines de bateaux de plaisance. Les ports bretons et méditerranéens sont vides par rapport à une centaine d'années.

Au XIXe siècle et au début du XXe siècle, dans des ports comme Paimpol, Saint-Malo, Douarnenez ou Biarritz, étaient toujours accostés des dizaines de voiliers, en partance pour des zones de pêche productives. Aujourd'hui, les ports français, européens et de la plupart des pays en développement sont envahis de bateaux de plaisance. Cela ne veut pas dire que la pêche est une activité en perte de vitesse et que les captures de poissons diminuent d'autant. Si le nombre de bateau a fortement diminué, c'est que la capacité de pêche a globalement augmenté, de telle sorte que l'on pêche toujours plus avec moins de bateaux.

Dans son magnifique ouvrage sur la pêche au thon [2], Nelson Cazeils retrace le déclin inexorable des thoniers à voiles face à l'avènement des chalutiers. En 1934, on comptait 215 thoniers à Groix, 200 à Étel, 167 à Concarneau, 76 à l'île d'Yeu et aux Sables-d'Olonne, 60 à Saint-Jean-de-Luz et 40 à Douarnenez. Au total, près de 800 trois-mâts – encore appelés *dundees* – fréquentaient les ports français. C'est à cette période que la pêche au thon utilisant ces voiliers a commencé à péricliter. Ces bateaux étaient dangereux et la tempête de septembre 1930, qui fit disparaître six voiliers au large des côtes vendéennes, marqua les esprits. Cette catastrophe a grandement contribué à reléguer au rang d'antiquités ces magnifiques bateaux fabriqués en bois et munis d'un grand mât de 16 mètres, d'un mât de tapecul d'environ 10 mètres et d'un bout-dehors de 6 mètres. Le moteur a remplacé la voile et a vidé les ports de ces bateaux. Entre 1934 et 1960, on est ainsi passé à Groix de 215 bateaux à voiles pêchant le thon à 10 bateaux à moteur. La sécurité en mer y a certainement gagné, mais en termes sociaux et économiques, on imagine les changements intervenus dans cette pêcherie, qui a vu ses effectifs divisés par plus de vingt en vingt-cinq ans. On peut noter au passage qu'aujourd'hui un seul thonier senneur moderne pêche annuellement beaucoup plus de thons que les 215 voiliers de Groix en 1934, et ceci bien que les stocks soient beaucoup plus exploités et plus bas.

L'histoire de la pêcherie d'anchois – la première ressource halieutique du monde – au Pérou illustre à merveille l'inquiétante capacité de pêche dont l'homme a su se doter. Tout commence le long des côtes californiennes. Entre 1916 et 1936, les captures annuelles de sardines grimpèrent de 28 000 tonnes à plus de 800 000 tonnes. Pendant les dix années qui suivirent, elles oscillèrent entre 500 000 tonnes et 700 000 tonnes. Dans *Rue de la Sardine* puis *Tendre Jeudi*, Steinbeck ressuscite l'euphorie qui régnait durant ces années où la sardine faisait vivre des ports comme Monterey, au sud de San Francisco. Pendant la Seconde Guerre mondiale, des quotas de 250 000 tonnes furent demandés par les scientifiques, mais rejetés pour des raisons patriotiques ! Résultat : en 1952, le stock s'effondra et la pêche à la sardine fut fermée pendant cinquante années. La population de sardines n'a toujours pas recouvré son niveau d'abondance, même si elle présente aujourd'hui des signes de reconstitution.

Pendant la Seconde Guerre mondiale et devant le déclin d'une ressource aussi importante que la sardine californienne, les États-Unis décidèrent de transférer leur flottille de pêche dans les eaux péruviennes, réputées très productives en anchois. Ainsi naquit la plus grande pêcherie du monde, « un bébé de la guerre [3] », comme le nomme Gerald Paulik, qui permit d'alimenter le pays en guerre. Son développement fut prodigieux. Durant la saison de pêche de 1969-1970, 11 millions de tonnes d'anchois furent pêchées en moins de sept mois. Paulik calcula que cela devait représenter quelque 10 000 milliards d'anchois capturés, un nombre incommensurable ! Cette pêcherie péruvienne débarque encore aujourd'hui à elle toute seule entre 5 et 10 millions de tonnes, soit un huitième des captures mondiales. L'intégralité est transformée en farine et en huiles qui engraissent les porcs, les volailles et les poissons d'aquaculture.

Dès 1970, Paulik estimait que la flottille de bateaux, qui avait été construite dans les années 1950 puis remplacée par des bateaux en fer d'une capacité de 300 tonnes, était déjà trop grande. Il avait noté également que les usines de transformation avaient elles aussi grossi et s'étaient multipliées de façon anarchique. Selon Paulik, en travaillant 350 jours par an, 20 heures par jour, ces entreprises pouvaient à l'époque transformer en farine ou en huile 8 000 tonnes de poissons par jour, soit 56 millions de tonnes de poissons, l'équivalent des captures mondiales de poissons marins. Paulik était effrayé par ce qu'il voyait se profiler : « La destruction de la plus grande pêcherie monospécifique du monde est impensable. Est-ce qu'elle peut réellement se produire [4] ? »

La surcapacité n'était un mystère pour personne. L'Institut de la mer du Pérou (Imarpe) avait calculé de son côté que la flottille pouvait capturer un tiers de l'abondance des anchois en un seul mois. À la fin des années 1980, des chercheurs considéraient que la capacité de pêche, mais aussi celle des usines de farine de poisson, dépassaient de presque 40 % la productivité de l'écosystème. En 2002, la pêcherie travaillait au tiers de son potentiel et les nouveaux bateaux mis à la mer étaient deux fois plus efficaces que les anciens. Entre 1987 et 1994, le nombre de jours de pêche a chuté de 336 à 49 jours, dans le même temps où les quotas de pêche passaient de 1,5 million de tonnes à environ 6 millions de tonnes. En d'autres termes, il fallait 336 jours pour pêcher 1,5 million de tonnes en 1987 et seulement 12 jours 7 ans plus tard !

Pierre Fréon, spécialiste des pêcheries de poissons pélagiques qui a travaillé pendant trente ans à l'IRD dans les zones d'upwelling, a vu sur place la pêcherie d'anchois du Pérou. Il connaissait bien les pêcheries africaines et était impatient de découvrir la plus grande pêcherie du monde. En arrivant à Lima un beau jour de 2006, il s'attendait à une activité débordante, des bateaux entrant et sortant sans cesse des ports. Mais il a été surpris au contraire par le spectacle de centaines de bateaux restant désespérément à quai, comme si ces ports par lesquels transitent des quantités énormes de poissons étaient frappés d'une étrange léthargie. Ses calculs montrent que la flotte actuelle peut capturer près de 31 millions de tonnes d'anchois. Même chose pour les capacités de transformation, impressionnantes elles aussi, puisqu'elles atteignent environ 43 millions de tonnes. Ces chiffres sont cinq fois supérieurs à l'abondance de l'anchois du Pérou. Les moyens qui sont mis en œuvre n'ont donc plus rien à voir avec une quelconque réalité écologique. La surcapacité est chronique et ne fait que se perpétuer depuis plus de quarante ans. Les 1 200 navires de pêche que Pierre Fréon souhaitait voir en activité restent la plupart du temps ancrés, à attendre que la pêche soit ouverte. Ils ne sortent jamais plus de cinquante fois par an. Il en est de même pour beaucoup de flottes mondiales. De 1970 à 1990, par exemple, le temps de pêche de la coquille Saint-Jacques dans la baie de Saint-Brieuc est passé de 120 à 43 heures par saison de pêche. Ce temps est tellement réduit que les pêcheurs travaillent dans la précipitation, au détriment de la sécurité de l'équipage.

Des thons sous influence

L'apport des nouvelles technologies à des techniques de pêche qui tiennent du bricolage peut décupler les capacités de pêche et rendre caduque toute statistique. C'est le cas pour la pêche au thon. Les thons sont de grands prédateurs marins vivant dans les eaux du large, principalement dans les zones tropicales. Il a longtemps été difficile de les capturer, et ce n'est que dans les vingt dernières années que les pêcheries se sont fortement développées, passant depuis les années 1950 de moins de 0,5 million de tonnes à 4 millions de tonnes de captures annuelles. Les prises les plus importantes ont lieu dans le Pacifique (65 % du total mondial), l'océan Indien (20 %) et l'Atlantique (15 %). Il existe trois principales techniques de pêche. Les senneurs encerclent les bancs de surface avec de grands filets, ou sennes tournantes, qui font environ 2 kilomètres de long pour une chute de 300 mètres. Ce mode de pêche correspond à 75 % des prises de thons. Dès que le poisson est aperçu à la surface de l'eau en train de chasser ses proies, en association avec des dauphins ou des oiseaux marins, on les encercle et on les capture avec les sennes. Les palangriers (25 % des prises) capturent les thons adultes en profondeur à l'aide d'une ligne appâtée de plusieurs kilomètres, voire plusieurs centaines de kilomètres de long, munie de plusieurs milliers d'hameçons. Enfin, les canneurs pêchent à la canne en attirant le poisson en surface à l'aide d'appâts vivants.

Les senneurs français et espagnols ont participé à ce mouvement d'évolution technologique. En 1994, ils adoptent le GPS, récemment perfectionné par le modèle MK2 qui donne la dérive. Au début des années 1980, ils commencent à utiliser les hélicoptères pour le repérage des mattes (les bancs) de thons. Les premiers radars dédiés à la détection des oiseaux, indicateurs de la présence de thons, datent de 1984 et furent utilisés dans l'Atlantique. Ils avaient une portée de 8 milles marins (15 kilomètres), elle atteint aujourd'hui 20 milles (37 kilomètres). Introduit en 1983, le sonar devenu multifaisceaux et omnidirectionnel permet de repérer les bancs de poissons en trois dimensions, mais à partir de 1996 on installe les sonars à poursuite automatique, qui traquent les bancs de thons. En 2000, leur portée était de 500 mètres, quatre ans plus tard, elle est passée à 3 kilomètres. La vitesse moyenne d'un senneur dans les années 1970 était de l'ordre de 10 nœuds (18,5 kilomètres-heure), ils vont parfois à près de 18 nœuds (33 kilomètres-heure) aujourd'hui.

Les pêcheurs se servent aussi de mieux en mieux de ces nouveaux appareillages. Le sonar existait à bord des thoniers depuis de longues années, mais son utilisation fine, en particulier pour décider du lancer puis pour guider le capitaine lors de l'encerclement du banc, a été progressivement mieux maîtrisée par les pêcheurs. Le sondeur papier est aujourd'hui remplacé par des sondeurs écran couleur, qui permettent notamment de réaliser des calées sur des objets flottants de manière beaucoup plus précise. Les communications entre bateaux, les ordinateurs de bord et les logiciels qui analysent et interprètent les conditions environnementales et la présence probable de thons, la taille des sennes, sont autant de facteurs qui contribuent à une augmentation considérable de la puissance de pêche.

Ajoutées à des pratiques de pêche traditionnelle, les nouvelles technologies peuvent s'avérer redoutables. C'est ce qui se passe avec des objets flottants transformés en dispositifs artificiels de concentration de poissons (encore appelés DCP). Des troncs d'arbre ou des caisses rejetés par les fleuves ou tombés sont depuis longtemps utilisés par les pêcheurs pour regrouper les poissons, car ces épaves dérivantes constituent des refuges pour de nombreuses espèces migratrices. Les senneurs utilisaient cette technique depuis les années 1960, mais à partir des années 1980, l'idée est venue d'en faire de véritables outils de capture des thons. Avec peu de moyens, quelques tonneaux vides, des branchages ou des feuilles de bambou, les DCP se sont multipliés massivement au niveau international. Les statistiques concernant le nombre de ces dispositifs sont d'une discrétion déconcertante, puisqu'il n'existe aucune estimation fiable de leur nombre dans aucun des océans mondiaux. Plusieurs milliers seraient déployés dans l'océan Indien et des dizaines de milliers dans le Pacifique. Et pourtant, les DCP ont complètement transformé la pêche au thon en minimisant le risque de ne pas avoir de captures et en permettant d'exploiter de nouveaux secteurs de pêche. Surtout, et c'est encore pire, en accroissant de manière considérable les captures des albacores et des patudos juvéniles, qui sont presque toujours concentrés sous ces DCP.

L'histoire ne s'arrête pas là. De nouveaux progrès ont encore été réalisés quand les pêcheurs sont parvenus à instrumenter leurs DCP de façon à pouvoir les retrouver à longue distance. Une balise émettrice et un réflecteur radar autorisent le repérage depuis les embarcations. Des bouées munies de GPS permettent désormais de suivre les déplacements de ces radeaux dérivants sur l'écran du bateau. Parfois ancrées sur le fond, elles sont visibles de leurs seuls propriétaires, ce qui évite qu'elles soient pillées. Les vols sont en effet nombreux, en moyenne un tous les quinze jours selon certaines estimations.

Aujourd'hui, la moitié des captures mondiales de thons des senneurs et environ le cinquième des prises totales mondiales de thonidés sont effectués par les DCP. Cette pêche concerne surtout le listao, espèce majoritaire dans les captures (63 %), mais aussi les patudos et les albacores de petite taille. Les scientifiques, les commissions thonières internationales et les pêcheurs eux-mêmes s'accordent aujourd'hui sur la nécessité de limiter l'usage de cette technique de pêche, ce qui reste un vœu pieux en l'absence de statistiques concernant l'utilisation de ces engins. Son expansion récente inquiète des chercheurs comme Alain Fonteneau, de l'IRD. Elle pourrait avoir des effets à plus long terme sur la biologie des espèces et modifier les comportements migratoires ainsi que la croissance des thons.

Quantifier l'amélioration technique et la contribution des DCP dans la capture des thons est particulièrement difficile. Au cours du temps, de nombreux paramètres peuvent changer, l'abondance du poisson varier, les pêcheurs changer de zones. Les effets combinés de certaines innovations ne permettent pas de distinguer ce qui est dû à l'utilisation de tel ou tel appareil ou à la synergie entre les deux. Il est possible, par exemple, que l'hélicoptère ait été remplacé par le radar à oiseaux dans la phase de détection des concentrations et dans l'aide décisionnelle de poursuite du banc. De même, le double emploi de certains appareils (sonar et radar à oiseaux, par exemple), indiquant plus souvent une utilisation préférentielle du capitaine ou du second qu'une utilisation simultanée, ne conduit pas forcément à un dédoublement de l'efficacité du navire. On voit bien que les interactions entre facteurs technologiques et comportementaux sont complexes. Dans tous les cas pourtant, les avancées technologiques renforcent toutes les capacités des senneurs à détecter et à capturer les thons.

L'accroissement des puissances de pêche n'est pas toujours visible. Parfois, un bateau peut rester apparemment identique tout en améliorant ses performances de manière sidérante. C'est ce qu'Alain Fonteneau a cherché à quantifier en suivant pendant vingt ans quelques bateaux de pêche au thon et l'amélioration de leur puissance de pêche. L'*Albatros* (un nom imaginaire) a été construit en 1974. C'est un senneur espagnol de 76 mètres de long, de 4 000 chevaux et d'une capacité de 1 850 mètres cubes. Ce bateau a démarré sa carrière en pêchant les thons dans l'Atlantique, capturant alors 2 000 à 3 000 tonnes par an, puis à partir de 1990 a porté son effort de pêche dans l'océan Indien. Le rendement de ce bateau n'a pas cessé de croître au cours des vingt dernières années, puisqu'il est passé de moins de 8 tonnes par jour en 1980 à 50 tonnes actuellement. Ses captures totales annuelles sont passées de 2 000 tonnes en 1975 à plus de 14 000 tonnes en 2003. Ce phénomène n'est pas le fait d'un accroissement des ressources, puisque l'on estime que l'abondance des thons a vraisemblablement été diminuée de moitié dans l'océan Indien depuis vingt-cinq ans.

L'évolution de la technologie et la découverte de nouvelles méthodes de pêche expliquent à elles seules la hausse continue de la puissance de pêche de l'*Albatros*, comme de la plupart des autres senneurs thoniers. Ce bateau est pourtant considéré dans la plupart des modèles utilisés dans l'aménagement des pêcheries comme étant le même depuis 1975. Or, l'*Albatros* a réparti aujourd'hui plus de deux cents DCP dans l'océan, souvent équipés de sondeurs multifaisceaux qui lui permettent de connaître à tout instant la concentration du poisson autour de ces dispositifs. Il évalue à distance le tonnage de thons qu'il peut capturer. Cela représente aujourd'hui près de 70 % de ses captures. En 2003, un nouveau sonar multifaisceaux a permis de repérer les bancs de thons de jour comme de nuit à 5 milles de distance et à plus de 500 mètres de profondeur. On n'arrête pas le progrès.

Main basse sur les monts sous-marins

Au fur et à mesure que les stocks se sont amenuisés et que les flottilles de pêche ont grossi, les innovations technologiques ont permis d'aller toujours plus loin et de pêcher toujours plus profond, là où le poisson se trouve. Au cours des cinquante dernières années, les pêcheries ont commencé à cibler les espèces situées sur le fond ou bien nageant dans les fonds de moins de 200 mètres, tandis que les pêcheries de thons océaniques, d'espadons, de marlins ont démarré dans les années 1980. Les captures se faisaient alors entre 0 et 200 mètres de profondeur. Aujourd'hui, on pêche à plus de 1 000 mètres à l'aide de chaluts. On peut désormais considérer que toutes les zones où il existe des ressources marines sont exploitées, à toutes les latitudes et à toutes les profondeurs.

L'exploitation de ce qu'on appelle les monts sous-marins a été rendue possible grâce à certaines avancées technologiques. Formées il y a des millions d'années par le volcanisme, ces montagnes sous-marines n'atteignent pas la surface de l'océan. Situées en chapelet dans les grandes profondeurs des océans ou bien isolées, elles sont passées inaperçues jusqu'à l'avènement des sondeurs multifaisceaux, qui permettent en un seul passage de décrire les fonds océaniques sur plusieurs kilomètres de largeur. L'altimétrie satellitaire a permis d'autre part d'identifier les véritables « bosses » permanentes que ces monts produisent à la surface des océans et de les repérer ainsi plus facilement. Il existe des dizaines de milliers de monts sous-marins, distribués dans tous les océans, mais seulement trois cents ont été échantillonnés biologiquement. Ils forment souvent des zones peu profondes et regorgent parfois de vie, fournissant des habitats pour des espèces marines qui utilisent les reliefs pour s'alimenter ou se repérer. Leur richesse semble due au fait qu'ils provoquent des tourbillons qui engendrent des cellules d'enrichissement de la colonne d'eau, dénommées cellules de Taylor.

C'est par hasard que le *Gevred*, un bateau senneur français, découvre en 1984 le Coco de mer, un mont sous-marin sur lequel il réalise des grosses prises de thons albacores pendant plusieurs semaines. Situé à 25 milles au nord de l'équateur par 56° E, au beau milieu de l'océan Indien, au nord des Seychelles, ce mont sous-marin a son sommet à 195 mètres de profondeur sur des fonds de plus de 4 500 mètres. Une véritable île sous-marine qui abonde en populations de poissons de fond, comme le vivaneau et trois espèces de thons : le listao, l'albacore et le patudo. Ce mont sous-marin est un des plus productifs au niveau mondial puisque plus de 10 000 tonnes de thons y sont prélevées annuellement. Il n'en fallait pas plus pour attirer la convoitise.

Un senneur espagnol a trouvé une solution radicale pour s'approprier cette ressource. Il a posté un navire auxiliaire ancré en permanence sur le Coco de mer. De puissantes lampes (supérieures à 40 000 watts) attirent et concentrent le poisson des alentours. Ce navire est aussi équipé d'un sonar qui permet de connaître en permanence les quantités de poissons présents sur le haut-fond. Quand elles sont jugées suffisantes, le senneur capture les bancs. Il y a bien eu d'autres tentatives pour s'approprier le Coco de mer. Les Russes ont prétendu avoir découvert le mont sous-marin avant les autres. En fait, il est situé en haute mer et appartient donc à tout le monde ; le fait d'y avoir posté un navire auxiliaire en permanence équivaut à une appropriation de fait, non contestable en droit international.

La pêche artisanale dans la spirale de la surexploitation

Si nos ports au nord sont désertés par les bateaux de pêche, il en va tout autrement plus au sud. La dynamique des pêcheries artisanales y est très différente de celle des pêcheries industrielles. Le nombre de pirogues a augmenté de manière impressionnante au cours des trois dernières décennies dans la plupart des zones de pêche. Les pêcheries artisanales des pays en développement, en Afrique et en Asie, sont souvent présentées comme étant liées à une activité de subsistance préservant mieux les équilibres marins, peu efficace, et dont la technologie est sommaire. Le spectacle de la pirogue en bois ornée de couleurs vives que l'on pousse vers la mer conforte cette image récurrente d'une pêcherie douce. Pourtant, les pêcheries artisanales sont très souvent d'un dynamisme et d'une efficacité surprenants.

La plupart des pays africains sont importateurs de poissons, comme la Côte d'Ivoire, le Nigeria et le Cameroun. Par contre, le Sénégal ou le Ghana exportent du poisson depuis le début du XVIe siècle, car ils sont situés dans des zones riches et productives des océans, qu'il s'agisse de la zone des Canaries ou du golfe de Guinée. Les pêcheurs y sont passés de la pêche dans les lagunes et les estuaires à la pêche en mer côtière. La surexploitation des ressources et l'explosion démographique des grandes villes côtières ont contribué au développement extraordinaire des pêcheries artisanales.

Le phénomène a été amplifié par une diffusion spontanée des techniques de pêche. Les emprunts se sont faits de manière sélective et avec discernement. Lorsque des associations ont voulu importer des bateaux en matière plastique, soi-disant plus faciles à réparer, les pêcheurs ont souvent préféré conserver leurs pirogues en bois, parce qu'elles ont une meilleure tenue en mer et qu'ils disposent sur place de la matière première. Les pêcheurs des pays en développement ont néanmoins une capacité incroyable à s'adapter à de nouvelles techniques. Ils ont rapidement adopté tout ce qui leur convenait et pouvait améliorer leur efficacité : des nouveaux matériaux comme le Nylon, des engins de pêche comme le filet maillant encerclant ou la senne tournante coulissante, ou des moteurs hors-bord accrochés sur les pirogues et bien évidemment les sondeurs et les GPS.

Avant les années 1960, au Sénégal, les pirogues à voiles étaient les plus nombreuses. Les pêcheurs partaient souvent pour la journée, tôt le matin ils embarquaient leurs lignes et leurs appâts constitués de *yaboye* (sardinelles qui, découpées en morceaux, sont mises sur les hameçons), quelques biscuits, un peu de charbon de bois pour se faire du thé chaud. Des grigris, morceaux de tissu, de corne achetés (parfois très cher) au marabout, étaient accrochés à l'avant du bateau, assurance contre le mauvais sort et les mauvaises pêches. Le moment le plus périlleux était le passage de la barre, zone de fortes turbulences située dans les premiers mètres, car, si le bateau se renversait, les pêcheurs perdaient tout le matériel et risquaient même la noyade, car la plupart ne savaient pas nager. La localisation des endroits propices était transmise de génération en génération.

Les traditions étaient fortes dans la zone de pêche de Kayar, au nord de Dakar. Les différentes communautés de pêcheurs venues du nord du pays, appelées les « migrants », avaient accès à des ressources, des zones de pêche négociées avec les « sédentaires », qui vivent à Kayar tout au long de l'année. Les vieux se réunissaient tous les jours pour discuter de la pêche, des ressources et des problèmes de partage. De cette concertation naissaient des droits d'accès négociés, la reconnaissance que la ressource devait être protégée dans certains endroits. Quand la pêche était finie, on débarquait sur la plage où les femmes chargées de la commercialisation négociaient le prix, la destination du produit. Le poisson était envoyé pour être vendu par les « taxis-brousse » à Dakar ou, une fois séché, dans les pays de l'intérieur du continent.

En quelques années les progrès technologiques ont été spectaculaires. La première révolution technologique a été la motorisation. Aujourd'hui, les pêcheurs ne se repèrent plus avec les étoiles et les repères à terre sont remplacés par un GPS. Ils connaissent les horaires des avions qui emporteront quelques heures plus tard le poisson qu'ils auront soigneusement rangé à bord dans des caissettes remplies de glace. Ils connaissent le prix des cours à Rungis. Ce ne sont plus des femmes sur la plage qui commercialisent le poisson, mais des mareyeurs internationaux, qui collectent avec leurs camions les cagettes en polystyrène qui seront embarquées directement dans les avions-cargos. Les pêcheries artisanales du Sénégal sont ainsi devenues extrêmement efficaces économiquement. En atteste la compétition, dans les années 1970, entre une pêcherie industrielle constituée par une vingtaine de bateaux et une pêcherie artisanale, qui se solda dès les années 1990 par l'éviction de la première, faute de rentabilité économique.

En 1980, au Sénégal, il y avait 3 000 pirogues de pêche artisanale, aujourd'hui il y en a 12 000, équipées de moteurs hors-bord et de GPS. Le taux de motorisation a été multiplié par quatre cents. Elles sont capables de changer d'engins de pêche dans la journée, et de passer ainsi de la pêche à la senne tournante pour les sardinelles à la pêche à la ligne permettant de prendre des mérous sur des fonds rocheux.

Les flottilles industrielles étrangères ont également connu une très forte croissance jusqu'aux années 1990. Leur impact ne s'est pas fait attendre. Au Sénégal, l'abondance des cinq espèces les plus importantes économiquement a chuté de 75 % en quinze ans. Les stocks de pageot, de *thiof*, de pagre, de points bleus et de *thiekem* sont fortement surexploités. Sans parler des espèces qui ont disparu depuis bien longtemps des étals, comme la daurade royale. Les ressources au Sénégal sont épuisées et il ne reste plus aux pêcheurs qu'à racler des fonds dépeuplés ou à pêcher des espèces à durée de vie courte, comme les sardinelles (l'équivalent de nos sardines) et les poulpes.

Dans ce contexte de surexploitation, la compétition entre les pêcheries artisanales et industrielles s'est exacerbée. Les deux secteurs ont des attributs communs mais des dynamiques très différentes en termes sociaux, économiques et environnementaux. Au niveau mondial, les pêcheries artisanales emploient 12 millions de pêcheurs, contre 0,5 million pour les pêcheries industrielles, mais elles capturent les mêmes quantités de poissons, environ 30 millions de tonnes.

Les pêcheries artisanales seraient armées pour exploiter de manière durable et écologique les ressources marines, malheureusement, l'absence chronique de gestion de ce secteur hypothèque son avenir. Comme le souligne Daniel Pauly, elles sont marginalisées, en particulier dans les pays en développement, même si elles remplissent des critères positifs en termes d'emplois, de consommation en énergies fossiles et de distribution des richesses [5]. Cette tendance est exacerbée par l'arrivée massive de travailleurs déshérités des zones pastorales ou agricoles qui entraîne un accroissement constant du nombre d'unités de pêche. Ces pêcheries expérimentent ainsi la « surexploitation malthusienne », combinant les effets de la modernisation de l'agriculture, qui détruit les emplois et force les populations à migrer vers la côte, et ceux de l'afflux de travailleurs, qui déstabilise les aménagements traditionnels des pêcheries. Dans l'archipel des Samoa, par exemple, entre 1950 et 2001, les captures sont passées d'un peu moins de 800 tonnes à 180 tonnes, ce qui représente une chute de la valeur de 2,5 à 0,5 million de dollars. Ce déclin est emblématique de la montée en puissance incontrôlée des pêcheries artisanales mondiales.

5

UNE NATURE FRAGILE ET UN SUPERPRÉDATEUR

L'évolution piégée

Les menaces qui pèsent sur la survie des espèces marines ne se mesurent pas seulement en termes de tonnage et de captures de pêche. En effet, certaines espèces sont plus vulnérables que d'autres aux pièges tendus par l'homme. Les poissons, les mammifères et les oiseaux marins ont tous leurs repères et leurs habitudes. Ils se déplacent d'un endroit à l'autre, suivant des rythmes et des saisons établis. Ils sélectionnent des environnements favorables dans lesquels ils peuvent trouver leur nourriture, échapper à leurs prédateurs et se reproduire. Tous ont leurs propres contraintes, certains doivent venir respirer l'oxygène en surface, d'autres doivent se regrouper en bancs pour échapper aux prédateurs ou attendre patiemment de nombreuses années avant de se reproduire. L'évolution a finement ciselé le comportement de tous ces animaux, de manière à ce qu'ils parviennent à cohabiter.

Il a fallu parfois des millions d'années pour forger cette nature diversifiée, viable et généreuse. C'est dans ce système extrêmement sophistiqué que les pêcheurs interviennent, utilisant les comportements des animaux pour leur tendre des pièges et bouleverser de manière brutale les règles subtiles du jeu de l'évolution. Assurément, le combat est très inégal, car l'évolution n'a pas eu le temps de prendre en compte ce prédateur plus puissant que les autres, violent et qui pratique la démesure. Les tortues marines, les saumons, les baleines, les manchots, les phoques, les poissons des grandes profondeurs et de nombreux autres habitants des océans ont payé et paient encore un énorme tribut à l'homme, devenu en l'espace d'un siècle le superprédateur planétaire. « La nature ne pouvait pas prendre de risque plus grand que de laisser naître l'homme [1] », constate avec réalisme le philosophe de la responsabilité Hans Jonas.

À première vue, l'homme est un prédateur semblable aux autres. C'est ce qu'a conclu Sophie Bertrand, de l'IRD [2]. Elle a étudié les mouvements de bateaux de pêche péruviens afin de comprendre la stratégie des pêcheurs quand ils recherchent l'anchois le long des côtes. Ayant réuni la plus grosse base de données sur les déplacements de bateaux, avec plus de quatorze millions de trajectoires individuelles, elle les a modélisés en les couplant avec ceux des anchois. Elle a eu alors la surprise de s'apercevoir que les humains, avec leur technologie et leurs moyens de communication sophistiqués, se comportent exactement comme des animaux prédateurs ordinaires, albatros, chacals ou phoques ! En effet, les pêcheurs cherchent à maximiser un gain financier, ce qui pour les animaux s'apparenterait à un gain énergétique. Leurs déplacements de recherche sont souvent longs mais peu fréquents et, dès que la proie est localisée, ils prospectent alentour pour repérer d'autres proies éventuelles. Cette dynamique entre le prédateur et sa proie est le fruit de recherches au hasard et d'une certaine inertie, car les bateaux ont un port d'attache, comme la plupart des animaux ont un nid, un rocher ou bien un terrier qui restreignent l'étendue possible de leurs mouvements. Les pêcheurs doivent donc s'adapter à la variabilité mais aussi à la volatilité de la ressource, la capture n'étant pas assurée. Comparée à d'autres stratégies de prédation, cette stratégie, dite marche de Lévy, se révèle extrêmement efficace.

Selon Sophie Bertrand, la stratégie du pêcheur péruvien serait donc identique à celle d'un animal prédateur à la recherche de sa proie. Doit-on en déduire que les pêcheurs coévoluent avec les proies qu'ils exploitent ? Non, évidemment, et c'est bien là le problème. Le terme coévolution désigne l'adaptation évolutive de deux espèces qui interagissent et s'influencent réciproquement. Un changement subi par une espèce exerce une pression de sélection sur l'autre espèce et la contre-adaptation acquise par la seconde influe à son tour sur la sélection des individus de la première. Par ce jeu subtil d'interaction et d'adaptation, on aboutit à des systèmes viables sur le long terme. Mais l'homme a fait irruption dans les écosystèmes au cours des cinquante dernières années, en s'appropriant un nombre incroyable de ressources, comme aucun prédateur n'était jamais parvenu à le faire.

L'homme s'est affranchi des distances géographiques, des contraintes de renouvellement des ressources naturelles, aidé en cela par une technologie très performante et des moyens de transport rapides et peu coûteux qui lui permettent de s'accaparer des ressources pêchées à des dizaines de milliers de kilomètres. Tandis que les populations animales fluctuent d'une année sur l'autre mais restent en l'absence de pêche globalement stables, notre superprédateur voit sa population augmenter d'année en année et les pêcheurs sont de plus en plus efficaces.

Tout contribue à accroître leur emprise sur la faune marine, l'apprentissage, le savoir-faire, l'échange d'informations, la communication et les multiples et constants progrès dans le repérage des poissons. Un thon ingère chaque jour environ 5 % de son poids, chaque pêcheur sur un senneur moderne capture chaque jour environ mille fois son poids individuel. L'homme est un prédateur insatiable dont le principal objectif est de rentabiliser de gros investissements et de maximiser ses bénéfices économiques. Cette relation n'a rien de naturel et n'a rien à voir avec une quelconque coévolution. Selon les modèles de dynamique des populations communément utilisés en sciences écologiques, le pêcheur est théoriquement condamné à une mort inexorable. La technologie dépasse les capacités d'adaptation de toutes les espèces et la course à l'armement des flottilles de pêche les condamne.

Les exemples qui suivent sont issus d'une longue liste d'espèces en danger. Leur nombre est en constante augmentation. La plupart des animaux de grande taille sont malades de l'homme. Seuls restent les petits, le plancton, les bactéries, ou encore ceux qui se reproduisent rapidement, les méduses ou les annélides.

Une captation abusive

Les thons vivent en bancs de plusieurs centaines à plusieurs millions d'individus. Quand un de ces bancs rencontre un bateau de pêche, il peut rester à ses côtés et le suivre pendant longtemps. À première vue, on pourrait croire que les poissons témoignent d'un attrait étrange et suicidaire pour le pêcheur, son principal prédateur. Mais si on y regarde de plus près, on s'aperçoit qu'il s'agit de tout autre chose. En s'appuyant sur l'attrait des poissons pour les objets flottant en surface, qui agrègent souvent nombre de proies, les pêcheurs détournent à leur profit un comportement qui a assuré la survie de l'espèce depuis des milliers d'années. Vivre en groupe dans le milieu marin signifie vivre en bancs. Dans un même banc, la taille des individus est en général à peu près identique, ce qui leur permet de se déplacer à la même vitesse et donne au groupe une parfaite homogénéité hydrodynamique. La formation de ces bancs est utile à l'espèce pour l'alimentation, la reproduction et la migration, mais surtout pour faire face aux prédateurs. Le monde marin ne recelant pas de caches, mieux vaut rester rassemblé en grand nombre : un individu a moins de risques de se faire manger au sein d'un banc de plusieurs centaines de milliers d'individus qu'isolé et vite repérable par le prédateur. Ces milliers d'individus sont autant de paires d'yeux qui permettent en permanence de détecter la présence d'un prédateur et d'alerter le groupe d'un danger imminent.

Les pêcheurs appellent les bancs de thons des mattes. Ces dernières sont facilement repérables lorsqu'elles sont en chasse. Elles créent un bouillonnement à la surface de l'océan et de nombreux oiseaux marins la survolent, profitant eux aussi des petits poissons chassés par les thons. Les pêcheurs peuvent repérer ces bancs à l'aide de jumelles, depuis leur bateau ou par hélicoptère, et les encercler avec de grands filets coulissants, les sennes tournantes. Il ne reste plus ensuite qu'à refermer les filets pour capturer l'intégralité du banc de thons. Ce comportement grégaire est donc d'un grand intérêt pour le poisson, mais aussi pour le pêcheur.

Il existe une autre façon d'attraper les thons en chasse, en appâtant des lignes à main. La pêche à l'appât vivant est pratiquée à partir de petits bateaux canneurs, comme à Dakar au Sénégal depuis les années 1950. Affamés, les poissons se projettent sur des appâts vivants (souvent des petits poissons pélagiques comme les sardines, les anchois ou les sardinelles) ou des leurres constitués de simples petits crochets sans ardillons qui permettent de décrocher le poisson plus facilement. Une vingtaine de pêcheurs au coude à coude jettent leurs courtes lignes au milieu de la matte pour capturer des thons. Des jets d'eau jaillissent du bord du bateau pour troubler la surface et cacher les hommes. Durant des heures, ils suivent la matte de thons et essaient d'en prendre le plus possible. Le rythme est effréné et la pêche se fait en continu. Des dizaines de poissons sont pris par minute, tant que le poisson reste en surface, proche du bateau, sans plonger. Le banc est insatiable et les pêcheurs peuvent ainsi remonter à bord plusieurs tonnes. Cependant, les mattes peuvent disparaître en quelques minutes sans préavis et la pêche miraculeuse s'arrêter soudainement.

La stratégie de pêche des canneurs a été suivie au Sénégal par Jean-Pierre Hallier, de l'IRD [3]. Il a noté une évolution de cette pratique pour le moins surprenante. Dans les années 1950, la pêcherie thonière de Dakar exploitait à chaque saison des concentrations de thons réparties le long des côtes guinéennes jusqu'en Mauritanie. Une vingtaine d'années plus tard, les canneurs opérant dans la zone constatèrent qu'il était possible de maintenir une association permanente entre le bateau et une matte de thons, de jour comme de nuit, pendant plusieurs dizaines de jours, voire plusieurs mois.

Cette association entre le bateau et « sa » matte étant grandement profitable aux pêcheurs, ils cherchèrent par tous les moyens à valoriser leur découverte et firent appel à Jean-Pierre Hallier pour l'étudier de plus près. Il marqua les thons et les relâcha pour connaître leurs mouvements et leur fidélité au bateau de pêche. Si les poissons étaient repêchés et la marque récupérée, il était facile de connaître les déplacements de l'animal entre le marquage et la recapture. Hallier a pu ainsi démontrer que les mêmes poissons étaient capables de rester associés pendant de longues périodes aux bateaux de pêche. En réalité, il pouvait suivre visuellement, sans aucun effort, les marques en forme de spaghettis et de couleur jaune citron qui suivaient le bateau sans s'en écarter.

Dès les années 1980, les pêcheurs mirent au point une stratégie d'une grande efficacité permettant de fidéliser encore plus les mattes autour des canneurs. Elle repose sur un savant dosage entre la vitesse du bateau, qui s'adapte à celle des thons, la constance des conditions océanographiques, qui doit satisfaire à la biologie des poissons, et à la bathymétrie, qui permet de fixer la matte là où elle se plaît. Sont également utilisées de puissantes lumières (entre 10 000 et 20 000 watts) qui attirent à la surface, la nuit tombée, les proies des thons comme les poissons pélagiques ou encore les calmars. Les canneurs travaillaient en binôme, un canneur venant remplacer l'autre au-dessus de la matte lorsque le premier devait revenir au port pour vider les cales et prendre de nouveaux appâts.

Pline l'Ancien avait déjà remarqué que les thons suivaient les bateaux, comme les moutons suivent leur berger. Ceux de Dakar laissaient bien peu de chance aux poissons de s'échapper. Nelson Cazeils relate l'exploitation en 1984-1985 d'une matte de taille exceptionnelle qui suivit deux bateaux de pêche le long des côtes ouest-africaines pendant près de neuf mois et sur plus de 900 kilomètres, de la Mauritanie à la Guinée-Bissau[4]. Plus de 1 300 tonnes furent capturées lors de cette saison de pêche mirifique.

Aucun scientifique n'a jusqu'à présent résolu le mystère et compris pourquoi les poissons suivent les bateaux de pêche avec autant d'insistance au lieu de les fuir. Ce comportement agrégatif des poissons fait en tout cas l'affaire du pêcheur. On peut parier que la sélection naturelle n'est pas prête à proposer dans l'immédiat des adaptations qui déjouent ce redoutable piège. Les thons vont encore suivre les bateaux pendant longtemps et les bateaux, eux, ne s'enfuiront pas.

Un retour au bercail fatal

La nature est routinière. Elle a ses habitudes, comme aimait à le souligner Darwin, et le retour au bercail fait partie d'une de ses lois les plus immuables. Les pêcheurs utilisent cette technique pour piéger les ressources marines qui retournent inévitablement aux mêmes endroits soit pour se nourrir, soit pour se reproduire. Pour bien comprendre cette obstination, il faut analyser le comportement animal à la lumière du jeu évolutif. Il est élémentaire et se résume en une stratégie individuelle, celle de manger sans être mangé, et une stratégie collective, celle de se reproduire. Il n'y a guère de place pour l'erreur : l'environnement se soucie bien peu du devenir des espèces, mais ses cadres généraux restent assez souvent identiques d'une année sur l'autre.

Que faire alors pour essayer de survivre ? Comment se comporter face à un futur inconnu ? Une réponse simple a été trouvée par les espèces, qui consiste à refaire ce qu'ont fait les parents. Les choix sont hérités des ancêtres. La démarche est simple et pragmatique : si les parents ont survécu, c'est qu'ils ont été produits dans un environnement favorable. Ce n'est pas gagné d'avance. Passer du stade d'œuf à celui de jeune poisson pour finir en adulte capable de se reproduire et de transmettre son patrimoine génétique n'est permis qu'à environ 1 ‰ des individus.

Pour se reproduire, les poissons recherchent inlassablement dans leur environnement les mêmes conditions que celles qui les ont vus naître. Ils dépensent une énergie incroyable pour les retrouver. Nous avons tous en tête les images des saumons, des tortues marines ou des manchots qui traversent les pires épreuves pour y parvenir. Des mécanismes d'empreinte très sophistiqués permettent à chacune des espèces de retrouver ces conditions environnementales et de les conserver d'une génération à l'autre. C'est une stratégie où l'inertie représente une composante importante. Bien évidemment, quelques individus se reproduisent dans des sites de ponte différents de ceux dans lesquels ils ont été produits. Mais la nature étant la plupart du temps adverse, il n'est pas très bon de prospecter trop souvent de nouveaux endroits.

Le retour au bercail, *natal homing* en anglais, a fait ses preuves pendant des centaines de milliers, voire des millions d'années. Mais cette stratégie coûte très cher aux espèces marines, surtout ces derniers temps, car les hommes ont appris à connaître les habitudes des animaux marins. L'exploitation des tortues marines est une bonne illustration des pièges mortels dans lesquels les espèces marines peuvent se fourvoyer.

Les tortues marines, au nombre de sept espèces, sont de vénérables reptiles qui ont colonisé les mers depuis plus de 100 millions d'années. Une telle longévité vaut la peine de s'y arrêter. Les tortues marines habitent les eaux tropicales et subtropicales et sont connues pour leurs migrations de très grande ampleur, puisque plus de 5 000 kilomètres peuvent séparer leur lieu de ponte des zones où elles se nourrissent. Ce sont de très bonnes navigatrices, qui utilisent le magnétisme terrestre pour se diriger dans les océans et trouver l'emplacement des plages. Elles ont ainsi la faculté de mémoriser le lieu exact où elles ont été pondues et ont éclos.

Chaque année, à plusieurs reprises au cours d'une saison, la femelle en âge de se reproduire vient sur la plage de sable de sa naissance pour pondre quelques dizaines ou une centaine d'œufs. Pour certaines espèces, comme la tortue luth, qui peut atteindre quelque 2,70 mètres et peser une tonne, il faut dépenser beaucoup d'énergie pour se hisser sur la plage. Les tortues enterrent leurs œufs dans un nid qu'elles creusent dans le sable ; ces derniers se développent ensuite tout seuls. Les nouveau-nés émergent quelques semaines plus tard et rejoignent la mer. Ils doivent alors affronter un environnement dangereux, poursuivis par les crabes, les ratons laveurs, les mouettes, les renards, les oiseaux, ils rampent le plus vite possible pour échapper à ces hordes prédatrices qui ont patiemment attendu leur éclosion. Une fois dans la mer, si les tortues ne sont pas mangées par les poissons prédateurs, elles nagent au gré des courants en essayant de trouver des objets flottants sur lesquels se reposer et dériver au gré des courants. Grâce à leurs pattes antérieures semblables à des nageoires, elles se déplacent dans l'eau, leurs pattes postérieures leur servant de gouvernail. Elles se nourrissent d'algues et d'herbes marines, de méduses, de petits poissons et de coquillages.

Les tortues marines grandissent lentement, et lorsqu'elles atteignent l'âge de première maturité, après neuf ans ou plusieurs dizaines d'années en fonction des espèces, elles regagnent la plage de leur naissance. La tortue luth, qui doit son nom aux sept carènes longitudinales sur sa carapace qui évoquent l'instrument de musique, atteint l'âge de première maturité au bout de cinquante à soixante ans et vit une centaine d'années environ.

Des études en génétique des populations montrent que le nombre de tortues qui pondent sur une autre plage que celle de leur naissance est inférieur à 1 sur 10 000 [5]. Archie Carr, le célèbre chercheur américain, a passé son existence à étudier les migrations de ces animaux [6]. Sur les 28 000 tortues qu'il a marquées, aucune n'a jamais été observée en train de pondre sur une plage différente. Leur fidélité est absolue. C'est ainsi que, durant dix-sept ans, une femelle est retournée vingt-six fois sur la même portion de plage pour pondre, alors qu'elle se nourrissait à des centaines de kilomètres de là.

La fidélité des tortues à leur lieu de ponte les expose au pire. Les sites de ponte ont été détruits par les natifs ou bien par les navigateurs. Durant les quatre derniers siècles, les extinctions locales n'ont pas été compensées par des repeuplements issus d'individus venus d'ailleurs. La nature prend son temps, elle n'opère pas avec la même célérité que les humains.

Les programmes de protection des sites de ponte récemment institués restent insuffisants. Les captures ne sont pas les seuls facteurs de mortalité des tortues marines. Les prises accidentelles par les filets ou les palangres, les filets abandonnés ou perdus dans lesquels les tortues s'empêtrent et meurent d'asphyxie, les matières plastiques qui obstruent leur système digestif font des dégâts importants dans les populations résiduelles. Les seules pêcheries chalutières de crevettes sont responsables annuellement de la mort de plusieurs milliers à dizaines de milliers de tortues marines. Le flou de ces chiffres montre combien il est difficile d'évaluer les taux de mortalité de ces animaux devenus rares. En Méditerranée, vingt mille tortues marines se prennent annuellement dans les palangres destinées aux espadons.

L'obstination des tortues à revenir sur leur lieu de naissance donne cependant la possibilité de les compter. Sur un site mexicain, par exemple, on a pu évaluer le nombre de sites de ponte à partir d'un film tourné en 1947, de données éparses collectées dans les années 1960 et de suivis réguliers depuis 1978. Le nombre de nids est passé en l'espace de 60 ans de 92 000 à 800, ce qui représente une diminution de plus de 99 % des effectifs. Quelque 7 à 9 millions d'œufs de tortues sont encore consommés chaque année en Indonésie ; à Bali, plus de 20 000 tortues sont tuées chaque année malgré les interdictions. Le Japon en a éliminé à lui seul plus de 670 000 au cours des vingt dernières années et refuse toujours d'interdire la pêche.

Le nombre de femelles reproductrices diminue partout dans le monde, sauf en de rares endroits, comme en Floride, où les espèces sont protégées et où leur nombre semble progresser. En effet, la conservation des tortues est devenue une priorité pour de nombreuses associations et ONG. Les engins de pêche sont modifiés, dans certains cas avec succès, pour éviter de les capturer. Les chaluts sont équipés de trappes permettant aux tortues marines de s'échapper, des campagnes scientifiques montrent aux pêcheurs comment libérer les tortues sans dommage. Des observateurs sont emmenés à bord des bateaux pour évaluer les prises accessoires et faire respecter les rejets de ces espèces protégées. Il semble que ces initiatives soient trop tardives et encore trop modestes au niveau international pour inverser la tendance. Aujourd'hui, six des sept espèces de tortues marines sont considérées comme étant menacées et sont listées dans l'annexe I de la Convention sur le commerce international des espèces de faune et de flore sauvages menacées d'extinction (CITES, *Convention on International Trade in Endangered Species of Wild Fauna and Flora*), interdisant leur commerce aux cent soixante-six nations signataires. Mais il y a tout lieu d'être inquiet. Les tortues marines ont survécu à la disparition des dinosaures, il y a quelque 65 millions d'années, mais auront bien du mal à survivre au XXIe siècle.

Les tortues ne sont pas les seules à revenir sur leur plage d'origine. Les saumons du Pacifique et de l'Atlantique ont attisé la curiosité des hommes pendant des siècles. Grands voyageurs, ils possèdent des cycles de vie complexes. Ils vivent dans des milieux aussi différents que l'eau douce et l'eau de mer et doivent réaliser des changements morphologiques et physiologiques profonds associés à ces différents milieux.

Les cycles de vie des sept espèces de saumons du Pacifique et de l'espèce atlantique sont bien connus, notamment du fait de leur importance économique et récréative. Après plusieurs mois d'incubation dans les gravières des rivières, ils émergent et migrent vers les fleuves. Ils deviennent des petits poissons à la robe argentée, dénommés smolts, qui gagnent la mer pour grossir pendant un à deux ans. Leurs déplacements en mer semblent dépendre des courants et des sources de nourriture. Le saumon atlantique qui se reproduit dans les rivières du Maine parcourt plus de 4 000 kilomètres entre les zones de reproduction et d'alimentation.

À l'inverse, les migrations de retour pour la reproduction sont orientées, rapides et précises. La période de retour est fixe d'une année sur l'autre pour une zone de ponte donnée ; les saumons se regroupent à l'embouchure des fleuves avant d'amorcer leur migration dans la rivière de leur naissance. Ils remontent les rivières en dépensant une énergie considérable pour retourner sur le lieu précis de la frayère de leurs ancêtres, comme s'il n'existait pas d'autre alternative. Épuisés, amaigris, ils se reproduisent et meurent sur place.

Ce comportement fascinant est un des plus étudiés du comportement animal. Les chercheurs ont tenté de trouver les mécanismes qui permettent au saumon de retrouver sa rivière d'origine. Ils ont transplanté des individus à l'état d'œufs pour savoir si ces derniers reviendraient dans leur rivière d'adoption ou bien dans leur rivière d'origine. Le résultat fut sans ambiguïté : ils reviennent dans celle où ils ont réalisé leur empreinte, qui se produit en un temps très court, de l'ordre de trente-six à quarante-huit heures. C'est suffisant pour mémoriser le lieu, l'odeur de la rivière et de nombreux autres paramètres caractéristiques de la frayère. Les taux de fidélité sont de l'ordre de 95 % dans des conditions naturelles.

Rien ne semble pouvoir altérer cette stratégie. Ainsi, le 27 mars 1946, un tremblement de terre en Alaska provoqua l'effondrement de plus de 2 mètres d'une portion de rivière où avaient l'habitude de se reproduire un grand nombre de saumons. Obstinés, ces derniers continuèrent à frayer à cet endroit, même si l'eau était devenue entre-temps salée et impropre à la survie des œufs. Ailleurs, ils tentent vainement de franchir les barrages construits sur les cours d'eau. Plutôt que de changer de lieux de ponte, les saumons meurent en masse. Parfois, les survivants d'une frayère sont tellement nombreux qu'il se produit une sorte d'« embouteillage reproductif » : beaucoup meurent avant même de s'être reproduits.

Les pêcheurs savent depuis longtemps comment capturer les saumons qui remontent les rivières : ils placent des filets maillants à l'entrée des cours d'eau. Les pêcheries ont très tôt eu des problèmes, car ce poisson est bien trop prévisible et les prélèvements ont été trop intenses sur la plupart des stocks mondiaux. Le saumon pacifique a été essentiel à l'alimentation des aborigènes pendant de nombreux siècles. Les remontées de saumons dans les rivières de Colombie-Britannique ont alimenté durant de nombreuses années une industrie florissante et une pêche récréative. Désormais il n'y a plus de pêche sportive et les Indiens sont obligés d'acheter leur saumon (souvent d'élevage) au supermarché du coin.

Depuis 1981, la Colombie-Britannique a investi 3 milliards de dollars pour sauver ce poisson, mais ses efforts n'ont pas apporté les résultats escomptés. Même chose dans le Maine, la zone la plus au sud pour le saumon atlantique. En France, des saumons de 23 à 26 livres n'étaient pas rares dans l'Allier. Il semble que le record fut un saumon de 35 livres, pêché en 1942 près de Brioude, en Haute-Loire. Déjà en 1881, l'espèce se raréfiait dans certaines rivières comme la Meuse, bien qu'il fût considéré comme très abondant jusque vers 1835, où il existait une pêche professionnelle occupant une quarantaine d'hommes.

Le saumon remontait encore la Seine dans les années 1870. En 1882, près de Rouen, on capturait chaque année une trentaine de spécimens pesant de 20 à 30 livres. Il était tellement abondant qu'on raconte que les contrats de louage stipulaient que l'on ne pouvait servir du saumon aux repas des ouvriers agricoles plus de deux fois par semaine. Max Thibault, de l'INRA, n'a jamais retrouvé ce fameux contrat de louage, malgré des recherches poussées dans les bibliothèques les plus reculées de Bretagne. En fait de saumons, il s'agissait plutôt de bécards, des mâles amaigris par le frai, la mâchoire inférieure recourbée en galoche, pratiquement immangeables. On comprend pourquoi les ouvriers refusaient que leurs patrons leur servent ce genre de mets quotidiennement.

En outre, la pollution des rivières et les nombreux barrages ont sérieusement entamé leur reproduction. La construction de barrages sur la Seine, en aval de Paris, a stoppé la migration de certaines espèces présentes jusqu'au début du XXe siècle, tels la grande alose *(Alosa alosa)*, l'esturgeon européen *(Acipenser sturio)* ou encore le saumon atlantique *(Salmo salar)*, sans oublier un petit cétacé, le marsouin commun *(Phocoena phocoena)*, qu'on trouvait encore au XIXe siècle en aval de Paris.

Les pêcheries de saumon sauvage sont aujourd'hui marginales, notamment dans l'Atlantique où l'élevage représente 93 % de la production pour seulement 7 % issus de la pêche. La plupart des stocks sont réduits à des fractions de leur niveau historique, victimes de la surpêche. La dégradation récente des habitats et des frayères n'a fait qu'accentuer cette diminution. En mer Baltique, la pêche du saumon sauvage a été réduite dès les années 1990 par la Commission internationale de la pêche en mer, qui a fait passer les prises de 700 000 poissons par an à quelque 300 000 en 2005. En octobre 2007, l'Union européenne a décidé de réduire de 5 % supplémentaires les autorisations de capture.

Les pêcheries commerciales ont été arrêtées ou bien réduites, la pêche sportive étant jugée plus intéressante économiquement. Sur la rivière Wye, au Royaume-Uni, les dépenses totales pour la pêche à la ligne du saumon atlantique dépassent plus de 800 livres par poisson, alors que leur valeur commerciale n'est que de 36 livres. Dans l'est du Canada, la pêche commerciale a été fermée en 1984 et la pêche sportive des gros saumons implique une remise à l'eau obligatoire. Dans cette région, les pluies acides ont altéré un grand nombre de rivières du littoral atlantique et les dispositifs installés pour permettre aux saumons de franchir les barrages nouvellement construits se sont révélés inefficaces. Dans le nord-ouest Pacifique, des sommes astronomiques sont dépensées pour des programmes de rétablissement du saumon, sans grand succès.

L'évolution a produit d'autres espèces qui, à l'instar du saumon, ont un cycle de vie qui ne facilite pas leur survie. L'alose en fait partie. Elle est surtout connue des pêcheurs à la ligne en eau douce. C'est un poisson de la famille des harengs qui vit en larges bancs dans les océans et gagne les rivières pour se reproduire au printemps. Grandes voyageuses, les aloses vivent cinq années en eau de mer et réalisent des migrations de milliers de kilomètres. Jadis, l'ensemble des cours d'eau des côtes atlantiques était colonisé par cette espèce.

Ce poisson était autrefois très abondant et populaire. Dans le *Dictionnaire Raisonné d'Histoire naturelle* publié en 1768, l'alose est longuement décrite, avec sa grande bouche pointue sans dents et la beauté de sa parure : « On croirait voir briller des émeraudes au-dessus de ses yeux. » Le médecin et naturaliste Guillaume Rondelet (1507-1566) raconte avoir vu des aloses accourir au son du violon et sauter en nageant à la surface de l'eau. Dans l'Allier, il a vu prendre plus de mille deux cents aloses et saumons d'un seul coup de filet. Les pêcheurs du XVIIIe siècle la repéraient facilement lors de ses migrations car elles poussent « un grognement pareil à celui d'un troupeau de pourceaux ».

Dans la baie de Chesapeake, l'alose était la plus importante pêcherie jusqu'à la fin du XIXe siècle, avec des captures qui dépassaient les

22 000 tonnes. Depuis, elles n'ont cessé de décroître et, en 1993, on en a pêché seulement 700 tonnes. La surexploitation et la dégradatiòn de l'habitat ont eu raison de ce poisson fragile. Malgré un moratoire et des repeuplements en poisson d'élevage, la construction de passes à poissons sur les barrages, les populations d'alose ne sont pas réapparues. Quelques pêcheurs à la ligne essaient de préserver la tradition de la pêche à l'alose. Sur la Dordogne, un suivi par une association de pêcheurs a permis de constater que moins de trois mille grandes aloses ont pu être capturées durant la saison de pêche de 2005. Il semble que le violon n'attire plus cette espèce autrefois si abondante dans nos rivières.

La survie de l'alose, du saumon, de la truite de mer, de l'anguille, de la lamproie et de nombreuses autres espèces, dites diadromes, nécessite de changer d'habitats entre des milieux aussi contrastés que le milieu marin et le milieu d'eau douce. Ces espèces sont certainement les premières à avoir connu très rapidement des diminutions d'abondance vertigineuses. Leur cycle biologique n'est pas compatible avec notre développement. Leurs habitudes de retour au bercail qui ont assuré pendant des millénaires leur survie les ont conduites à l'anéantissement.

Des migrations routinières

Les animaux sont parfois tellement prédictibles dans leurs déplacements qu'il suffit aux pêcheurs d'être là au bon moment pour les capturer avec une facilité parfois déconcertante. Le thon rouge, dénommé ainsi à cause de la couleur de sa chair, un voyageur des mers, fut pendant des siècles la seule espèce de thon à laquelle les pêcheurs portaient un intérêt. Bien avant la pêche à la morue, il fut très recherché des populations côtières, en Méditerranée notamment. Une fresque rupestre datée de 2 000 ans avant notre ère indique que cette espèce était prisée en Sicile. À l'époque romaine, la pêche au thon constituait une activité florissante et la ventrèche de thon rouge (la partie ventrale) atteignait déjà des prix records.

Au IVe siècle avant J. -C., Aristote bâtit une curieuse théorie migratoire selon laquelle les thons naissaient en mer Noire, puis entreprenaient une migration circumméditerranéenne et sortaient par le détroit de Gibraltar pour se nourrir en Atlantique. Il pensait que les thons rouges avaient la vue perçante à droite, ce qui expliquait pourquoi ils pénètrent au printemps dans la mer Noire en ayant la terre à leur côté droit !

Le thon rouge est un grand prédateur des mers, rapide, capable de faire des pointes à 70 kilomètres-heure et pouvant atteindre 3 mètres de long et plus de 650 kilos à l'âge de 40 ans. Il a gardé depuis l'Antiquité bien des secrets, malgré une exploitation séculaire. Plongeant à des profondeurs de 500 à 1 000 mètres en des temps records, il maintient sa température corporelle à une valeur stable même s'il fréquente des eaux dont les températures fluctuent de 3 à 30 °C.

Les thons rouges pondent en Méditerranée et dans le golfe du Mexique sans que l'on sache encore aujourd'hui s'il s'agit d'une ou de deux populations distinctes. Ils effectuent des migrations régulières de grande ampleur en Atlantique et en Méditerranée. Ils passent chaque année, toujours durant les mêmes périodes, en bordure des mêmes zones côtières. Dès l'Antiquité, cette grande constance dans leurs migrations fut mise à profit par les pêcheurs, qui installèrent près des côtes des pièges labyrinthiques, ou madragues, composés de grands filets ancrés dans lesquels le poisson migrant entre et ne ressort jamais.

Le terme « madrague » vient du grec *mandra* (« parc », « enceinte ») et du mot latin *aqua* (« eau »). Leur structure n'a pratiquement pas changé depuis le XVe siècle. Jean-Marc Fromentin, de l'Ifremer, a montré que les captures avaient connu des fluctuations séculaires avec des maxima de captures autour de 1635, 1760 et 1880, qui pouvaient être liées à des modifications des routes migratoires en réponse à des changements environnementaux[7].

Entre 1525 et 1570, trois madragues situées près du détroit de Gibraltar prenaient annuellement plus de 100 000 thons. En 1828, le naturaliste Sabin Berthelot (1794-1880) les décrit avec force détails[8]. Il fallait abattre les thons pris au piège des madragues avec de grands crocs en fer, entre 15 000 à 25 000 thons à chaque opération de pêche. La mer se couvrait de sang et devenait rouge vif lors de ces opérations. « Dès que la bande s'est engagée dans le corps de la madrague, ils relèvent la cloison mobile ou porte du filet qui en ferme l'entrée. Les thons cherchent alors toutes les issues pour s'échapper, mais à mesure qu'ils pénètrent dans les autres compartiments, les hommes de garde relèvent les portes mobiles. Lorsque le *raïs* [capitaine de pêche] estime qu'il y a dans la madrague un nombre suffisant de thons, deux cents ou trois cents par exemple, il les fait passer, en les effrayant, de chambre en chambre, jusque dans la dernière chambre dénommée *corpo* ou chambre de la mort, et qui est ensuite fermée comme les autres compartiments au moyen d'un filet mobile[9] », rapporte M. Bourges, inspecteur des pêches en Tunisie dans les années 1920. À la même époque, le long des côtes marocaines, deux énormes madragues étaient installées qui employaient plus de sept cents personnes. Au début du XXe siècle, les madragues capturaient en moyenne 15 000 tonnes par an. Leur efficacité n'a cessé de diminuer depuis, cédant leur place aux sennes tournantes et à la palangre, qui ont permis d'étendre considérablement les zones de pêche et d'accroître les captures.

La zone de pêche au thon rouge s'étend aujourd'hui à l'ensemble de la Méditerranée et de l'Atlantique nord. En dépit de la décroissance des captures officielles depuis 1996, les scientifiques de l'ICCAT estiment que les captures annuelles seraient en fait d'au moins 50 000 tonnes, alors que des prises durables devraient se situer en deçà de 15 000 tonnes, vu le bas niveau actuel de la population. À partir de 1997, les thons capturés vivants à la senne sont transférés dans des cages flottantes, véritables bateaux-piscines, et remorqués jusqu'à des cages ancrées à proximité de la côte où ils sont engraissés avec des petits poissons pélagiques. Ces thons d'embouche atteignent des prix deux fois supérieurs à ceux des thons sauvages auprès des importateurs japonais. La pression de pêche ne se porte plus seulement sur les gros individus, mais dorénavant aussi sur les petits.

Une respiration mortelle

Plusieurs facteurs ont biologiquement contribué au succès évolutif des grands cétacés dans le monde marin. Tout d'abord, leur taille impressionnante : la baleine bleue pèse 180 tonnes, vingt fois le poids d'un éléphant d'Afrique, plus que n'importe quel dinosaure ayant jamais vécu sur terre. Pour Daniel Pauly, elles ont pu devenir si grosses parce que la gravité est peu contraignante en milieu aquatique : on peut y devenir très grand et très gros et n'avoir aucun mal à se déplacer. Une baleine bleue peut aussi devenir dix fois plus grosse que le requin-baleine, le plus gros des poissons, parce qu'elle s'est affranchie du milieu marin pour respirer à l'air libre, qui contient trente fois plus d'oxygène que l'eau de mer pour un volume similaire.

Pour résoudre le problème de la respiration, les baleines possèdent une substance très concentrée appelée « myoglobine », qui les aide à stocker l'oxygène dans leurs muscles. Grâce à ce système, certaines baleines peuvent par exemple plonger à une profondeur de 500 mètres et nager sans avoir à remonter à la surface pendant quarante minutes. Contrairement aux autres mammifères terrestres, leurs narines sont placées sur leurs dos pour qu'elles puissent respirer aisément.

Les touristes sont ravis de voir les cétacés émerger régulièrement des profondeurs pour prendre des photos. Mais c'est précisément lorsqu'elles viennent respirer en surface que les pêcheurs les surprennent, et leur repérage est facilité par le fait qu'elles vivent en groupes.

Des marquages récents ont montré qu'elles sont capables de plonger à de grandes profondeurs pour s'alimenter. La baleine franche plonge à 150 mètres sur des concentrations de zooplancton, minuscules animalcules, qui sont sa proie favorite. Elle s'alimente pendant dix à quinze minutes puis refait surface, s'oxygène pendant environ cinq minutes pour retourner manger en profondeur. Les baleines à bosse coopèrent pour capturer des petits poissons qui se concentrent à quelques dizaines de mètres de profondeur. Elles ont une tactique de chasse bien particulière qui consiste à plonger en groupe en dessous des concentrations des poissons, à émettre des bulles d'air pour les effrayer et les pousser à se concentrer et à revenir à la surface. Il ne leur reste plus qu'à ouvrir grand leur bouche pour les avaler.

Le comportement social des baleines est très développé, notamment grâce à la propriété de l'eau de mer de conduire les sons sur des milliers de kilomètres. Leurs chants caractérisent les différentes espèces mais aussi les différents groupes, tout comme nos dialectes identifient de petits groupes d'humains isolés. Elles peuvent ainsi se reconnaître, communiquer, se retrouver et coopérer. La plupart d'entre elles migrent vers les hautes latitudes au printemps pour s'alimenter et vers les zones équatoriales en hiver pour se reproduire. Elles se dirigent en suivant le champ magnétique terrestre qui, s'il est perturbé, peut les amener à s'échouer. Les échouages sur les côtes semblent aussi parfois provoqués par les ondes des sonars utilisés par l'armée, qui altéreraient le système d'écholocation de la baleine. De même, le bruit des hélices dans l'eau perturbe le système auditif de certains individus. Ils deviennent sourds et se fracassent contre les bateaux, comme a pu l'observer le biologiste Michel André au large des côtes des Canaries[10].

Utilisant les chiffres des captures historiques, de la production en huile et de nombreuses autres sources de données, Line Christensen a tenté d'estimer la taille des stocks historiques de la moitié exploitée des cent quinze espèces de mammifères marins à l'aide de modèles [11]. La diminution depuis les années 1950 a été évaluée à 76 % en poids et de 22 % en nombre pour la totalité. Certaines espèces, comme les populations de baleines, se sont réduites dans d'importantes proportions, même si plusieurs espèces plus petites, comme les orques, ont peu varié historiquement. Le déclin est prononcé pour les grandes baleines, avec 64 % de décroissance en nombre et 81 % en poids. Dans l'Atlantique nord, Joe Roman et Stephen Palumbi ont calculé, sur la base de leur diversité génétique, que l'abondance de trois espèces (baleine à bosse, rorqual et baleine de Minke) était six à vingt fois plus élevée dans le passé [12].

Elizabeth Alter et ses collègues de l'université de Stanford ont eu une idée ingénieuse pour quantifier la taille des populations de baleines grises du Pacifique. En 2007, ces chercheurs ont prélevé de l'ADN sur les baleines [13]. Sur dix séquences, ils ont étudié la variabilité génétique des différents individus échantillonnés afin de quantifier la taille de la population originelle de baleines. Les résultats des analyses montrent que la variabilité observée ne peut être le fait que d'environ 76 000 à 118 000 individus. Une moyenne de 96 000 baleines grises devait donc fréquenter les côtes du Pacifique est et ouest avant leur exploitation par la pêche au XIXe siècle. Aujourd'hui, on en recense approximativement trois à cinq fois moins, soit 22 000 individus. Les populations actuelles sont clairement très surexploitées. Le taux de mortalité actuel induit par l'activité humaine est de l'ordre de 417 individus par an, dont 125 attribués aux aborigènes. Un chiffre encore trop important pour prétendre à un recouvrement des stocks. De plus, le changement climatique risque de réduire l'habitat et les facultés de recouvrement de ces espèces, les privant de ressources alimentaires. Les adultes sont efflanqués et les baleineaux meurent prématurément de faim.

L'exploitation des baleines n'est plus viable économiquement. Des substituts aux huiles et à la peau des baleines ont été trouvés. L'enjeu s'est déplacé. Une sensibilisation importante, via les médias et les environnementalistes, a changé notre perception des baleines, animaux intelligents et sociaux qui font partie de notre patrimoine et ne devraient être ni chassés ni mangés. L'industrie touristique liée à l'observation des baleines génère un milliard de chiffre d'affaires mondial. C'est la première activité impliquant des baleines qui soit enfin durable, même si certains estiment que leur seule observation peut les perturber et les stresser ! Il y a deux siècles, Lacépède (1756-1825) écrivait que « cette multitude de baleines disparaîtra cependant dans l'hémisphère austral, de même que dans le boréal. La plus grande des espèces s'éteindra comme tant d'autres [...]. Tout diminue et dépérit donc sur le globe. Quelle révolution en remontera les ressorts ? La nature n'est immortelle que dans son ensemble : et si l'art de l'homme embellit et ranime quelques-uns de ses ouvrages, combien d'autres qu'il dégrade, mutile et anéantit[14] ! ». Sa prédiction était exacte. Les discussions et marchandages au sein de la commission baleinière illustrent les tensions sans cesse renouvelées entre conservation et exploitation.

Un lourd handicap

Phoques et otaries ont colonisé les zones rocheuses littorales, qui constituent pour eux un habitat où ils peuvent se reposer et se reproduire, à l'abri des prédateurs marins... mais pas des hommes, qui les recherchent pour leur chair et leur peau. Les mâles phoques ou otaries sont de gros individus qui peuvent atteindre 90 à 270 kilos, beaucoup plus imposants que les femelles, qui pèsent entre 60 et 70 kilos. Les morses sont encore beaucoup plus gros : les mâles pèsent jusqu'à 1 200 kilos, contre seulement 800 kilos pour les femelles. Leurs tailles et leurs comportements les rendent très visibles et accessibles, non seulement à l'homme mais aussi aux requins, aux orques, aux ours blancs et aux autres prédateurs. Ces animaux se déplacent sur terre par reptation et sont particulièrement vulnérables à tout engin de capture. Enfin, leur mode de vie en colonies et en harems permet un abattage de masse.

La chasse commerciale des phoques, des otaries et des morses fut directement liée à celle des baleines. Elle débuta au XVIe siècle avec les campagnes lointaines d'exploitation des baleines, qui ont aussi fait découvrir les grandes populations d'otaries d'Amérique du Sud et d'Afrique, ou les morses du Svalbard. En réalité, dès cette époque, on avait hâte de faire disparaître ces « diables en fourrure d'hommes », que l'on ne devait toucher que du bout du harpon. Il a fallu attendre la fin du XVIIIe siècle et la découverte par Cook de la Géorgie du Sud et des énormes colonies d'otaries à fourrure et d'éléphants de mer pour que les phoquiers se lancent à la conquête de cette nouvelle ressource des îles subantarctiques. Au cours de la saison 1820-1821, les Américains et les Britanniques armèrent quarante-sept navires pour la chasse dans les Shetlands du Sud, conduisant en trois décennies les populations au bord de l'extinction. Les animaux de la côte ouest de l'Amérique ont été décimés pour alimenter les chercheurs d'or en huile et procurer au marché chinois des quantités considérables de peaux pour la fabrication de feutre.

Plus tard, des stations fixes d'exploitation d'autres pinnipèdes furent installées au Groenland, en Géorgie du Sud, à Saint-Jean de Terre-Neuve ou encore aux Kerguelen. Ce fut une hécatombe. Les ONG, en s'emparant d'un symbole – le bébé phoque du Groenland assommé à coups de gourdin sur une neige maculée de sang –, ont stoppé le massacre. Les images firent le tour de la planète et, en 1987, mirent un terme à une exploitation portée par une euphorie spéculative outrancière. Les chiffres donnés par Rémy Marion et Jean-Pierre Sylvestre résument l'ampleur de ces massacres : sur Mas Afuera, dans l'archipel Juan-Fernandez, au large du Chili, 600 000 otaries ont été tuées entre 1798 et 1807 ; 4 millions de blanchons à Terre-Neuve entre 1914 et 1946. Au large de l'Alaska, les îles Pribilof comptaient 2,5 millions d'otaries en 1867. Dès 1892, les effectifs tombèrent à moins de 1 million d'individus et, malgré une interdiction de pêche signée en 1893, la population tomba à 160 000 otaries en 1910. Plus de 3 millions d'otaries y ont été tuées entre 1912 et 1980 [15].

Dans quelques pêcheries, les stocks de mammifères marins sont aujourd'hui gérés comme des stocks de poissons. C'est le cas pour le phoque atlantique au Canada, dont près de 465 000 individus sont abattus chaque année depuis 1997, ce chiffre étant modulé en fonction de la production de jeunes. La situation mondiale des populations de phoques, otaries et morses est contrastée, et moins dramatique que celle de certaines espèces de baleines. Une étude récente de Line Christensen révèle que, pour les seize espèces exploitées, la diminution des stocks telle qu'elle peut être évaluée (c'est-à-dire depuis les premiers comptages scientifiques !) se situe entre 1 et 50 % des effectifs historiques [16].

Les pollutions à répétition par des hydrocarbures fragilisent aussi ces populations. Les PCB, des dérivés chimiques chlorés toxiques, ont des effets importants sur la stérilité et la résorption de l'embryon, entraînant des mortalités ou des naissances prématurées, ainsi que des déficiences immunitaires. Les concentrations en métaux lourds comme le cadmium, le plomb ou le chrome sont importantes, notamment dans les muscles et la graisse.

Les conflits entre les pinnipèdes et les pêcheurs sont innombrables, du fait d'une compétition pour les mêmes ressources halieutiques. Certaines populations de phoques ou d'otaries détruisent les élevages de saumons ou pillent des casiers à homards. La compétition la plus sensible est celle pour les « poissons fourrages », comme les sardines et les anchois, les poissons pélagiques ou les merlus. À l'échelle mondiale, les recouvrements spatiaux entre les pêcheurs et les mammifères marins sont cependant faibles. Les pêcheurs ont vraisemblablement remplacé les mammifères marins et leur rôle de principaux prédateurs des poissons dans de nombreux écosystèmes. Il n'y a que dans certaines zones, comme l'Afrique du Sud ou la Namibie, que les deux prédateurs sont en concurrence directe.

Les interactions avec les humains peuvent parfois prendre des chemins plus tortueux. Le phoque gris est ainsi l'hôte d'un ver parasite de la morue, ce qui induit un surcoût de 30 millions de dollars pour le nettoyage annuel des filets de poisson infectés par ce parasite peu attractif commercialement. Les habitats côtiers qui servent d'abris aux populations de pinnipèdes sont parfois en concurrence avec le développement touristique. C'est le cas sur les îles méditerranéennes, où les touristes accélèrent la fuite d'animaux qui ont besoin de plages et de calme pour se reproduire. Les pinnipèdes n'ont guère plus de place dans un environnement agressif, pollué et qui les repousse de plus en plus. La seule donnée favorable pour ces otaries et ces phoques est que leurs principaux prédateurs, comme le grand requin blanc, l'ours polaire, le chacal, le lion ou le puma sont eux aussi en difficulté.

La docilité bafouée

Une vache marine exterminée en vingt-sept ans

La nature n'est pas composée uniquement de prédateurs féroces qui poursuivent inlassablement leurs proies, comme dans les modèles théoriques des scientifiques. Les animaux sont parfois paisibles et doux. Buffon (1707-1788) écrivit quelques lignes dans son *Histoire naturelle des oiseaux* pour décrire un bien étrange animal : « Représentez-vous un corps massif et presque cubique, à peine soutenu par deux piliers très gros et très courts. Les premiers Hollandais qui le virent dans l'île Maurice, aujourd'hui l'île de France, l'appelèrent *walg-vogel*, oiseau de dégoût [...]. Il a des ailes, mais ses ailes sont trop courtes et trop faibles pour l'élancer dans les airs ; il a une queue, mais cette queue est disproportionnée et hors de sa place : on le prendrait pour une tortue qui se serait affublée de la dépouille d'un oiseau ; et la nature, en lui accordant ces ornements inutiles, semble avoir voulu ajouter l'embarras à la pesanteur, la gaucherie des mouvements à l'inertie de la masse, et rendre sa lourde épaisseur encore plus choquante, en faisant souvenir qu'il est un oiseau. » Incapable de voler, lent, disgracieux avec son bec de pélican et son corps de gros canard dodu, le vilain animal se nomme le dodo.

En 1770, Buffon ne savait pas que les naturalistes auraient bien du mal à examiner plus en détail cette créature insolite, car le dodo disparut de la surface de la terre durant les années 1735-1746. Des visiteurs indélicats l'avaient en effet recherché pour sa chair dès 1598. Absolument pas craintif, gentil, maladroit et incapable de voler, le dodo n'était pas armé pour affronter les navigateurs, ni les rats, les cochons et les chats qui furent importés dans les îles vers cette époque. Le dodo fut érigé en symbole de la perte de la biodiversité. On peut le voir reconstitué ou stylisé dans tous les musées d'histoire naturelle du monde, ou encore lire une conversation entre Alice et le dodo dans le roman de Lewis Carroll.

D'autres animaux marins n'ont pas eu ce privilège posthume, même s'ils partageaient la docilité et l'innocence du dodo. C'est le cas d'un mammifère marin qui fut identifié sous le nom de bellue marine de l'océan Oriental par les navigateurs du XVIIIe siècle, mot du vieux français signifiant « gros animal » ou « monstre marin ».

En 1741, le tsar de Russie chargea un explorateur danois, Vitus Bering, de conduire une expédition pour déterminer si la Sibérie et l'Alaska étaient ou non reliées entre elles. Bering découvrit durant l'expédition le fameux détroit séparant l'Asie de l'Amérique, qui porte aujourd'hui son nom. Un naufrage contraignit l'expédition à un hivernage forcé sur l'île Béring. Le chirurgien et naturaliste Georg Wilhelm Steller mit à profit cette retraite pour étudier des grands mammifères marins jusqu'alors inconnus. Il fit l'étrange découverte d'un animal monstrueux qui passait son temps à brouter les algues marines en troupeaux. Il lui donna pour cette raison le nom de « vache de mer », qu'il rapprocha des dugongs et lamantins, mammifères herbivores formant l'ordre des siréniens.

La vache de mer, ou rhytine de Steller, « ressemble aux phoques par sa région antérieure, et aux baleines et dauphins par sa région postérieure et sa queue[17] ». Elle mesurait entre 7 à 9 mètres de long et pesait jusqu'à 3 tonnes. Elle préférait longer les rivages pour se nourrir et on la trouvait à l'embouchure des fleuves et des rivières. L'homme pouvait s'en approcher facilement et sans crainte, elle était docile et n'avait aucun ennemi. Quand elle se nourrissait, elle maintenait la tête sous l'eau pendant quatre à cinq minutes et ne se souciait pas le moins du monde de sa sécurité ; elle nageait lentement, le dos émergé, puis après le repas, dormait sur le dos, le ventre en l'air. La proie rêvée. Dès que l'expédition Bering revint en Russie, la nouvelle de l'existence d'un mammifère marin aussi facile à chasser et dont on pouvait tirer autant de ressources attisa la convoitise. La vache de mer fut alors chassée et décimée sans pitié pour l'excellence de sa chair, son lard épais et goûteux, son huile, son lait et sa peau d'une solidité extraordinaire, qui servait à confectionner des embarcations légères. Le sort de l'animal était scellé.

Déjà, en 1762, un marchand russe du nom de Fédor Koulkov notait à propos d'îles reculées du Pacifique nord : « On y trouve des baleines, et plus rarement encore des vaches de mer[18]. » Lors de l'expédition astronomique et géographique en Asie septentrionale, de 1785 à 1794, Martin Sauer écrivait dans son récit de voyage : « Les vaches de mer étaient très nombreuses sur les côtes du Kamtchatka et les îles Aléoutiennes quand elles furent découvertes pour la première fois, mais le dernier spécimen de cette espèce a été tué en 1768 à l'île Béring, et personne n'en a jamais revu depuis[19]. »

Après sa découverte par Steller, il aura seulement suffi de vingt-sept ans pour que cette espèce soit officiellement exterminée. On imagine mal chasser aujourd'hui les vaches dans nos prairies, c'est pourtant ce qu'ont fait les explorateurs du XVIIIe siècle en tirant sur les vaches de mer. L'animal est toujours présent dans les traditions orales des habitants des îles du détroit de Béring. Il existe une légende vivace, entretenue par des écrivains comme Rudyard Kipling, selon laquelle l'animal se cacherait des hommes dans des zones refuges, un peu comme le monstre du loch Ness.

Un poisson débonnaire devenu produit de luxe

Les récifs coralliens sont peuplés de myriades de petits poissons multicolores. Le napoléon, également appelé labre géant ou *mara* en Polynésie, fait figure de géant avec ses 2 mètres de long et ses 200 kilos. C'est l'empereur incontesté des massifs de coraux. Il a une grosse bosse sur le front et ses couleurs évoluent tout au long de ses trente ans d'existence, passant du noir et blanc au vert pâle puis au bleu électrique. Muni d'une dentition solide, il croque mollusques, crustacés et échinodermes sans sourciller. « C'est le bison des récifs, un gros animal robuste et spectaculaire[20] », déclare Yvonne Sadovy, une écologiste tombée amoureuse de l'animal et qui tente de le sauver. Sa lenteur de développement en fait une espèce naturellement rare. Mais le napoléon a aussi un gros défaut, c'est un poisson débonnaire qui s'approche des plongeurs par curiosité. Or, ses mâchoires peuvent se vendre jusqu'à 40 000 euros et sa chair est très prisée en Asie du Sud-Est.

Après plusieurs années de mobilisation, l'espèce fut inscrite en 2004 sur les listes de la CITES. La législation est cependant confuse, les pêcheurs, collecteurs et exportateurs ne comprennent pas toujours les subtilités administratives liées aux annexes de la CITES, et la réglementation n'est pas diffusée dans les zones de production où existent des systèmes régionaux de gouvernance quasi autonomes. En 2005, première année de la mise en œuvre de cette réglementation, l'Indonésie permit l'exportation de 8 000 exemplaires. Officiellement, 5 320 poissons vivants furent exportés mais, dans le même temps, Hongkong en importa plus de 11 000.

Les napoléons sont souvent vendus directement à des navires venus de Hongkong, en contournant la législation en vigueur. Ils sont pêchés immatures pour les restaurants qui préfèrent les jeunes poissons tenant mieux dans les assiettes, de moins de un kilo, donc en dessous de la taille légale de pêche. Un kilo de napoléon se négocie entre 76 et 125 dollars en Indonésie. Une estimation faite auprès de dix revendeurs indonésiens montre que les exportations ont diminué, passant de 26,3 tonnes à 1,6 tonne entre 2001 et 2005. Les zones de pêche traditionnelles sont dévastées et les captures ont chuté de moitié dans les cinq à dix dernières années. Des campagnes de plongée en Indonésie indiquent que les densités moyennes seraient désormais de 3 à 4 poissons au kilomètre carré. Un marché très actif s'est développé entre les nombreuses îles indonésiennes et la Chine. Les contrôles restent difficiles et le napoléon jeune est souvent confondu avec d'autres espèces coralliennes. Dans un tel contexte, le marché noir n'est pas prêt de s'éteindre. Débonnaire, un peu trop gros par rapport aux autres et très prisé sur le marché asiatique, ce poisson figure actuellement sur la liste des dix espèces animales les plus menacées.

Des manchots en guise de bûches

Les manchots ont toujours constitué pour l'homme un gibier facile à capturer. Dès la fin du XVe siècle, les baleiniers et les phoquiers les ont capturés en grosses quantités pour alimenter les navires en viande fraîche, en œufs et en graisse. Incapables de voler, les manchots possèdent des ailes dédiées à la nage. Ces oiseaux massifs ont le corps recouvert de petites plumes très serrées de couleur blanche, orange et noire, comparables à des écailles, uniformes sur tout le corps. De ce fait, ils nagent aussi bien que les poissons dont ils se nourrissent.

Pendant la saison de reproduction, ils se rassemblent en immenses colonies. On les trouve en Amérique australe, sur les îles de l'Atlantique sud, les côtes de l'actuelle Afrique du Sud et de Namibie, dans le sud de l'Australie et en Nouvelle-Zélande. Les baleiniers les abattaient à coups de gourdin. Pigafetta, qui fut le chroniqueur du tour du monde de Magellan, relate en 1520 : « Depuis, toujours côtoyant cette terre vers le pôle Antarctique, nous trouvâmes deux îles pleines d'oies, d'oisons et de loups marins. On ne saurait estimer la grande quantité de ces oisons, car nous en chargeâmes tous les cinq navires en une heure. Ces oisons sont noirs et ont des plumes par tout le corps d'une même grandeur et façon, et ils ne volent point et vivent de poissons [21]. »

L'exploitation massive des manchots n'atteignit jamais celle des otaries à fourrure ou des éléphants de mer, mais elle fit néanmoins décliner les populations de façon importante. Avides de remplir leurs fûts d'huile de graisse d'éléphants de mer, masses paisibles et incapables de fuir, et empressés de revenir à leur port d'attache, les navigateurs du début du XIXe siècle utilisèrent les manchots comme combustible. Le charbon était lourd et encombrant, il fallait l'utiliser avec parcimonie. C'est pourquoi les baleiniers anglais et français qui stationnaient en Géorgie du Sud utilisèrent les oiseaux à peine assommés comme des bûches. « Ces pauvres animaux qui n'avaient rien à craindre autrefois que la voracité du chien antarctique, sont aujourd'hui mis en coupes réglées par les Européens qui relâchent aux Malouines[22] », témoigne Dumont d'Urville en 1848.

Plus tard, avec la raréfaction des éléphants de mer, les manchots ont fourni l'appoint des cargaisons d'huile exportées vers l'Europe. Sur l'île Macquarie, les manchots royaux et les gorfous de Schlegel (une des dix-huit espèces de manchots) étaient menés vers un digesteur comme des moutons. Rémy Marion relate que chaque année près de 150 000 gorfous étaient ainsi assommés et enfournés vivants[23]. L'affaire n'était pas lucrative, on ne produisait qu'une huile, qui se vendait 18 livres la tonne. Ce qu'il est difficile d'appeler une chasse quand il s'agit d'un animal aussi docile était sans risque. L'extermination prit fin en 1918 sous la pression de personnalités influentes, mais les populations étaient déjà au bord de l'extinction.

D'autres massacres à grande échelle eurent lieu un peu partout, là où les navigateurs jetaient l'ancre. Aux îles Falkland, 500 000 manchots furent tués pour produire 286 tonnes d'huile. Le manchot royal disparut à cette époque. La chasse aux otaries, active jusqu'en 1955, se pratiquait en incendiant la végétation pour concentrer les animaux, brûlant au passage les poussins des manchots de Magellan, incapables de fuir. La destruction des manchots par les hommes est, comme le note Rémy Marion, incroyablement imaginative : ramassage de 300 000 œufs par an en Afrique du Sud, vente de plumes, de peaux et d'œufs au Pérou ou encore utilisation des manchots comme appâts dans les casiers à langoustes[24].

En 1930, les Bretons et les Malgaches, envoyés en Afrique du Sud pour pêcher la langouste pour un armateur français ayant pignon sur rue au Havre, massacraient quatre cents gorfous par jour. Massacre inutile, justifié par des concepts écologiques fallacieux selon lesquels les oiseaux se nourrissaient de jeunes langoustes ! Les destructions massives se poursuivirent pendant de nombreuses décennies pour des produits aussi futiles que des chaussons en peau de manchot. On n'aura vraiment rien épargné à cette espèce docile qui, de nos jours, doit faire face à la pollution et au grignotage de son habitat côtier.

Le grand pingouin de l'Atlantique nord, qui fut chassé par les pêcheurs de morue dans l'Atlantique nord dès le début du XVIe siècle, ne connut pas le même sort que les manchots de l'hémisphère austral. Il fut rapidement conduit à l'extinction en raison de son incapacité à voler. Une des rares images de ce gros oiseau marin fut tracée sur les parois de la grotte Cosquer, à une époque où il fréquentait encore les côtes méditerranéennes.

Ailerons funestes

L'aileron du requin sillonnant la surface de l'océan est l'image centrale du film *Les Dents de la mer*. Il est devenu le symbole d'un danger mortel pour les baigneurs, mais devrait plutôt être celui de la menace qui pèse sur ces prédateurs.

Les requins sont apparus sur terre bien avant l'homme, il y a 350 millions d'années. Ils n'ont pour ainsi dire pas évolué pendant les 70 derniers millions d'années. Le plus terrible des requins préhistoriques fut sans doute le *Carcharocles megalodon*. Mesurant près de 15 mètres, il devait être capable d'avaler une vache en deux bouchées. Ses dents atteignaient 15 centimètres de hauteur. L'animal était aussi massif que le plus grand poisson actuel, le requin-baleine, mais sans avoir le même régime alimentaire puisque ce paisible requin ne se nourrit que de plancton.

La plupart des espèces contemporaines de requins, dont le nombre s'élève à plus de quatre cent soixante, ne sont plus aussi grosses, certaines ne mesurant même que quelques dizaines de centimètres. Ce sont des nageurs hors pair, qui possèdent presque tous une mâchoire redoutable avec des séries de dents leur permettant d'attraper poissons et calmars. Le cycle de développement des requins est extrêmement long comparé à celui des autres poissons, ils atteignent leur maturité sexuelle au bout de plusieurs années. Ils portent un ou plusieurs petits et leur gestation est de l'ordre de douze à vingt-quatre mois. Les requins du large ne sont généralement pas ciblés par la pêche mais plusieurs espèces forment une part importante des prises accessoires des thons, espadons et marlins qui sont capturés avec des palangres, des sennes tournantes ou bien encore des filets maillants dérivants.

On entend souvent dire que les requins ont toujours été les maîtres des océans. Mais étaient-ils si abondants, au point d'infester les mers, ou étaient-ils des prédateurs solitaires que l'on ne croisait que de temps en temps ? Pour répondre à ces questions, Julia Baum et Ransom Myers ont tenté d'évaluer leurs fluctuations d'abondance au cours des cinquante dernières années dans le golfe du Mexique[25]. Ils ont étudié différentes campagnes océanographiques et statistiques de pêche, notamment les prises par les palangriers, qui attrapent non seulement les thons mais aussi les requins et ont reconstitué, à l'aide de modèles,

les niveaux d'abondance des populations passées de dix espèces de requins. Les résultats sont surprenants. L'espèce la plus commune de requin aurait subi une réduction de 99,3 % de ses effectifs. Les autres espèces auraient diminué entre 90 % et 99 %. Pourtant, peu de personnes ont pris conscience de leur disparition, pas même les pêcheurs, qui ne les ciblaient pas vraiment. Mais le fait est là, les requins deviennent des espèces rares après avoir été des espèces abondantes dans les écosystèmes marins. Les pêcheurs eux-mêmes en viennent à oublier que les requins ont été les grands prédateurs des mers.

Avant 1937, en Californie comme ailleurs, on ne le pêchait guère. La chair était vendue sous forme de filet et les ailerons étaient déshydratés pour être exportés vers les marchés asiatiques où ils étaient broyés comme condiment dans les soupes. En 1937, les diététiciens découvrirent que le foie d'une espèce de requin *(Galeorhinus galeus)* était l'aliment connu le plus riche en vitamine A, recherchée tout particulièrement par des Américains soucieux de leur santé. La demande de foies de requins explosa. En quelques années, les prix atteignirent des sommets, passant de 50 à 1 000 dollars le requin. La pêcherie se développa avec célérité et même ceux qui n'avaient pas vraiment l'intention de le pêcher se mirent à le pourchasser. Au début on le pêcha avec des lignes appâtées, mais on s'aperçut bien vite que le recours aux filets maillants accroissait considérablement les rendements. En moins de deux années, on multiplia les captures par dix, avec jusqu'à six cents bateaux. En 1944, la pêcherie californienne s'effondra et les pêcheurs durent se tourner vers d'autres activités ou d'autres espèces. La manne avait été épuisée en moins de dix années. Ce fut un des très rares exemples de pêche au requin au sens propre du terme.

Il est très difficile d'obtenir des statistiques de pêche fiables concernant les sélaciens, car ils sont la plupart du temps capturés avec d'autres espèces. Souvent pêchés de manière indirecte par les lignes appâtées et les immenses filets dérivants des navires hauturiers, ils sont appréciés dans les pays asiatiques pour leur chair, pour l'huile de leur foie et surtout pour leurs ailerons, dont la demande explose. Entre 30 et 52 millions de requins seraient tués chaque année, soit 1,7 million de tonnes. La soupe à l'aileron de requin est un mets prestigieux qui était consommé dans le sud de la Chine avant les années 1980, et maintenant dans tout le pays. Le marché hongkongais des ailerons de requin représente 50 % du marché mondial. Les prix s'envolent, de 60 à 100 dollars le kilo, et même 700 dollars le kilo pour des espèces rares.

Le *finning* est une pratique barbare qui consiste à couper les ailerons du requin et à rejeter l'animal encore vivant pour le laisser agoniser dans l'océan. Triste fin pour le grand prédateur. Au Sénégal, il était fréquent dans les années 1980 de voir des dizaines de requins pêchés à la ligne ou au filet maillant entassés sur les plages, les nageoires coupées et séchant au soleil. Les pêcheurs prélevaient les ailerons et jetaient le reste de l'animal. Aujourd'hui il est difficile d'échantillonner des requins sur les plages sénégalaises, car ils sont devenus très rares dans ce pays.

Les États-Unis ont interdit le *finning* dans leurs eaux territoriales en 2000. L'Europe leur a emboîté le pas en 2003, pour tous les navires dans toutes les zones de pêche. Seule une réglementation imposant le chargement du corps entier sur le bateau aurait permis de limiter cette pratique, mais plusieurs pays européens, dont la France et l'Espagne, y ont opposé leur veto. Plus récemment, la Polynésie française a interdit la pêche des requins, à l'exclusion du requin mako qui est employé dans la cuisine traditionnelle. Mais la fraude bat son plein, comme souvent quand les interdictions touchent des marchés en pleine expansion. En août 2002, 15 tonnes d'ailerons ont été saisies sur le *King Diamond II* dans les eaux d'Hawaï, ce qui représente le massacre de 18 000 requins dans une zone géographique réduite.

Le grand requin blanc est une espèce protégée en danger d'extinction. Récemment, on a découvert chez un seul revendeur asiatique américain vingt et un ailerons de cette espèce extrêmement rare. Des études génétiques ont démontré qu'il existe un marché parfaitement illégal d'ailerons de grand blanc, échappant à toutes les statistiques. Cette activité marchande pour des produits de grande valeur est particulièrement organisée et lucrative à Hongkong.

Leurs captures sont largement sous-estimées pour le Pacifique centre et sud, où l'on évaluait les prises à environ 84 000 tonnes en 1989. Ainsi, pour l'espèce la plus pêchée – le requin bleu –, les captures par les flottilles hauturières s'élevaient à 6,5 millions d'individus. Avec le moratoire sur les filets maillants dérivants, on aurait pu s'attendre que ces prises accessoires diminuent de façon substantielle. Mais une évaluation faite quelques années plus tard montrait que, pour l'ensemble du Pacifique, les captures se situaient entre 283 000 et 470 000 tonnes. Stephen J. Hall, dans son livre sur la dynamique des écosystèmes, note avec une pointe d'ironie que les captures accidentelles pour la pêcherie à la senne tournante ont augmenté parce que les pêcheurs, sous la pression des environnementalistes, cherchent à éviter les prises accidentelles de dauphins et concentrent leur effort de pêche sur les dispositifs de concentration de poissons où les requins sont plus abondants[26].

En Europe, les principaux pays « producteurs » sont l'Espagne, qui en a déclaré 51 000 tonnes en 2004 (sur un total européen de 114 000 tonnes), la France (21 600 tonnes), le Royaume-Uni (16 000 tonnes) et le Portugal (12 000 tonnes). L'Union européenne est un acteur important dans le commerce international des requins et sa participation au marché mondial des ailerons de Hongkong est en augmentation. La France a sa part de responsabilité dans ce gâchis de la biodiversité marine. Les requins les plus consommés sont la petite roussette, l'aiguillat commun, l'émissolle et le requin-taupe, que l'on continue à pêcher à l'île d'Yeu. Sur l'étal des poissonniers, les trois premières espèces apparaissent sous le terme de saumonette, et la quatrième sous le nom de veau de mer, tâchant de faire oublier qu'il s'agit bien de requin.

Des experts comme Bernard Séret, de l'IRD, estiment que le nombre de requins pêchés en Europe a diminué de 66 % en quelques décennies. Mais dans son dernier rapport sur la situation mondiale des pêches et de l'aquaculture, la FAO s'inquiète du fait que plus de la moitié des stocks de requins grands migrateurs sont surexploités[27].

Des changements de sexe ignorés par la pêche

Nemo, le petit poisson-clown héros du film de Walt Disney, est attachant. Espiègle et vif, il a une façon bien à lui de nager au milieu des anémones de mer qui lui servent de maison. Il existe cependant un aspect de la biologie du poisson clown qui n'a pas été détaillé dans le film mais qui a son importance dans la vie de l'animal. Ce joli petit poisson du genre des amphiprions est en effet capable de changer de sexe en réponse à la structure du groupe.

Les clowns vivent en bande, avec à leur tête un mâle et une femelle dominants. Ils se trouvent à la tête du groupe constitué de petits poissons-clowns asexués et qui le resteront tant que le couple dominant se maintiendra en bonne santé. La femelle, plus grande, est la protectrice du groupe et repousse violemment tout intrus. Dans un groupe, le mâle dominant adulte a la capacité de se transformer en femelle pour assurer la relève au cas où celle-ci viendrait à mourir, l'inverse n'étant cependant pas possible. Avec ce ballet sexuel, il semble que la nature parvienne à s'adapter aux aléas de l'environnement. On peut néanmoins se demander si la pêche ne risque pas de troubler ce mystérieux mécanisme biologique, si parfaitement ordonné.

Chez la plupart des vertébrés, un individu naît mâle ou femelle pour la vie. Pour les poissons, le sexe est souvent une affaire compliquée. Même si de nombreuses espèces de poissons ne changent pas de sexe au cours de leur vie (on dit qu'elles sont gonochoriques), il existe de nombreuses espèces hermaphrodites qui, elles, sont capables d'en changer, comme le poisson-clown. On parle alors d'« hermaphrodisme fonctionnel successif protandre » : le jeune est mâle puis devient femelle en vieillissant. La dorade, le sar, le marbré ou le poisson-clown en sont quelques exemples. L'inverse est appelé « hermaphrodisme fonctionnel successif protérogyne » : le jeune adulte est femelle puis devient mâle en vieillissant. C'est le cas du mérou, du saupe et de l'anthias. Chez le pagre, petit poisson fréquent sur nos côtes méditerranéennes, la proportion de mâles passe de 20 % à quatre ans à plus de 80 % dès sept ans. Il existe l'hermaphrodisme simultané, où le poisson peut jouer simultanément le rôle de mâle et de femelle, comme chez le serran. Tout se complique pour d'autres espèces, où le sexe peut être déterminé par la température de l'eau, comme pour le bar, ou par la densité de population mâle, comme pour le barbier.

Les pêcheries industrielles, artisanales ou récréatives ciblent les plus gros poissons, poussées en cela par les consommateurs et par la réglementation, qui instaure des tailles minimales afin de laisser les petits poissons devenir grands. Mais l'exploitation des gros individus peut conduire à une surpêche du potentiel reproducteur, les gros poissons étant toujours plus féconds par unité de poids que les petits. La pêche systématique des individus de grande taille contribue ainsi à une baisse de productivité des populations. Ces arguments sont classiquement utilisés par les dynamiciens des populations pour évoquer les problèmes de régénération de stock. Cependant, le changement de sexe lié à la taille des poissons n'est pour ainsi dire jamais présenté comme un argument pouvant jouer un rôle important dans la dynamique des stocks exploités.

La limitation due au nombre de mâles est, semble-t-il, très rare dans le milieu marin, et elle paraît avoir peu d'impact. Finalement, la nature peut se passer de la plupart des mâles : quelques-uns suffisent pour un grand nombre de femelles. Il semble en outre que les femelles puissent se transformer en mâles quand ceux-ci disparaissent. La nature ferait donc bien les choses en s'adaptant et en rétablissant un sex-ratio viable.

La prise en compte de la plasticité sexuelle de certains poissons dans l'évaluation de l'impact de la pêche est récente. Michelle Davis, de l'université de Virginie, a été la première à explorer cette question[28]. Elle a tenté de savoir si la surexploitation dans les pêcheries affectait réellement la proportion des deux sexes dans les populations, et comment l'aménagement des pêches, et tout particulièrement les réglementations sur les tailles, influent sur la dynamique des populations. Elle a travaillé sur les côtes sud-est des États-Unis, là où plusieurs poissons de récifs sont surexploités, notamment des espèces de mérous et de sars qui sont structurées en harems, un mâle veillant sur plusieurs femelles.

Michelle Davis a d'abord vérifié que les captures sont surtout dirigées sur les individus plus âgés, les mâles. Ce biais se reflète dans les populations résiduelles, où les gros mâles sont très peu représentés. Ensuite elle a construit un modèle mathématique qui prend en compte la structure en taille et le sexe des individus pêchés. Elle a ainsi montré que le sex-ratio était fortement affecté par la pêche et que les captures pouvaient être optimisées en installant des quotas ou des limites de taille qui permettent aux mâles de s'échapper. Le déséquilibre induit par la pêche pourrait provoquer des problèmes insolubles de recherche de partenaires !

Pour l'instant, il ne s'agit que de modèles et de présomptions, mais le phénomène mérite assurément d'être étudié de plus près. Au Sénégal par exemple, le mérou est très prisé et surexploité puisque, en une vingtaine d'années, l'abondance a diminué de plus de 80 %. Les captures visaient principalement des gros poissons de 80 centimètres à 1 mètre de long. Or, aujourd'hui, les poissons pêchés ne dépassent pas quelques dizaines de centimètres. Une absence cruelle d'études scientifiques ne permet pas de savoir si cette espèce se raréfie uniquement du fait de la surpêche ou aussi à cause de l'absence de mâles. La science halieutique n'a pas encore inventé la surexploitation sexuelle des populations marines, mais elle pourrait être, à l'avenir, surprise par l'ampleur de la question. Le problème est peut-être encore plus inquiétant qu'il n'y paraît quand on sait que, pour certaines espèces, un réchauffement des eaux de 0,5 °C favorise la production d'individus soit tous mâles, soit tous femelles...

Des poissons à croissance trop lente

Vivre vite et mourir jeune est le lot de la plupart des animaux d'élevage sélectionnés génétiquement pour leur croissance rapide. La nature n'a pas retenu ce caractère pour tous les poissons. Même si la plupart vivent seulement quelques années ou dizaines d'années, il y a des espèces qui croissent lentement et vivent longtemps dans des endroits très reculés des océans. Ce sont elles que la pêche globale est en train de détruire.

Jusqu'au début du XXe siècle, on croyait que les grandes profondeurs océaniques étaient vides de toute vie. Aucun être vivant ne pouvait survivre au-delà de 600 mètres de profondeur dans le froid et l'obscurité et à des pressions de vingt à cent fois supérieures à celle de la surface. C'est du moins ce que croyait le naturaliste britannique du XIXe siècle Edward Forbes, fondateur de la théorie de la zone azoïque, fondée sur le fait que les prélèvements effectués de plus en plus profondément, jusqu'à 238 mètres, avaient ramené de moins en moins d'organismes marins. Plus on allait en profondeur, plus le milieu se désertifiait. Il déclara en 1841 qu'au-delà de 550 mètres s'étend le « nulle part » océanique, un immense enfer liquide aussi désert que l'espace intersidéral. Sa théorie s'est peu à peu effritée au fur et à mesure que des preuves contradictoires ont été apportées. En 1951, par exemple, le navire océanographique *La Galathea* effectua des prélèvements jusqu'à 10 000 mètres et ramena à son bord des invertébrés et des sédiments contenant des bactéries.

En réalité, la vie abonde dans les océans à toutes les profondeurs, et les grands fonds, au-delà de 2 000 mètres, sont peuplés d'espèces très différentes de celles des eaux superficielles. Des sous-marins légers ont permis à partir des années 1970 d'observer directement le milieu et d'y découvrir des créatures encore jamais vues. En 1977, le sous-marin *Alvin* trouve des espèces animales nouvelles, des mollusques bivalves inconnus près de sources hydrothermales. La vie marine des profondeurs devient une réalité. Pas moins de huit cents espèces (gastéropodes, copépodes, crustacés, annélides...) vivant dans les abysses sont aujourd'hui décrites.

Cette diversité insoupçonnée a rapidement attiré les pêcheurs confrontés à la surexploitation des zones côtières et hauturières. Le chalutage de fond, entre 500 et 1 500 mètres de profondeur en haute mer, est pratiqué depuis les années 1970. Pêcher toujours plus loin, toujours plus profond, aux alentours de 1 000 ou 2 000 mètres, est devenu aujourd'hui monnaie courante. Les espèces commercialisées sont nouvelles et les consommateurs ont pu avoir quelques surprises en découvrant le grenadier, à la physionomie proche des dragons du théâtre japonais, le sabre, semblable à une lame, ou l'empereur, aux yeux énormes et au corps allongé. Ces poissons sont exempts de pollution et très pauvres en matières grasses, donc attractifs ; ils sont vendus en filets pour ne pas effrayer le consommateur.

Le milieu des abysses est inhospitalier ; les eaux sont froides (2 °C environ), la pression est énorme, atteignant 1 tonne par centimètre carré à 10 000 mètres, et l'absence de lumière empêche toute photosynthèse. Les fonds rocheux ou sédimentaires possèdent des faunes sessiles comme les colonies de corail blanc, dont les structures sont parfois vieilles de centaines à plusieurs milliers d'années. De plus, la nourriture est rare : elle provient d'une pluie fine de matières organiques produites à la surface et qui tombent lentement dans les grands fonds.

Dans ces écosystèmes, les espèces grandissent toujours lentement, très lentement. Elles possèdent une grande longévité associée à une croissance faible, une maturité tardive et une fécondité limitée. Les poissons des eaux superficielles vivent au plus une trentaine d'années, mais si l'on descend à plus de 500 mètres de profondeur, ils vivent souvent entre 50 et plus de 100 ans. La longévité de l'empereur a été estimée à 125 années et sa maturité sexuelle intervient à l'âge de 30 ans. La longévité du grenadier ou des requins profonds tourne autour de 60 ans.

Pascal Lorance, de l'Ifremer, a calculé qu'une abondance de 5 000 tonnes de ces espèces représentait un potentiel pour la pêche de seulement 50 à 100 tonnes par an, dans une perspective de gestion à long terme [29]. Une approche précautionneuse est donc absolument nécessaire. Telmo Morato, un jeune chercheur portugais, et ses collègues du Centre des pêches de Vancouver, ont montré que la profondeur moyenne d'exploitation des ressources marines est passée mondialement de 103 mètres dans les années 1950 à 145 mètres en 2001 [30]. Si l'on considère maintenant les seuls poissons de fond, on est passé de 150 mètres à plus de 250 mètres de profondeur.

Ces chiffres sont inquiétants à plus d'un titre. D'une part, ils illustrent le fait que les pêcheries ont aujourd'hui exploré les dernières zones refuges des poissons qui vivent le long des côtes. Elles sont donc amenées à s'attaquer aux profondeurs des océans. Cette stratégie n'est pas une stratégie de diversification de l'exploitation des ressources marines, mais résulte de la surexploitation des ressources côtières. C'est ainsi que deux ports français, Lorient et Boulogne, se sont tournés vers la pêche profonde faute d'autres ressources disponibles.

Ce type de pêche n'est pas durable, en dépit des déclarations rassurantes de ses protagonistes. L'exploitation des empereurs est très profitable et les rendements élevés observés au début ont provoqué un développement rapide des pêcheries et un effondrement précipité des ressources. Dans la partie sud-ouest de l'océan Indien, plus de quarante navires ont surpêché l'empereur en moins de trois ans, avant que de quelconques négociations qui auraient permis une gestion précautionneuse de cette ressource n'aient eu le temps de s'organiser. Dans l'Atlantique nord-est, les quotas ont été illusoires, trop tardifs, et les pêcheries se sont déplacées d'une zone de pêche à l'autre, migrant de l'ouest de l'Écosse à l'ouest de l'Irlande et extirpant les ressources en trois à cinq ans d'exploitation.

De nombreux stocks sont aujourd'hui à des niveaux d'abondance de moins de 30 %, voire 10 %, de leur niveau avant l'exploitation. Il faudra entre vingt à quarante ans pour connaître leur capacité à récupérer, si toutefois ils récupèrent. Quand les évaluations de stocks existent, comme pour le grenadier ou la lingue bleue, la situation se révèle catastrophique. Dans l'Atlantique nord, plusieurs espèces de poissons peu exploitées il y a trente ans ont décliné de 87 à 98 % entre 1978 et 1994. Pour d'autres espèces, comme le sabre noir ou les requins, la confusion règne puisqu'il n'y a pas de statistiques. L'arrêt des pêcheries est de toute façon programmé : on parle dans ce cas-là d'extinction commerciale de l'espèce. La destruction des habitats sensibles comme les coraux d'eau froide est elle aussi souvent entamée.

L'hémisphère sud n'est en rien épargné ; l'océan Austral attire lui aussi les convoitises. L'exemple de la légine *(Dissostichus eleginoides)* montre bien que cette espèce est devenue une sorte de supermarché pour flottilles internationales. Vivant dans les courants froids et profonds de l'océan Austral, entre 100 et 2 500 mètres, elle peut atteindre 215 centimètres pour un poids de 80 kilos et a une durée de vie de plus de trente-cinq années. La pêche à la légine est une conséquence directe de la surpêche au niveau mondial ; son histoire est édifiante.

La pêcherie de légines du plateau des îles Kerguelen, des îles françaises isolées dans l'océan Austral, a démarré dans les années 1970, avec notamment la présence des flottes soviétiques avant la création en 1978 de la zone économique exclusive. Mais les Soviétiques ne possédant pas alors les ressources technologiques suffisantes pour pêcher en eaux profondes, la légine fut épargnée. Il fallut attendre un changement complet des méthodes de pêche dans les années 1990 pour que cette pêcherie se développe rapidement. Le chalutage sur ces grands fonds était délicat et réduit à de petites zones, sans croche qui abîme si souvent les engins de pêche. Les lignes de fond appâtées (ou palangres) ont été adoptées après avoir été testées en 1990-1991 à Kerguelen.

Le marché international s'est montré très tôt extrêmement intéressé par cette ressource et cette technique de pêche. Voyant leur contrat avec les États-Unis pour la pêche à la morue noire (*sablefish* ou *black cod*) se terminer en Alaska, les palangriers japonais ont recherché d'autres zones où des espèces équivalentes, possédant une chair un peu grasse, pouvaient être capturées. La légine exploitée au large du Chili fut rapidement identifiée comme un formidable produit de substitution et prit ainsi une très grande valeur commerciale sur le marché international. Comme elle commença à être surexploitée dans cette zone, les pêcheurs jetèrent leur dévolu sur la Géorgie Sud dans le secteur Atlantique et sur le plateau des Kerguelen dans le sud de l'océan Indien. Bien qu'étant sous réglementation internationale dans le cadre de la Commission pour la conservation de la faune et de la flore marines de l'Antarctique (CCAMLR, *Commission for the Conservation of Antarctic Marine Living Ressources*), ces zones éloignées étaient peu contrôlées et les pêcheries illégales s'y développèrent avec une grande rapidité dans les années 1990.

Les flottilles de palangriers sud-américains, les flottes nordiques et de nombreux braconniers de toutes nationalités y furent très actifs à la fin des années 1990. Pour le seul secteur indien de l'océan Austral, Guy Duhamel, du Muséum d'histoire naturelle de Paris, a calculé que les captures officielles de légines sont d'un peu plus de 10 000 tonnes, mais que les palangriers illégaux ou incontrôlés capturent certaines années 40 000 tonnes. La France, l'Afrique du Sud et l'Australie, concernées par ce pillage, ont pris des mesures de renforcement de la surveillance. De 1997 à 2001, la France a arraisonné vingt-trois palangriers pris en flagrant délit de pêche illicite. La liste de ces bateaux illégaux est longue, tel ce bateau espagnol battant pavillon des Honduras arraisonné en juillet 2004 avec 60 tonnes de légines à son bord. Mais les parades ne manquent pas : les navires peuvent passer sous pavillon de complaisance ; les moyens de détection des bateaux de pêche sont mis à profit pour échapper aux arraisonnements ; les débarquements des légines sont faits dans des ports de complaisance sous des noms d'emprunt et les déclarations des captures sont falsifiées, ce qui permet de dissimuler la provenance des produits de la pêche.

Les mesures se sont durcies récemment et l'obligation a été faite aux bateaux (légaux) d'avoir un système automatique de contrôle de position par satellite (VMS) pour s'assurer du respect des limites de captures ou de restriction des zones de pêche. Mais seuls les membres contractants des commissions internationales sont contraints de l'appliquer. Cela n'a pas empêché qu'en 2002 les rendements des pêches ont diminué des deux tiers par rapport à 1994. Comme Guy Duhamel, on ne peut qu'être sceptique quant au devenir des stocks de légines et des ressources marines de l'océan Austral.

En 1976, Colin Clark, chercheur en mathématiques à l'université de Colombie Britannique (Canada), démontrait que toutes les espèces marines à reproduction lente comme la légine, la morue, l'empereur, le thon rouge, le marlin ou les requins, seront considérées par le marché comme des ressources non renouvelables[31]. L'exploitant a toujours intérêt à surexploiter une ressource rapidement et à réinvestir ailleurs. En d'autres termes, les valeurs écologiques à long terme ne peuvent pas être protégées par le marché.

Une mauvaise réputation

Les créatures marines ne sont pas toutes aussi fragiles que celles présentées dans ce chapitre. Certaines sont extrêmement robustes, ou considérées comme telles. Elles semblent avoir développé des traits de vie qui leur permettent d'échapper au superprédateur. C'est le cas de l'anguille européenne, longtemps détestée, au point qu'elle aurait pu figurer sur la liste nationale des animaux susceptibles d'être classés comme nuisibles, à côté du mulot et autres campagnol, lapin de garenne, taupe, sanglier, corbeau, corneille, étourneau, pie, pigeon ramier, limace, escargot, acariens, araignées rouges, mille-pattes, etc.

À l'exception notable des Égyptiens, qui les avaient élevées au rang des dieux et les décoraient de bijoux, les anguilles ont toujours été mal aimées et pourchassées car omniprésentes et indestructibles. À l'aspect de serpent, au corps visqueux et glissant, capable de manger à peu près n'importe quoi, cette espèce est souvent considérée comme rebutante. Dans *Les Halieutiques*, Oppien relate un mode de pêche original qui illustre la boulimie des anguilles. Des intestins de brebis étaient utilisés par les enfants qui les jetaient dans l'onde et attendaient que les anguilles les consomment. Quand elles en avaient avalé suffisamment, l'enfant gonflait le boyau, ce qui avait pour effet de faire remonter les anguilles à la surface de l'eau. La capture était alors aisée...

Alexandre Dumas ne cache pas sa répugnance pour cet animal qui a, selon lui, les mêmes inclinaisons que le serpent à mordre parfois cruellement. Elle a aussi la mauvaise réputation de survivre à tout ou presque et possède la résistance des animaux impossibles à éliminer. Elle peut vivre hors de l'eau pendant plusieurs heures. Il faut la tirer dans la vase des étangs à coups de fusil pour arriver à la débusquer, et lorsqu'on la coupe en plusieurs tronçons, elle continue de bouger comme si une force surnaturelle l'animait.

Sa reproduction est aussi des plus intrigantes. Pline, par exemple, dit que chez les anguilles il n'y a ni mâle ni femelle et que, quand elles viennent à se frotter contre les rochers, les raclures qui se détachent de leurs corps s'animent peu à peu et deviennent autant de petites anguilles.

Voilà bien des légendes concernant un poisson qui a lui aussi été décimé. Les pêcheurs de rivière l'ont pourchassé pendant des décennies. Jugée trop abondante et omniprésente, puisqu'on la trouve aussi bien dans les étangs du littoral que dans les lacs, les rivières ou encore les fontaines et les marais de plusieurs continents, l'anguille n'a cessé d'être poursuivie. Durant tout le XXe siècle, on a délivré des permis spéciaux pour l'exterminer.

L'anguille est en réalité un animal fascinant, fragile et doux. Pour l'immobiliser à sa sortie de l'eau, il suffit de l'étendre encore gigotante sur l'herbe et de caresser doucement sa ligne latérale avec le doigt. Elle s'apaisera rapidement et sera plongée dans une douce torpeur. Son cycle biologique est un des plus mystérieux, tant par sa durée de vie, jusqu'à vingt-cinq ans, que par sa complexité, puisqu'elle est capable de vivre en eau douce et en eau de mer. Elle revêt une multitude d'apparences : dans la phase marine larvaire, elle prend la forme de leptocéphale et de civelle transparente ; pendant la période de transition mer-continent, elle se transforme en civelle blanche ; puis, lors d'un long séjour dans les eaux continentales, elle devient anguille jaune puis argentée.

La présence de jeunes larves dans la mer des Sargasses a permis de conclure que les anguilles se reproduisent dans cette seule zone. Elles pondaient certainement à proximité des côtes, il y a de cela fort longtemps, et avec la dérive des continents elles ont conservé les mêmes lieux de reproduction, qui se sont éloignés et se trouvent aujourd'hui à des milliers de kilomètres. Ces larves se déplacent alors avec l'aide du Gulf Stream durant plus d'un an en irriguant les côtes européennes et africaines, de la mer de Barents (72° N) aux côtes mauritaniennes (30° N). Arrivées près des côtes, elles se métamorphosent en civelles, fines larves de poissons transparentes de quelques centimètres de long. Arrivée dans les eaux douces, la civelle se transforme en aiguillette et passe alors quelque cinq à dix ans à s'alimenter et à subir des transformations physiologiques profondes.

Il n'y a pas si longtemps, l'anguille était considérée comme une espèce commune, robuste et peu vulnérable. Mais, exploitées à tous les stades de leur cycle biologique, les populations d'anguilles européennes sont sur le déclin, voire en voie d'extinction. Tout s'accumule : la surpêche, le braconnage (par la pêche des civelles au moyen de nasses barrant tout le cours d'eau), les aménagements des cours d'eau entravant la dévalaison des anguilles, le déficit en eau des rivières, les pollutions urbaines et industrielles croissantes. Comme un malheur ne vient jamais seul, l'introduction récente d'un petit parasite, l'anguillicolose *(Anguillicola crassus)* fait craindre pour le futur de l'espèce.

Anguillicola est un ver nématode, parasite de l'anguille japonaise à laquelle il ne cause que peu de mal, mais qui provoque des lésions graves au niveau de la vessie natatoire de l'espèce européenne, un organe essentiel au cours de la migration en grande profondeur vers l'aire de ponte. Ce parasite a été introduit en Europe avec l'importation d'anguilles japonaises au début des années 1980, tout d'abord en Allemagne et en Italie puis, quelques années plus tard, en Camargue. Dès 1995, il a été signalé en Afrique du Nord, où il s'est rapidement répandu. Le ver est dorénavant présent aux États-Unis et au Canada.

Depuis 1996, la Commission internationale pour l'exploitation de la mer (CIEM) considère que les populations d'anguille européenne sont en dehors de leurs limites de sécurité biologique, une façon de dire qu'elles sont dangereusement surexploitées. L'espèce a été inscrite le 11 juin 2007 sur la liste CITES, son commerce peut alors être interdit complètement dans les cas extrêmes ou, dans d'autres situations, autorisé uniquement si les exportateurs sont en mesure de certifier que l'espèce a été récoltée légalement et que son commerce ne nuira pas à sa survie à l'état sauvage.

Simultanément l'Union européenne a adopté un plan de reconstitution de ses stocks. En 2009, 35 % des civelles capturées devront ainsi être revendues en Europe pour repeupler les rivières, un chiffre qui augmentera progressivement pour atteindre 60 % en 2013. On espère que les mesures prises seront à la hauteur de ces objectifs quand on sait que le déclin du stock d'anguilles a atteint en moyenne 95 à 99 % depuis 1980 et que la demande internationale est des plus vives, avec des prix dépassant 1 000 euros le kilo sur le marché asiatique.

6

LA QUESTION CRUCIALE DE LA GESTION DE LA RESSOURCE

Le partage de la mer

La question de savoir à qui appartient l'océan s'est posée dès le début des explorations maritimes. Elle conditionne l'accès aux ressources naturelles. Le premier livre de droit maritime a été publié en 1609 par le Hollandais Hugo Grotius, ou Huig de Groot (1583-1645). Ce génie précoce, entré à l'université de Leyde à onze ans et ayant obtenu son doctorat à l'université d'Orléans à quinze ans, jeta les bases du droit international. Dans son ouvrage *Mare Liberum* (« Mer libre »), il postule que les États ne peuvent pas prétendre être propriétaires des océans et que la mer est un lieu de passage et de commerce ouvert à tous. Grotius fournit ainsi une justification idéologique au monopole qu'exerçait alors la puissance maritime hollandaise. À cette époque, les Anglais avaient bien tenté d'imposer à travers l'ouvrage *Mare Clausum* (« Mer fermée ») de John Selden une conception reposant sur la force, réservant la mer à l'État le plus puissant. Mais les intérêts de plusieurs pays avides de se constituer des empires coloniaux eurent raison de ce régime de mer fermée. L'ordonnance royale signée par Louis XIV en 1681 affichait ce grand principe de liberté et d'action sur les océans en l'appliquant à la pêche : « Déclarons la pêche libre et commune à tous nos sujets auxquels nous autorisons de faire, tant en mer que sur les grèves. » Aujourd'hui encore, le principe de liberté prévaut en haute mer : pour la navigation, la pêche, la recherche scientifique, le survol, le fait de poser des câbles et des pipe-lines sous-marins, et même de construire des îles artificielles.

Ce principe a autorisé les conquêtes européennes à l'échelle du globe. Mais il a aussi scellé le sort des ressources marines, les condamnant à plus ou moins long terme à la destruction à partir du moment où elles sont à la fois limitées et en accès libre. C'est du moins la théorie de Garrett Hardin, un écologiste américain, qu'il présenta dans un célèbre article paru dans la revue *Science* en 1968 sous le titre de « Tragédie des communs ». Il y a, selon lui, un conflit inéluctable entre les intérêts individuels et le bien commun, qui ne peut que conduire à la destruction des ressources marines. La rationalité individuelle pousse en effet à exploiter le plus possible la ressource commune et laisse à la communauté les coûts et la maintenance de l'aménagement. Tous les utilisateurs de la ressource font de même, ce qui finalement ruine la ressource.

Hardin prend comme exemple un village d'éleveurs, où chacun peut faire paître ses animaux dans un pré n'appartenant à personne en particulier. L'usage du pré étant gratuit et sans contrainte et les éleveurs tirant revenu de leur bétail, l'intérêt de chacun d'entre eux est donc de conduire ses animaux au pré le plus souvent et le plus longtemps possible. Inévitablement, le pré se transforme en champ de boue ou en paillasson. C'est exactement la même chose pour l'exploitation de ressources halieutiques, chaque pêcheur en compétition avec les autres a intérêt à attraper le plus grand nombre possible de poissons, sinon ce sont les autres qui les captureront. Le jeu commence par des guerres coloniales, comme on l'a vu pour le hareng ou la morue, et il se termine par la dégradation généralisée des ressources, voire leur destruction.

La tragédie des communs décrit nos comportements individuels, la façon dont nous réagissons en tant qu'individus rationnels, préoccupés avant tout par nos gains et pertes personnels. C'est aussi une théorie de la société qui montre que le contrôle des pêcheries doit discipliner les dynamiques individuelles, que ce soit par obligation ou par consentement volontaire. Afin d'éviter que la ressource soit détruite, la propriété commune doit être privatisée ou bien l'aménagement doit être pris en charge par l'État ou par une autre autorité disposant d'un pouvoir de sanction. Lorsque le monde est devenu fini, que les flottilles se sont multipliées et que les ressources ont commencé à s'épuiser, les États ont été conduits à revoir les fondements du droit maritime. En effet, la mer libre de Grotius portait en germe une menace. Pour empêcher la tragédie des communs, il a fallu à la fois s'approprier l'espace marin et son contenu, mais aussi changer le comportement des pêcheurs.

Dans les années 1980, les problèmes de surexploitation ont changé d'échelle et ont commencé à se poser de manière globale. La protection de l'environnement planétaire étant perçue désormais comme une priorité, on a commencé à admettre qu'il fallait parfois pouvoir prévenir les risques dans l'urgence, sans forcément attendre que les scientifiques aient le temps d'apporter une expertise approfondie. C'est pour répondre à ce type de situation que le principe de précaution a été institué et consacré dans de nombreuses conventions internationales. Il permet de prévenir le risque d'éventuels dommages graves et irréversibles dans un contexte d'incertitude, alors même que ce risque n'est pas avéré. Ce principe de précaution a été invoqué pour le développement durable des pêches, il a été entériné lors de la conférence de Rio en 1992 et repris par la FAO en 1995 lors de l'élaboration du Code de conduite pour une pêche responsable.

Édité dans de nombreuses langues, le Code de conduite de la FAO définit des principes et des normes internationales du comportement des pêcheurs pour garantir des pratiques responsables en vue d'assurer effectivement la conservation, la gestion et le développement des ressources aquatiques, dans le respect des écosystèmes et de la biodiversité. Il vise au fond à donner une éthique aux pêcheries.

Les grands principes n'étant toutefois pas suffisants, il fallait aussi que le problème de l'appropriation des ressources trouve une issue. Le dossier était brûlant, car l'appropriation de la zone côtière, que ce soit pour l'exploration, l'exploitation ou la conservation des ressources naturelles, aiguisait depuis longtemps les appétits. L'affirmation de la force militaire comme critère de définition de la souveraineté de l'État avait déterminé le choix de la bande des 3 milles marins (5,6 kilomètres) selon le principe *usque ad arma ruant*, c'est-à-dire sur la base de la portée des canons côtiers de l'époque. Mais de là à tout bousculer, c'était une tout autre affaire. En matière de tracé géographique, on sait combien la prudence est de rigueur. Même si les canons avaient progressivement acquis une portée plus grande, le problème était délicat. Le progrès des techniques militaires, de la pêche hauturière, des exploitations minières et pétrolières offshore, ainsi que les risques croissants pour l'environnement multipliaient les occasions de revendications territoriales sur les mers, souvent concurrentes, et les restrictions unilatérales de droits de navigation et de pêche. L'aggravation des conflits conduisit la communauté internationale à rechercher un régime commun en adaptant la doctrine de la liberté des mers afin de résoudre les tensions entre les États.

Après la Seconde Guerre mondiale, les esprits étaient prêts à se partager les océans. Le sujet fut abordé à de grandes conférences internationales sur le droit de la mer. On a vu précédemment que c'est le président Truman qui le premier en avait lancé l'idée. La conférence de Genève en 1958 définit la mer territoriale, qui est la partie de mer côtière sur laquelle s'étend la souveraineté d'un État côtier. Sa largeur maximale est fixée à 12 milles marins et permet aux pêcheries nationales d'opérer sur la frange littorale. La notion de ZEE (zone économique exclusive) trouve son fondement juridique dans la Convention des Nations unies sur le droit de la mer, dite de Montego Bay, signée le 10 décembre 1982. Dans son article 57, il est mentionné que la zone économique exclusive ne s'étend pas au-delà de 200 milles marins des lignes de base à partir desquelles est mesurée la largeur de la mer territoriale. Avec ce découpage, la France, quand on tient compte de tous ses territoires d'Outre-mer, vient au second rang des pays après les États-Unis pour la surface de sa ZEE, qui dépasse les 11 millions de kilomètres carrés.

En fait, les mers ne peuvent pas toujours être partagées selon cette règle pour des problèmes géostratégiques. En Méditerranée, par exemple, très peu d'États ont créé une ZEE, car si tous le faisaient, tout point de la Méditerranée serait sous juridiction d'un État. Certains toutefois ont créé des zones où ils exercent une partie des droits (droits de pêche, par exemple) ou des engagements (protection de l'environnement notamment) attachés aux ZEE. C'est le cas de la France, qui a créé en 2004 une zone de protection écologique. Mais dans de nombreuses zones méditerranéennes, n'importe quelle flottille de pêche peut venir pêcher au-delà des 12 milles.

On aurait pu croire, bien sûr, que ce partage des ressources allait être en mesure de résoudre bien des problèmes. Avec la création des ZEE et l'appropriation des ressources, les États devenaient pleinement responsables de la gestion et de la conservation de *leurs* ressources marines. L'histoire de la gestion de la morue à Terre-Neuve a montré que si l'appropriation du domaine côtier a résolu certains problèmes liés à l'exploitation minière ou à la navigation, la surexploitation des ressources n'a pas pour autant été endiguée, comme on a pu le voir précédemment dans le chapitre premier. Ni le Code de conduite des pêches responsables ni la ZEE n'ont pu sauver la morue du désastre.

Le grand marchandage des pêcheries européennes

La politique des pêches de l'Union européenne éclaire de manière très spécifique les difficultés propres à la gouvernance des pêches. On voit en effet que ce qui pourrait être considéré comme une mer communautaire, ou une mer commune dans un périmètre limité *(Mare communis)*, reste en fait totalement sous l'emprise de politiques nationales, ces dernières étant bien souvent en concurrence, voire en conflit. Autrement dit, même à l'intérieur d'une sphère supranationale comme l'Union européenne, l'instauration d'une politique durable des pêches se heurte à la question épineuse de l'appropriation de la ressource. Chaque pays défend avant tout ses intérêts. C'est ainsi que les administrations et les pouvoirs politiques français et espagnol sont plus que d'autres au service de la corporation des pêcheurs, comme le souligne Christian Lequesne [1] – même s'il faut reconnaître que les Espagnols, pour qui les enjeux de la pêche sont énormes, défendent avec ténacité leurs acquis halieutiques. D'autres préfèrent le camp des poissons, comme certains pays de l'Europe du Nord. Mais les choses sont complexes. L'Union européenne est un peu comme un kaléidoscope : si on prend du recul et qu'on la considère comme une entité à part entière, on voit qu'elle exporte sa capacité de pêche le long des côtes africaines et de celles de l'océan Indien, au détriment parfois des populations et des ressources locales, exactement comme le ferait n'importe quelle nation. De même, lors des négociations menées au sein des organisations régionales de pêche (ORP), l'Union européenne est le bras armé des intérêts parfois divergents des États qui la composent. Dans ces conditions, il est donc erroné d'imaginer que l'instauration d'une politique durable des pêches est dévolue en priorité à la Commission européenne, comme on est naturellement tenté de le faire en France compte tenu de l'inaction des pouvoirs publics en faveur de la conservation des ressources marines. Le problème reste entier.

L'Union européenne est un acteur mondial important au niveau des produits de la pêche, avec ses 260 000 pêcheurs à plein-temps ou à temps partiel, sa flotte de plus de 97 000 navires et son million d'emplois à terre dans les filières halieutiques et les services. La politique commune de la pêche (PCP) est inscrite à l'agenda de l'Union européenne depuis 1970. Entre 1970 et 1982, il y a eu une prise de conscience progressive de la nécessité d'une politique commune de la pêche pour l'ensemble des ressortissants européens. Les droits de pêche dans les eaux des États membres sont précisés en même temps que la modernisation de la commercialisation des produits de la pêche est lancée. Ce n'est qu'à partir de 1983, avec la création de l'Europe bleue, que des objectifs communautaires de conservation et de gestion des ressources halieutiques, et notamment la limitation de la surexploitation, sont pris en compte, avec la fixation à partir de 1992 de quantités maximales de poissons pouvant être capturées, les fameux TAC (totaux autorisés de capture). Des programmes d'orientation pluriannuels, dénommés POP, se succèdent, visant à rendre l'industrie de la pêche communautaire viable à long terme en diminuant la puissance des flottilles européennes ; cependant, leur incidence marginale sur les capacités de pêche excédentaires ne règle aucunement les problèmes.

Une réforme de la PCP, en décembre 2002, entend alors mieux concilier la gestion durable de la ressource et les impératifs socio-économiques. Elle se résume en des actions fortes en matière de gestion : maintien des fondamentaux en matière d'accès au-delà des 200 milles pour les flottes internationales et à l'intérieur des 12 milles pour les flottes nationales, l'accès entre les deux étant réservé aux flottes européennes. Trois décisions importantes sont également prises : la fin des aides à la construction des navires neufs (mais pas à leur moteur, dont l'achat est encore subventionné), le remplacement des plans d'orientation par des plans régionaux intégrés, le renforcement des contrôles par les États membres. Les conditions réglementaires d'accès mais aussi de gestion de ressources se durcissent.

Des plans de reconstitution des stocks-clés de l'Atlantique nord sont proposés, par exemple pour le cabillaud, la sole, le merlu ou la langoustine, qui sont surexploités, sans inversion de tendance notable. L'aménagement se révèle très complexe étant donné les multiples catégories d'engins, le caractère multispécifique fréquent de ces exploitations, le nombre de pays concernés et un équilibre entre les pêcheurs pratiquement impossible à trouver. On tente de sortir des bateaux des flottes, des bateaux comme les chalutiers à perche sont ainsi détruits avec des aides publiques, mais rien dans la réglementation n'empêche les armateurs d'utiliser les primes reçues pour en acheter de nouveaux.

Le secteur de la pêche est pour les commissaires européens un secteur à haut risque politique. Généralement, on ne s'y attire que les foudres et bien peu de popularité. La Direction générale de la pêche est placée sous la responsabilité d'un commissaire qui a d'autres attributions et dont la formation est souvent très éloignée de la gestion des ressources naturelles. Emma Bonino a ainsi cumulé pêche, aide humanitaire et protection des consommateurs entre 1995 et 1999 ; Franz Fischler est responsable de l'agriculture et de la pêche. Comme le souligne Christian Lequesne[2], rares sont ceux qui ont une expérience préalable dans le milieu de la pêche avant d'accéder à leur fonction européenne et les problèmes qu'ils ont à traiter sont peu capitalisables en matière d'image et de carrière nationale. Quel homme politique, en Espagne ou en France, oserait écorner l'image du pêcheur bravant l'hostilité des mers pour la sécurité alimentaire et malmené par la bureaucratie européenne ? Ce cliché tenace empêche tout changement dans notre pays. La proximité entre les États et les pêcheurs est une contrainte qu'il faut gérer avec doigté et habileté. Nos hommes politiques excellent souvent en la matière, mais les Français le paient au prix fort.

Les commissaires des pêches européens évitent les conflits ouverts pour des raisons politiques et utilisent la rationalité scientifique comme bien-fondé des mesures restrictives et de conservation. Investis d'une mission de conservation, les fonctionnaires de la Direction générale de la pêche valident le plus souvent les avis des comités scientifiques, tout en sachant que les ministres et fonctionnaires nationaux modifieront les propositions dans un sens jugé plus favorable à court terme aux pêcheurs nationaux. Le marchandage se fait généralement à la marge. Ainsi, on admet le principe fondateur de la stabilité relative, qui reconnaît à chaque État une proportion fixée du TAC établi pour chaque espèce et chaque stock sur des principes d'antériorité historique de captures des flottes nationales. Les stocks de poissons peuvent fluctuer pour diverses raisons, mais chacun défend ce qu'il a durement négocié les années précédentes.

La PCP devient le lieu du compromis politique entre les gouvernements et les acteurs sociaux, au lieu d'un espace de définition des objectifs à long terme d'une gestion durable des ressources naturelles. « La PCP démontre que l'Union européenne n'a pas permis à l'expertise de prendre le pas sur la politique et sur les hommes politiques. Le maintien de la paix sociale dans les ports prime sur l'avenir des stocks de poissons[3] », comme le souligne Christian Lequesne dans *L'Europe bleue*.

Le contrôle de la pêche reste donc une compétence nationale et, si en théorie la Commission européenne peut exercer un contrôle effectif de la mise en œuvre des réglementations, dans la pratique elle reste une affaire bien gardée des États qui, comme c'est le cas de la France, tolèrent les fraudes avec une complaisance impressionnante. La nature corporatiste et centralisée de la relation entre l'État français et les pêcheurs, comme la définit Christian Lequesne, se mesure à la faiblesse des amendes administratives, dont les montants sont dérisoires par rapport aux bénéfices escomptés. La gestion récente des ressources du golfe de Gascogne illustre aussi le naufrage de demi-mesures parfois carrément ignorées, qui n'ont pour résultat ultime que de déplaire à tous et d'entamer un peu plus des ressources marines déjà surexploitées, tout en ponctionnant le contribuable.

La France à l'amende

Dans le golfe de Gascogne, un nombre considérable de mesures de conservation ont été prises dès 1970. Des cantonnements ont été proposés entre 1970 et 1977, en même temps que les premiers TAC, pour vingt-cinq stocks, dont le merlu, la langoustine, la sole, l'anchois. Des programmes de réduction de l'effort de pêche et des tailles de maille ont été mis en place. Les suppressions des aides, les primes à la réduction des capacités et les mesures d'urgence se succèdent. Cette longue liste de réglementations et d'obligations plus ou moins opérationnelles, difficiles à gérer et à contrôler, laisse les pêcheurs et parfois même les administrateurs naviguer dans un brouillard épais, comme le rappelle Christian Lequesne. Le peu d'efficacité de ces mesures est consternant. Un cantonnement sur la grande vasière est fait pour sauvegarder les juvéniles de merlu en 1973. Il s'avère mal placé, peu respecté et devient en fait un outil de négociation, et non un outil efficace de conservation. De nouvelles propositions sont faites en 1996-1997 mais s'avèrent sans effet. Les TAC qui fixent les limites supérieures des prises dans le golfe de Gascogne sont fixés à des niveaux relativement hauts, de façon à ne pas être contraignants pour les pêcheurs lorsqu'ils sont mis en place, puisque 70 % des stocks échappent à tout quota. Le TAC du merlu a été accru de 122 % entre 2001 et 2005, alors que le stock ne cessait de diminuer ! En 1997, 80 % des merlus capturés étaient des juvéniles (souvent des poissons hors taille) qui n'avaient pas participé au renouvellement du stock. Les négociations autour de ces captures admissibles vont bon train et chaque année on essaie de maintenir les chiffres aussi haut que possible. La profession se réjouit et les politiques défendent les positions durement acquises les années précédentes. Les journaux professionnels et la presse locale titrent : « TAC et quotas 1995 : les Français plutôt satisfaits », « 1997 : la France satisfaite », « 2001, la baisse, mais moins que prévue : les baisses de TAC demandées par la Commission, en particulier sur le merlu et le cabillaud, ont été adoucies par le Conseil des ministres européens de la Pêche ». Bien évidemment, les choses ne s'arrangent pas avec le temps, on lit en 2003 : « Plus de hausses que de baisses : ce devait être la catastrophe, ce sera mi-figue mi-raisin »...

Ces quotas excessifs, qui ont été arrachés par les politiciens de certains pays au prix de subtils échanges et tractations, sont par ailleurs le plus souvent très mal respectés. En 2002 et 2003, alors que les quotas pour les langoustines commencent à se faire contraignants, ils ne sont tout simplement plus respectés. Même chose pour l'anchois en 2000 et 2001, la baudroie en 2003, le merlu en 2001, 2002 et 2003, la sole en 2002. La diminution du nombre de navires a été prise en compte par les divers plans de restructuration : entre 1990 et 2002, les effectifs de navires de pêche diminuent, passant de 4 000 navires à moins de 2 500. Mais cette baisse dissimule une autre réalité, comme on l'a vu dans le chapitre IV : les jauges et les puissances moyennes des bateaux croissent de plus de 65 % entre 1984 et 2004. De même, le kilométrage moyen de filet levé par jour de pêche est passé de 0,5 à 1,5 entre 1986 et 1997.

Les diverses subventions à l'investissement n'ont fait qu'amplifier cette augmentation de la puissance de pêche : bonifications d'intérêts, détaxation du carburant, aides fiscales permanentes ou transitoires, incitations à l'accroissement des capacités et de l'activité des flottilles. Si le chiffre d'affaires des bateaux ne s'est jamais aussi bien porté, les résultats de toutes ces politiques de gestion en termes de conservation ne sont pas à la hauteur des attentes. Aujourd'hui, vingt-huit des principaux stocks du golfe de Gascogne sur trente-quatre sont en mauvais, voire en très mauvais état. La tendance à la baisse des captures se confirme et, entre 1990 et 2003, les débarquements sont passés de 200 000 à 140 000 tonnes.

La France n'est pas un modèle en matière de contrôle de la réglementation des pêches. Depuis bientôt trente ans, la Commission de Bruxelles lance des rappels à l'ordre à l'encontre de notre pays en raison de la capture de poissons sous taille dans le golfe de Gascogne. L'affaire est allée jusqu'à la Cour de justice européenne qui, dans un arrêt du 12 juillet 2005, a infligé à la France une amende de 20 millions d'euros, assortie d'une astreinte de 57,7 millions d'euros. Elle a en effet estimé que le laxisme des autorités de contrôle, les Affaires maritimes, va à l'encontre des objectifs européens de conservation des ressources halieutiques. La pêcherie de merlu du golfe de Gascogne était cette fois directement visée et le comportement était jugé « particulièrement grave et persistant ».

La France a protesté et contesté en vain le bien-fondé de l'amende. Dominique Bussereau, qui était alors ministre, a été contraint de recommander aux préfets de région, aux préfets maritimes et aux responsables d'administration « d'employer de façon plus efficace les moyens de l'État et de les orienter vers la recherche des trafics organisés de pêche illégale[4] ». Sont visés en priorité les droits d'accès, les instruments de pêche et les captures, avec une attention particulière portée à leur taille. Pour que les contrôles ne provoquent toutefois pas de drames et de conflits avec les pêcheurs les plus récalcitrants, une charte très mesurée encadre les interventions des autorités. Aucun résultat de cette nouvelle politique n'a encore été communiqué, la direction des pêches et le cabinet ayant refusé à ce jour de livrer la moindre information !

Les pays du Sud vidés de leurs ressources

Le traité de Maastricht demande à l'Union européenne de tout mettre en œuvre pour que les relations entre pays développés et pays en développement permettent de réduire la pauvreté et de promouvoir un développement durable. Un objectif assurément très louable ! Les pays ACP (Afrique, Caraïbes et Pacifique) voient dans ces relations privilégiées la réponse à une attente légitime qui permettrait aux futures pêcheries d'être gérées avec l'aide de l'Union européenne. Du côté européen, la vision est très différente. Il ne faut pas que cela se traduise par des pertes de revenus des pêcheurs européens et une augmentation des importations, des coûts de coopération et du chômage dans le secteur de la pêche. Ces craintes, fondées ou non, changent les modes de mise en œuvre de la collaboration entre l'Union européenne et les pays du Sud en matière de pêche.

À la fin des années 1980, pas moins de quatorze accords sont négociés avec des pays tiers comme le Canada, la Guinée-Bissau, la

Finlande, les Seychelles... En 1996, l'Union européenne a déboursé quelque 229 millions de dollars pour accéder à des zones de pêche africaines, au profit des flottilles françaises, espagnoles, italiennes et portugaises. Elle négocie à cette période des accords avec quatorze pays africains, ce qui lui permet de générer un niveau de capture de 240 000 tonnes par an et d'employer 38 840 personnes, dont 13 440 pêcheurs à bord de 800 navires de pêche. Des compensations financières sont versées en échange des accords de pêche, qui couvrent les deux tiers ou plus des frais de licences. C'est de fait une subvention aux propriétaires des bateaux européens.

Dans la convention de Montego Bay, il est spécifié que les droits de pêche dans la ZEE peuvent être vendus à l'Union européenne quand il y a des surplus biologiques inexploités par le pays. Or, le nombre d'accords de pêche ne fait que s'accroître avec la surexploitation. En 2000, on en dénombre vingt-cinq. Certains concernent la capture d'une seule espèce, comme le thon, ou bien l'accès aux ressources côtières dans une zone de pêche. Parfois, ils ne concernent qu'une espèce et une nation, comme le poulpe très convoité des côtes marocaines et réservé aux navires espagnols. Les accords avec le Nord (Islande, Norvège et Groenland) concernent surtout Danois, Allemands et Britanniques, alors que ceux avec le Sud concernent plus particulièrement les pêcheurs espagnols et français.

Il n'y a souvent aucune cohérence entre les politiques européennes, les principes du traité de Maastricht et la convention de Lomé. Ces deux instruments prônent, en effet, une coopération renforcée avec les pays du Sud en matière de gestion des ressources renouvelables, par le développement de leur économie et de leur capacité à gérer et à exploiter les ressources renouvelables marines. Or, les accords signés avec l'Europe ont pour seul objectif d'accéder aux ressources ouest-africaines et de sécuriser les emplois des compagnies européennes, tout en assurant la sécurité alimentaire en produits marins pour l'Europe déficitaire.

À partir de 1996, les accords se négocient sur des bases de quatre à cinq années ; en échange, l'Europe s'engage à augmenter les compensations financières de ces droits d'accès. Cette négociation reste cependant purement financière, rien n'est fait pour le développement de la coopération ni pour élaborer une stratégie commune de conservation de la ressource. On paie juste un peu plus cher pour obtenir un peu plus de sécurité à long terme. Certains fonds sont théoriquement dédiés au développement de programmes de recherche ou de formation et au développement des pêcheries artisanales. Mais dans les faits, bien peu de ces fonds parviennent à leur destination finale.

En juin 2002, Dakar accueillait un symposium international pour faire le bilan de plus de cinquante années d'exploitation et de gestion des ressources marines en Afrique de l'Ouest. L'objectif de ce symposium, qui regroupait plus de cent cinquante spécialistes, chercheurs, gestionnaires, professionnels et organisations non gouvernementales, était d'apprécier les tendances passées et de proposer des orientations en matière de gestion. Tous s'accordèrent pour établir le constat inquiétant d'une surexploitation des principales ressources dans la région. Cette situation était mal vécue par la plupart des pêcheurs artisans, peu représentés dans leur grande diversité et dont le nombre a triplé en moins de vingt ans. Fruit du hasard, au moment même où les participants du symposium établissaient ce constat et recommandaient une forte réduction de la pression de pêche, le gouvernement sénégalais signait le renouvellement d'un accord de pêche avec l'Union européenne pour quatre années. « Comment ne pas s'interroger sur un tel décalage entre les connaissances acquises sur la situation et ses dangers et cette décision publique de gestion[5] ? » s'indignait Pierre Chavance, de l'IRD, un des scientifiques organisateurs de la réunion. Le mal était fait. Il restait aux scientifiques à en mesurer les dégâts.

Les accords signés par l'Europe entre 1995 et 2007 avec la Guinée-Bissau, un des pays les plus pauvres d'Afrique, ont été suivis d'un déclin marqué des captures, une faible rétribution des droits de pêche et un accroissement démesuré de l'effort de pêche. L'Union européenne est la principale utilisatrice des ressources de Guinée-Bissau, qui ne peut se passer de ces accords financiers représentant 30 % des recettes budgétaires nationales. Ce pays n'ayant pas les moyens de contrôle suffisants, les flottes européennes et asiatiques se sont emparées à moindres frais des ressources nationales. Une analyse fine des supports financiers européens, faite par Vlad Kaczynski et David Fluharty, deux chercheurs américains, montre que les financements dédiés aux programmes de surveillance par l'Europe économisent plus de 50 % des frais qu'elle aurait dû débourser lors de la formalisation des accords[6]. Il n'y a pas de contrôle de limite des captures – c'est l'Europe qui décide du nombre de navires qui seront envoyés afin d'exploiter les eaux côtières –, pas d'amélioration des statistiques de pêche ni de collecte d'informations des activités de pêche indispensables à une gestion. Cela ressemble à un pillage en règle.

Les accords avec le Maroc relèvent de la même stratégie. Le 7 avril 2006, les vingt-cinq pays de l'Union européenne obtiennent des licences de pêche au large du Maroc après plus de sept ans d'âpres discussions et de pressions politiques. Cette région d'upwelling est particulièrement riche en poissons et en poulpes. Pendant quatre ans, quelque cent dix-neuf chalutiers européens vont donc pêcher dans les eaux marocaines pour une compensation financière de 36 millions d'euros par an. L'Espagne obtient la plus grosse part, soit 80 % des licences de pêche sur un total de cent dix-neuf autorisations. La flotte espagnole est performante, moderne, et elle bénéficie de subventions généreuses et d'une grande capacité financière.

Le secteur de la pêche artisanale marocaine devra faire avec ces nouveaux arrivants. Elle est la source de 450 000 emplois et fait vivre plus de 2,5 millions de personnes, en produisant presque 900 000 tonnes de poissons exploitées par 2 500 petits navires. Selon l'ancien ministre de la Pêche marocain, Thami Khyari, le Maroc a perdu depuis le premier accord de pêche en 1988 plus de 60 000 emplois et ses ressources halieutiques ont été entamées. Quand on sait que les captures ne seront pas débarquées au Maroc, que les contrôles seront des plus difficiles à organiser et que le Maroc a le potentiel nécessaire pour assurer l'exploitation de ses propres ressources halieutiques et résorber une partie de son important chômage, on mesure l'impact des conséquences économiques et sociales pour ce pays. En Mauritanie, le nombre de pêcheurs de poulpes est passé de 5 000 en 1996 à environ 1 800 en 2001 à cause de la compétition avec les flottes étrangères et de la baisse d'abondance.

À moins que des changements significatifs ne se produisent dans la politique des pêches européennes, les accords avec les pays du Sud ne peuvent déboucher sur une gestion à long terme des ressources marines. Le département des pêches de l'Union européenne (DG XIV, appelé désormais DG Fish) est responsable de ces négociations et on peut regretter qu'aucune considération sur la diminution de la pauvreté ou la sauvegarde des ressources ne soit véritablement inscrite sur les agendas, si ce n'est de façon anecdotique. Ce type d'accord de pêche doit être dénoncé au même titre que ceux entre la Chine et le Liberia, qui permettent d'exploiter sans état d'âme des ressources qui ne sont ni suivies ni gérées. Un changement d'attitude est nécessaire de la part de la Commission européenne, mais aussi des pays partenaires. Les États africains devraient développer une approche coordonnée pour négocier avec les pays européens ou étrangers.

Les ressources hauturières à la découpe

Tout ce qui se trouve au-delà de la ZEE et qui constitue la mer libre représente aujourd'hui 64 % de la surface des océans. Les thons et tous les poissons qui nagent au-delà des 200 milles relèvent donc d'un cadre international de gestion, et plus précisément des organisations régionales des pêches (ORP). Leur mission est de faciliter la coopération internationale en matière de conservation et de gestion des stocks de poissons de haute mer. Il y en a quarante, parmi lesquelles la Commission générale des pêches pour la Méditerranée (CGPM), la Commission des thons de l'océan Indien (CTOI), la Commission interaméricaine du thon tropical (CITTC), la Commission internationale pour la conservation des thonidés de l'Atlantique (CICTA, plus connue sous son acronyme anglais ICCAT), la Commission des pêches de l'Atlantique nord-est (CPANE) ou encore l'Organisation des pêches de l'Atlantique nord-ouest (NAFO). Excepté la CGPM qui ne possède qu'un rôle consultatif, ces ORP fonctionnent comme des « fusées à deux étages » : un premier étage scientifique, dont le comité élabore l'avis sur l'état des stocks et propose des recommandations de gestion, et un second étage politique, qui, sur la base de l'avis scientifique, décide des politiques de gestion devant être mises en place par les États membres. Le problème est que l'étage du bas est découplé de l'étage du haut et donc que la fusée ne fonctionne pas.

Le manque d'initiative des ORP et leur incapacité à freiner le déclin des stocks sont dénoncés par la FAO elle-même, qui continue néanmoins de miser sur elles pour avancer sur le chemin de la pêche durable : « L'absence d'engagement politique de la part des membres de certaines de ces organisations et les positions réfractaires qui édulcorent la gestion rationnelle de la pêche régionale (par exemple, l'insistance à vouloir prendre des décisions sur la base d'un consensus et les dispositions d'option de refus et/ou d'objection en ce qui concerne les mesures de gestion) ont contrecarré, sinon bloqué, les efforts déployés par certaines de ces organisations pour s'attaquer aux problèmes de la conservation et de la gestion. Ces positions entravent l'action des organisations régionales de gestion des pêches, alors que les critiques dont elles font l'objet devraient plutôt être adressées à leurs membres. » La FAO pointe aussi dans son rapport 2006 « la sophistication croissante de la pêche illicite » et « l'utilisation continue et qui se généralise de pavillons de non-observation et de ports de complaisance[7] ».

Tous ces freins et toutes ces entraves se retrouvent au sein de la Commission des thons pour l'océan Indien (CTOI), qui fait partie des quatre ORP chargées de gérer les ressources thonières. Tous les grands pays pêcheurs sont représentés au sein de la CTOI. Pour Francis Marsac, spécialiste de la dynamique de population des thons à l'IRD, le bilan est décevant. Les performances de la CTOI sont médiocres, les relations entre les ORP thonières quasi inexistantes, et les résolutions qui pourraient avoir un rôle positif dans la gestion des ressources, systématiquement atténuées dans leur formulation ou tout simplement rejetées. On ne peut que douter de la réelle volonté des États d'œuvrer à la conservation et à la durabilité des ressources hauturières. La question de la surcapacité est systématiquement éludée par la Commission, malgré la mise en garde des scientifiques.

Les recommandations récentes de la CTOI traduisent bien l'état d'esprit dans lequel se négocient les quotas et la mise en œuvre des résolutions. Conformément à la résolution sur la limitation de la capacité de pêche des parties, la France, en sa qualité d'État côtier, a soumis le 20 mars 2007 un plan de développement de ses flottes thonières en faisant entrer de nouveaux navires (palangriers et senneurs) dans la zone CTOI. Mayotte deviendrait ainsi le nouvel eldorado de la pêche thonière. L'île compte pour l'instant 2 petits palangriers, mais on prévoit d'en immatriculer 13 nouveaux d'ici 2015 et 10 supplémentaires jusqu'à 2025. Une production de 200 tonnes par an et par navire est prévue pour ces 25 palangriers. Deux senneurs sont actuellement immatriculés à Mayotte, mais d'ici 2009 on en introduirait 4 nouveaux. De plus, 7 palangriers armés à ce jour pour la pêche à la légine dans les TAAF (Terres australes et antarctiques françaises) vont être convertis à la pêche au thon, faute de perspectives. Curieusement, la résolution sur la limitation de la capacité de pêche se concrétise du côté français par un plan de développement de la flotte qui aboutit à une capacité de pêche supplémentaire d'environ 60 000 tonnes annuelles. De son côté, l'Afrique du Sud propose un accroissement de ses capacités en palangriers ciblant l'espadon de 14 à 20, et de 8 à 30 pour ceux ciblant le thon. Ce souhait de l'Afrique du Sud peut sembler légitime pour un pays qui dispose d'une zone de pêche vaste et riche en thons et en espadons, mais un tel développement devrait conduire à une réduction des captures d'autres flottilles, ce qui n'est pas envisagé.

Les dossiers moins sensibles sont traités avec moins d'entrain. En mai 2007, au cours de la réunion annuelle de la CTOI, on discute pour la énième fois de l'enregistrement des captures afin d'améliorer les statistiques de pêche. Un texte initial émanant de la Communauté européenne propose l'adoption comme livre de bord d'une fiche standardisée pour les senneurs et les canneurs, qui permettrait un suivi statistique des ressources exploitées. L'Australie et le Royaume-Uni soulignent qu'ils ont déjà une fiche similaire et qu'ils ne modifieront pas le format du document. La France monte au créneau et propose d'ajouter une colonne supplémentaire pour le nombre de dispositifs de concentration de poissons mis à l'eau chaque jour. L'Espagne n'apprécie guère la proposition de limiter le nombre de palangriers ciblant l'espadon et le germon. Les propositions visant à lutter contre la pêche illégale, à faciliter la collecte de données scientifiques et à accroître le bénéfice économique des États côtiers sont accueillies avec beaucoup de mauvaise foi par de nombreux pays. Le Japon, la Chine et les Philippines reconnaissent le caractère bénéfique de ces propositions, mais votent contre. La Corée rejette comme les autres années cette proposition qui sera sans grand espoir discutée l'année prochaine, lorsque la CTOI se réunira pour rediscuter avec la même volonté d'(in)action des résolutions à (ne pas) prendre.

L'ICCAT dans les filets de la diplomatie

La première commission thonière a été créée au début des années 1950. Basée à La Jolla en Californie, la CITTC s'occupait des thons tropicaux du Pacifique est. À la même époque, le CIEM hébergeait un groupe de travail spécialisé dans les thons tempérés de l'Atlantique nord et de la Méditerranée, mais il avait pour seul objectif de réunir les données de toutes les pêcheries thonières. Il ne faisait pas de réelles évaluations de stocks ni ne proposait de mesures d'aménagement. Il n'y avait donc pas de bilan à proprement parler des pêcheries thonières dans l'Atlantique, même si, dans les années 1960, les captures de thons tempérés, de thons rouges et de germons étaient déjà de l'ordre de 65 000 à 80 000 tonnes, soit un niveau comparable au niveau actuel.

l'ICCAT a été longue à se constituer. En octobre 1963, le premier groupe de travail FAO organisé à Rome recommande de créer l'ICCAT afin de gérer les ressources hauturières de l'Atlantique. Seulement sept pays y participent officiellement : quinze personnes membres et six observateurs venus d'Italie, de France et d'Allemagne, le thon étant alors pêché en mer du Nord. Les intérêts économiques commencent à se concrétiser pour ces pêcheries et les besoins de statistiques se font ressentir. Un argument du groupe de travail est que les prises de thons de l'Atlantique, qui sont de 150 000 tonnes en 1962, sont largement sous-estimées et doivent plutôt avoisiner 250 000 tonnes.

En juillet 1965, un deuxième groupe de travail FAO est chargé de finaliser le projet ICCAT. Les mêmes sept pays sont présents, sans l'Espagne et la France, qui formulent de nouvelles réserves à l'égard de la future commission. Le texte prévoit entre autres un engagement des pays à fournir des données statistiques, ou sinon à laisser l'ICCAT les recueillir. Le Portugal, le Brésil et le Nigeria refusent son budget. Le Sénégal s'oppose à la politique colonialiste du Portugal (les îles du Cap-Vert, la Guinée-Bissau et l'Angola étaient encore alors des colonies du Portugal). Plusieurs pays expriment la nécessité de très fortes relations entre l'ICCAT et la FAO. De nombreuses contradictions et des enjeux diplomatiques commencent à apparaître.

Cependant, en mai 1966, lors de la conférence de plénipotentiaires à Rio de Janeiro, les textes sont rédigés qui permettent la création de l'ICCAT. Cette réunion a lieu alors que les ZEE à 200 milles n'existent pas encore, ce qui permet de simplifier le texte de la convention (au contraire par exemple de la convention CTOI dont l'article XVI, reconnaissant les droits souverains des pays côtiers dans leurs 200 milles, risque de poser à terme de sérieux problèmes). La réunion de Rome en 1965 avait prévu de multiples procédures détaillées visant au contrôle de l'application des règlements. Cependant, la plupart de ces propositions ont disparu de l'accord de Rio. Ainsi, un article IX 4 prévoyait que les thons pêchés illégalement n'auraient pas le droit d'être commercialisés, mais cet article sera supprimé.

Le fait que des signes de surexploitation dans certaines pêcheries sont perceptibles dans l'Atlantique dans les années 1960 a précipité la création de l'ICCAT sous l'impulsion d'Émile Postel, un chercheur pionnier de l'IRD. Les rendements des palangriers japonais dans la zone équatoriale sont déjà en chute libre et les scientifiques pensent que ce phénomène est dû à une forte diminution des stocks qui ont déjà été surexploités. L'évolution des pêcheries révèle par la suite que ces inquiétudes n'étaient pas vraiment fondées. On peut donc dire que, dans ce cas, de mauvaises raisons scientifiques ont produit une réaction internationale salutaire.

L'ICCAT est composée d'un comité scientifique (SCRS) et d'une commission qui prend les décisions politiques, tous les deux indépendants. Alain Fonteneau, de l'IRD, a suivi de près les quarante années d'activité de cette commission. Pour lui, le bilan de l'ICCAT n'est pas pleinement satisfaisant. La production scientifique est de qualité (très) variable, mais très abondante : quarante mille pages en tout, contenant de nombreuses observations indispensables, mais peu de publications dans les grandes revues scientifiques. L'ICCAT n'a jamais travaillé à partir de navires scientifiques, seulement à partir des données de pêcheries pour évaluer l'état des stocks de thons. De nombreux aspects sont laissés de côté ou peu traités, comme la relation entre les indices d'abondance fournis par les pêcheurs et les volumes réels des populations, les effets de l'environnement sur les ressources, l'évolution de l'efficacité de pêche, etc. Même si toutes ces incertitudes sont reconnues et parfois prises en compte, elles sont peu discutées par le comité scientifique. Il est vrai que ce dernier semble rarement sollicité par les gestionnaires, ce qui motive peu la recherche scientifique.

Le point noir vient en effet du fait que les options de gestion adoptées par les pays membres de l'ICCAT n'ont pour ainsi dire jamais été appliquées. Les tailles limites correspondant à 3,2 kilos adoptées dans les années 1970 et les TAC assignés au thon rouge de l'Atlantique est n'ont presque jamais été respectés. Les limitations des captures thonières sont *de facto* très difficiles à contrôler et elles ont des effets négatifs majeurs sur la qualité des statistiques. Les pêcheurs déclarent en effet les quotas officiels, même s'ils prélèvent beaucoup plus dans le milieu naturel. En avril 2007, Jean-Marie Avallone, le plus important pêcheur français de thon rouge, répond au journaliste de *La Gazette de Sète* qui lui demande si la France a respecté le quota de 5 500 tonnes en 2006 : « Nous sommes de bons élèves. Nous avons déclaré avoir pêché plus que le quota... Soyons honnêtes, les autres ont pêché trois fois plus que le quota et ont déclaré le quota. » Il faut donc couvrir le manquement aux régulations et la direction nationale des pêches doit acheter des quotas au Portugal pour rétablir la confiance envers les pêcheurs français. Dans un tel contexte, il va sans dire que les évaluations scientifiques, reposant sur des chiffres grossièrement sous-évalués, sont difficiles à établir.

L'évolution de l'ICCAT reflète celle de l'ensemble des organisations régionales des pêches. Elles ont des responsabilités accrues et complexes, du fait de l'exploitation croissante des ressources thonières. De plus l'organisation évolue en vase clos. Il n'y a pas de lien de coopération, par exemple, entre les grands programmes scientifiques internationaux tels GLOBEC-CLIOTOP et l'organisation scientifique de l'ICCAT.

La fin annoncée du thon rouge en Méditerranée

« Le principal défi posé à l'ICCAT, que ce soit au SCRS ou à la Commission, est de sauver les populations de thon rouge de l'Atlantique, qui sont aujourd'hui proches de l'effondrement[8] », reconnaît Alain Fonteneau. À l'instar de la morue, l'histoire de la gestion du thon rouge démontre l'incapacité d'une ORP à gérer une ressource marine. Le thon rouge a été largement à l'origine de la création de l'ICCAT, il en scellera peut-être la fin, ou du moins provoquera une profonde remise en cause.

Les accords ICCAT de Dubrovnik, signés lors de la réunion annuelle de la Commission en novembre 2006, sont très ambigus. D'un côté, on assiste à une reconnaissance formelle des avis scientifiques sur le thon rouge qui préconisent de prendre immédiatement des mesures de gestion drastiques, mais de l'autre les mesures de gestion finalement adoptées sont illusoires, et beaucoup d'entre elles sont techniquement peu crédibles. Même dans le cas improbable où elles seraient mises en œuvre de manière appropriée, ces mesures ne constituent nullement un plan de récupération du stock de thon rouge qui était recommandé par le comité scientifique. Comme dans beaucoup de recommandations de commissions internationales, divers points d'amélioration du dispositif sont proposés. Mais ils ne seront la plupart du temps suivis d'aucun effet, si ce n'est de nouvelles réunions, l'année suivante, pour discuter de ce qui n'a pas été fait... Les recommandations s'égrènent au fil du rapport, sans mesure des coûts ni d'une quelconque faisabilité.

On relève ainsi dans le rapport de Dubrovnik l'établissement d'un système d'inspection internationale qu'aucun pêcheur ne souhaite et dont le financement n'est pas envisagé. L'interdiction des transbordements en mer et la fixation de ports légaux de transbordements et de débarquements, avec une exigence de pesées, tiennent de la farce dans le contexte méditerranéen. De même, la volonté affichée de valider en temps réel toutes les informations sur les captures de thon rouge et de faire un meilleur suivi statistique des opérations dans les fermes aquacoles apparaît irréaliste. En effet, il n'y a plus de statistiques de pêches fiables au niveau méditerranéen depuis une décennie et la commercialisation du thon rouge est des plus opaques. La mise en place d'un taux d'observateurs scientifiques de 20 % sur toutes les flottilles et dans les fermes aquacoles est aussi préconisé dans le rapport, sans que le coût, souvent exorbitant pour ce type de démarche, soit fixé. Les mesures visant à limiter et à contrôler les pêches sportives et surtout récréatives sont envisagées, mais les possibilités réelles de les appliquer semblent lointaines quand on connaît la difficulté de suivre tout système de pêche de loisir. Si elle est appliquée, l'interdiction de l'utilisation d'avions pour détecter les bancs devrait réduire la mortalité par pêche des reproducteurs, mais comment peut-on vraiment savoir si un avion survolant la Méditerranée aide des pêcheurs ou fait une promenade touristique ?

Cette longue liste de souhaits est légitime, mais son manque de réalisme au fil des années étonne. À Dubrovnik, il n'y a surtout aucune prise en compte de la gravité de la situation et un mépris des recommandations des scientifiques. Elles sont même en contradiction avec celles recommandées par le SCRS. Les quotas de 32 000 tonnes proposés pour l'année 2007 représentent plus du double des 15 000 tonnes proposées par le SCRS, qui auraient dû permettre de ne pas surexploiter les stocks de thons rouges. Aucune fermeture de la pêche n'est envisagée durant les mois de mai et juin, qui correspondent pourtant à la période de ponte durant laquelle le thon rouge est très vulnérable et le stock reproducteur devrait être protégé.

L'ICCAT aura pris une fois de plus une série de mesures insuffisantes. La fermeture en fin d'année ne sert pas vraiment à réguler les captures car c'est généralement la fin de la saison de pêche. Lors des négociations, de nombreux pays ont refusé de suivre ses recommandations, comme la Libye ou l'Algérie. Les flottilles se déplacent bien évidemment avec agilité dans ces zones de pêche, dès l'ouverture de la pêche au thon rouge.

L'attitude de la France a suscité de nombreuses réprobations. Lors de la campagne de pêche 2007, l'Union européenne a écrit le vendredi 13 avril pour demander aux États membres de ne pas autoriser leurs pêcheurs de thon rouge à fréquenter les eaux libyennes. Mais la lettre envoyée par la Commission n'est pas vraiment contraignante. Elle stipule de « prévenir leurs flottilles de ne pas engager de joint-venture de pêche avec des bateaux libyens et [de] leur interdire de pêcher eux-mêmes dans les eaux libyennes ». Elle demande aux fermes d'engraissement « de ne pas accueillir dans leurs cages du thon rouge capturé par les bateaux libyens ». Enfin, il est demandé aux États membres de ne « pas valider les documents statistiques de leurs navires qui seraient en infraction avec ces instructions ». Les lenteurs de la poste européenne n'ont permis à ce courrier de parvenir sur le bureau du ministère français de l'Agriculture et de la Pêche que sept jours plus tard. Or, les senneurs français étaient déjà partis vers les zones de pêche libyennes, où aucun plan de reconstitution du stock n'est envisagé.

Pour se dégager de toute responsabilité, le ministère français a précisé que « ce courrier n'a aucune portée juridique et encore moins de valeur contraignante ». Un observateur affirme sans complexe dans le *Midi Libre* du 17 mai 2007 : « Sète, c'est le port thonier de la Libye. » Onze senneurs français sont devenus tripolitains et arborent dans le port de Sète les noms de *Dila*, *Safa III* ou *Al-Hader*, ce qui leur permet d'émarger aux quotas français et libyens. Les ONG crient au scandale et appuient les conclusions et recommandations des scientifiques concernant le relèvement de la taille minimale pour les senneurs, qui devrait passer de 10 à 30 kilos, ainsi que l'arrêt de la pêche au 1er juillet et l'interdiction des repérages des bancs de poissons par avion. En vain. La course folle pour pêcher le maximum de thons rouges a battu son plein pendant tout le mois de juin 2007, et plus de vingt bateaux français y ont participé.

Les accords de Dubrovnik et le plan de reconstitution des stocks, édictés en novembre 2006, ne sont toujours pas en vigueur. La Commission européenne a bien tenté de convaincre les États membres de mettre en place des dispositions transitoires, mais sans grand succès. Seule l'Espagne rappelle à ses armements les dispositions de Dubrovnik. Le lobbying des pêcheurs lors des présidentielles en France a bien fonctionné. Interrogée par des journalistes du *Midi Libre*, la direction des pêches émet une fin de non-recevoir : « Nous n'avons pas d'instruction à recevoir de Bruxelles. Nous appliquons le droit d'avant Dubrovnik. » Les thoniers partent en pêche, profitant du flou réglementaire qui les protège. Leur seul objectif : prendre le maximum de gros poissons qui se reproduisent en Libye, au cas où des restrictions se confirment du côté européen.

De leur côté, les pêcheurs sétois critiquent ouvertement les scientifiques et leurs expertises concernant la surexploitation du thon rouge. « Non, les populations de thons rouges ne sont pas en diminution. En ce moment, les thonailleurs qui travaillent dans le golfe du Lion n'ont jamais autant pêché [9]. » La thonaille est un filet maillant et dérivant qui capture des petits thons rouges. Elle équipe une soixantaine de bateaux de pêche artisanale de 10 à 18 mètres, répartis sur le littoral entre Port-Vendres et Menton. Leurs captures de thons restent modestes, quelque 600 tonnes par an, une broutille comparée aux dizaines de milliers de tonnes prises par les senneurs.

Mais les environnementalistes n'apprécient guère cet engin qui capture de nombreuses prises accessoires, notamment des dauphins. Son interdiction par l'ONU le 22 décembre 1999, sous la pression de Greenpeace entre autres, a donc été perçue comme une victoire par les tenants de la conservation. Pour une fois, des arguments écologiques semblaient avoir été pris en considération. Il est intéressant de constater toutefois qu'ils le furent à mauvais escient. Une des raisons de son interdiction visait en réalité à apaiser le différend franco-espagnol à propos de la pêche au thon germon dans le golfe de Gascogne et des problèmes liés à la navigation en Sicile. Une guerre ouverte menaçait, qu'il fallait désamorcer au plus vite ; les politiques se sont donc servis d'arguments écologiques.

Interdite depuis janvier 2002, la thonaille est toujours utilisée et la guerre d'usure entre les utilisateurs, les administrations et les ONG se poursuit. Ces bateaux opèrent donc en relative illégalité, sans déclarer leur capture et en plaidant leur cause. Ces thonailleurs « séculaires » (adjectif revendiqué par les associations de pêcheurs qui entendent défendre une activité « ancestrale » qui en réalité ne l'est pas) ont des navires récents, certainement construits après l'interdiction. L'illégalité fut, il faut le reconnaître, relative pendant un temps, car le ministère de l'Agriculture et de la Pêche mit rapidement en place un permis de pêche spéciale (PPS) prolongeant l'utilisation de la thonaille devenue alors illégale, sans prévenir l'ICCAT ni la Commission. L'intention était de désamorcer l'interdiction en prétextant que ces filets ne pouvaient être assimilés à des filets maillants dérivants. Le Conseil d'État s'y opposa : « La "thonaille" ou "courantille volante" doit être assimilée, en dépit de l'adjonction obligatoire d'une ancre flottante imposée par l'arrêté attaqué, à un filet maillant au sens du règlement qui prohibe l'utilisation d'un tel engin en Méditerranée pour la pêche au thon rouge à compter du 1er janvier 2002 [10]. »

L'avis du Conseil d'État a depuis toujours été bafoué. Une vidéo d'un bateau attaqué par des thonailleurs qui n'appréciaient pas de se voir filmer dans leur activité (illégale) de pêche au thon a largement été diffusée. On y voit une petite dizaine de bateaux de pêche français encercler le navire d'Oceana, une ONG américaine venue enquêter sur place, qui dut rapidement faire appel aux forces douanières car la situation dégénérait. Face à cette situation, la Commission européenne semblait résolue à agir. Le 1er juin, elle déclarait : « En l'absence de mesures appropriées prises par les États membres [...], il relève de la responsabilité de la Commission de fermer les pêcheries pour ce stock. » La date de fermeture de la pêche pouvait intervenir dès le 10 juin, mais les ministres des Pêches italiens et français essayèrent de bloquer une quelconque décision lors d'une réunion à Luxembourg. Ben Bradshaw, le ministre des Pêches anglais, protesta avec vigueur contre l'attitude protectionniste française. Il trouvait intolérable que les pêcheurs français trichent au vu et au su de tous, en rappelant que l'an dernier ils avaient dépassé leurs quotas de 30 % sans qu'aucune sanction n'ait été prise à leur encontre.

En septembre 2007, la Commission européenne, reconnaissant son incapacité à contrôler les captures de thons rouges, décréta la fermeture de toutes les pêcheries en Méditerranée. Cette annonce, largement relayée par les médias comme la marque d'une volonté forte de gestion de la ressource, laissa sceptiques les experts qui savent que la saison de pêche est à cette date achevée pour la plupart des pêcheurs et que les quotas ont été depuis longtemps dépassés. Depuis cette date, les réunions se succèdent et les conflits se durcissent. La pêche française est sous le feu de la Commission pour dépassement de quotas (10 165 tonnes déclarées au lieu des 5 593 tonnes allouées), vente sous de fausses appellations (du thon rouge vendu sous l'appellation « chinchard à queue jaune » !), et blanchiment de captures par la revente de quotas à d'autres pays. Le dernier rapport de WWF épingle tous les pays méditerranéens, Espagne, Italie, Turquie, Croatie, pour des dépassements de quotas aussi ou plus importants que ceux de la France, mettant au jour, une fois de plus, le grand jeu de dupes ! Les enquêtes se poursuivent en France et à Bruxelles, mais le thon rouge devra attendre d'autres plans d'aménagement moins hasardeux pour espérer survivre.

À la lumière des analyses qu'Ulrich Beck présente dans son livre *Pouvoir et contre-pouvoir à l'heure de la mondialisation*[11], on ne peut s'empêcher de penser que, tant que la gestion globale des ressources marines restera sous la coupe des nations, les choses risquent de ne pas avancer. En suivant toujours sa grille de lecture, on voit bien néanmoins que les nouveaux acteurs dans cette problématique, les « contre-pouvoirs », ce sont les ONG. Greenpeace, WWF ou Oceana ont sans doute fait plus au cours de cette dernière décennie pour la conservation des ressources vivantes que n'importe quel ministère des Pêches ou organisation régionale. À côté de la FAO, qui reste l'otage de considérations transnationales, ce sont elles qui peuvent faire bouger les choses à l'instar de ce qui se produit aux États-Unis. Elles peuvent même déverrouiller les situations les plus bloquées en conduisant les pêcheurs à opter pour une pêche durable, comme ça a été le cas en Grande-Bretagne, avec l'appui et la bénédiction de la FAO. Les lignes n'ont sans doute pas fini de bouger et des initiatives nationales décisives peuvent néanmoins être prises. C'est ainsi que, en janvier 2008, les autorités suédoises ont annoncé qu'elles avaient décidé de réduire de 30 % leur flotte de pêche afin de limiter les captures, pour un coût total évalué à 21 millions d'euros. « Malheureusement, l'engagement en faveur du poisson n'est pas aussi fort partout, a regretté Eskil Erlandsson, le ministre suédois de l'Agriculture et de la Pêche. La connaissance, le débat et l'opinion qui existent en Suède brillent par leur absence dans de nombreux pays voisins[12]. »

Une course de relais sans bâton

La crise mondiale des pêcheries est souvent attribuée à une gestion déplorable du secteur des pêches, malgré une multitude de régulations et de réglementations. En effet, depuis plus d'un demi-siècle ce secteur est considéré par les experts comme peu efficace, tant du point de vue de la conservation que du point de vue de l'efficacité économique globale. Ces contre-performances viennent des déficiences des systèmes institutionnels et de régulation, et notamment du système des droits d'accès. Mais la communication entre les acteurs semble être un autre facteur oublié.

Les institutions qui aménagent les pêcheries sont structurées autour de deux composantes indépendantes : d'une part, des groupes de travail scientifiques européens (par exemple, le CIEM pour l'Atlantique ou la CGPM pour la Méditerranée) et, de l'autre, une structure managériale, souvent politique, qui décide des mesures à prendre. À partir des données issues des statistiques de pêche ou des campagnes de recherche, les scientifiques développent des modèles puis formulent des avis quant à l'état des stocks et des pêcheries et font des recommandations. Il faut alors réconcilier ces recommandations avec les désirs et les contraintes de la profession, et déterminer tous les ans des quotas pour chacune des espèces exploitées, ou instituer tout autre type de régulations qui peut être envisagé dans la pêcherie.

Élaborer une recommandation et une réglementation qui concilient avis scientifique et attente des pêcheurs ne va pas de soi. Imaginez une course de relais où les coureurs qui se passent le bâton n'appartiendraient pas à la même équipe. Quelle confusion ! Pour Niels Daan, expert auprès du CIEM, le processus de décision des quotas annuels est un jeu aux règles peu ordinaires. Il comprend plusieurs étapes qui ne sont pas forcément bien reliées entre elles. La collecte des données est faite par les professionnels (déclarations, ventes à la criée, livres de bord...) et les scientifiques, qui réalisent de leur côté des échantillonnages des débarquements et des campagnes en mer. L'année suivante, ces données sont transmises aux groupes de travail internationaux du CIEM, qui réalisent un diagnostic, suivi ensuite par des consultations politiques, des expertises scientifiques, biologiques et économiques. La décision en termes opérationnels est ensuite prise par le Conseil des ministres de l'Union européenne, après une séquence d'étapes au cours desquelles on voit fondre l'avis scientifique et prédominer le poids des arguments politiques à court terme. En théorie, ce processus décisionnel serait légitime et efficace si les intérêts nationaux ne prévalaient à court terme. L'inertie et la défense par les États des quotas d'une année sur l'autre empêchent de s'adapter aux fluctuations naturelles des stocks. Cette absence de transparence crée inévitablement des suspicions de toutes parts.

On peut également s'interroger sur la nature même des propositions des scientifiques, et se demander si elles ne sont pas parfois en décalage avec une certaine réalité. L'approche traditionnelle des pêcheries s'appuie sur une vision simplificatrice de la gestion, en vertu de laquelle il suffirait de produire une expertise sur le nombre de jours de pêche (ou sur un maillage) pour réduire la mortalité de telle ou telle espèce. Dans un article intitulé « Peindre le sol avec un marteau, des solutions techniques pour l'aménagement des pêches », Poul Degnbol et ses collaborateurs dénoncent l'approche disciplinaire de l'aménagement des pêcheries [13]. Couvrant un vaste champ de problématiques, il est traité par des disciplines (biologie, écologie, économie, sociologie) qui souvent s'ignorent. Les quotas transférables sont invoqués par les économistes comme la solution au problème des pêcheries. De leur côté, les écologistes et les biologistes voient dans les réserves marines les outils qui permettront de résoudre les problèmes de surpêche. Pour les sociologues, le coaménagement permet de sensibiliser et de motiver les pêcheurs pour une meilleure gestion intégrée. Ces trois disciplines évoluent dans leurs mondes cloisonnés, faits de symposiums, de forums et de littérature scientifique disciplinaire.

Pour Degnbol, ces cloisonnements empêchent des actions intégrées de voir le jour. Les solutions toutes prêtes ne peuvent résoudre que les problèmes spécifiques pour lesquels elles ont été développées. Par exemple, les quotas transférables peuvent être efficaces pour réduire une capacité de pêche excessive, mais ils sont de peu d'efficacité pour distribuer équitablement la richesse ou pour protéger les écosystèmes. Les réserves marines peuvent être utiles pour la protection des écosystèmes, mais elles contribuent peu à l'efficacité économique ou à l'équité dans l'accès aux ressources. Enfin, le coaménagement peut développer l'équité, mais il produit peu de solutions pour que l'exploitation soit respectueuse de l'environnement et de la biodiversité. On saisit bien ici qu'une stratégie qui combinerait les différents outils en les articulant pourrait apporter des solutions originales et certainement performantes à la gestion des pêcheries. Cependant les solutions mêlant plusieurs de ces approches sont rarement envisagées à cause du cloisonnement scientifique lui-même. La gestion des pêches ne peut pas survivre à un tel éclatement.

7

MANGER DU POISSON PAR TEMPS DE SUREXPLOITATION

L'inégale répartition de la consommation

Ne nous laissons pas bercer par les mots. Dire que les poissons et les produits de la mer que l'on trouve aujourd'hui dans nos assiettes sont mondialisés ne signifie pas que, partout dans le monde, on mange les mêmes espèces de poissons ni les mêmes quantités. Au contraire, la mondialisation des échanges n'a fait qu'aggraver les inégalités. Le rapport 2002 de la Banque mondiale montre que, entre 1960 et 2000, la part du revenu mondial perçue par les 20 % les plus riches de la population mondiale est passée de 70 % à 90 %, tandis que celle allant aux 20 % les plus pauvres est passée de 2,3 à 1 %, comme le rappelle Ulrich Beck dans son livre *Pouvoir et contre-pouvoir à l'heure de la mondialisation*[1]. Ces disparités énormes existent aussi pour les ressources marines. Les statistiques de la FAO parlent d'elles-mêmes : en 2003, 104 millions de tonnes de poissons ont été consommées dans le monde, mais 7 millions de tonnes seulement en Afrique (8,2 kilos par habitant). L'Asie a absorbé les deux tiers, dont 36,3 millions de tonnes en dehors de la Chine (14,3 kilos par habitant) et 33,1 millions de tonnes pour la seule Chine (25,8 kilos par habitant). La consommation par habitant s'établissait à 23,5 kilos en Océanie, 23,8 kilos en Amérique du Nord, 19,9 kilos en Europe, 9,4 kilos en Amérique centrale et dans les Caraïbes et 8,7 kilos en Amérique du Sud.

Les échanges sont de grande ampleur : plus d'un tiers de la production halieutique est destiné au commerce international et plus de la moitié de ce commerce en valeur est réalisée par les pays en développement. Les poissons du monde entier affluent désormais dans les pays du Nord, masquant ainsi l'effondrement de certains stocks de nos eaux côtières. Mais à l'intérieur même de cette sphère, les situations nationales sont très diverses. Il y a des gros importateurs, comme le Japon, les États-Unis ou l'Espagne, et il y a des petits pays exportateurs où la pêche et l'aquaculture tiennent une place importante, comme la Norvège et l'Islande. Chaque pays défend avant tout son activité économique, souvent au détriment de l'équité et de l'environnement. À Tokyo, le marché aux poissons de Tsukiji traite chaque jour 2 500 tonnes de poissons venus du monde entier et 25 millions de dollars changent de main. Un gros thon rouge de Méditerranée peut atteindre là-bas le prix d'une grosse cylindrée.

Dans les pays de la côte ouest de l'Afrique, où le poisson a toujours constitué une nourriture de base pour les populations, les choses ont aussi beaucoup changé. C'est ainsi qu'au Sénégal le *thiebou dien*, le plat quotidien, s'est métamorphosé. *Thiebou dien* signifie littéralement « riz au poisson », il est composé des deux mots wolofs *thiep* (« riz ») et *dien* (« poisson »). C'est un plat équilibré préparé avec du riz, des légumes frais et du poisson. L'espèce de choix était jadis le *thiof* (mérou), qui était abondante jusque dans les années 1990. Par suite de la surexploitation, le *thiof* a été remplacé par la sardinelle, qui n'a ni la même saveur ni la même texture et qui est pleine d'arêtes. Les rares mérous encore pêchés aujourd'hui devant les côtes sénégalaises partent directement en avion pour l'exportation. En Afrique du Sud, le prix du merlu a réorienté les marchés vers l'exportation, ce qui a conduit à fermer bon nombre de petites poissonneries qui faisaient frire le poisson (encore dénommées *fish and chips*).

La consommation de poisson par habitant est très hétérogène et peut varier de 1 kilo à plus de 100 kilos par personne. Elle n'est pas la même selon que l'on habite en bord de mer ou dans des régions isolées à l'intérieur des terres. Mais, malgré ces disparités, la demande est forte et la pression sur toutes les pêcheries du monde reste très grande. Toujours selon les estimations de la FAO, la consommation mondiale de poisson a augmenté au cours des quatre dernières décennies, passant de 9 kilos par habitant en 1961 à 16,5 kilos en 2003. Sur ces 16,5 kilos, les trois quarts étaient constitués de poissons, le reste de fruits de mer, crustacés (crevettes, crabes, langoustes, etc.) et mollusques (calmars, poulpes, etc.). Les poissons marins, dont la production plafonne, voire diminue, depuis 1989, représentaient plus de 46 millions de tonnes : près de 18,4 millions de tonnes pour les espèces démersales (merlu, morue, lieu noir, etc.), 19,8 millions de tonnes pour les espèces pélagiques (sardine, anchois, maquereaux, etc.) et 8,4 millions de tonnes pour les poissons de mer non identifiés. Ces chiffres ne suffisent pourtant pas à endiguer la sous-alimentation en Afrique subsaharienne, où elle frappe 32 % de la population, et 16 % de la population d'Asie et du Pacifique.

Le poisson constitue un apport hautement nutritif, riche en micronutriments, en minéraux, en acides gras essentiels – les fameux oméga-3 – et en protéines. Il contribue pour près de 50 %, et parfois plus, à l'apport total de protéines d'origine animale dans de petits pays insulaires en développement, de même qu'au Bangladesh, en Gambie, en Guinée, en Guinée équatoriale, en Indonésie, en Birmanie, au Sénégal, en Sierra Leone et au Sri Lanka. Dans l'ensemble, le poisson fournit à plus de 2,8 milliards de personnes presque 20 % de leur apport moyen en protéines animales. La diminution des captures n'a pas les mêmes conséquences pour les pays du Nord et du Sud. Les chiffres publiés par le Bureau américain des prévisions ont de quoi inquiéter. En effet, en combinant l'évolution démographique et les tendances observées dans les pêcheries, il prévoit que la consommation mondiale des produits de la pêche pourrait diminuer de moitié, soit chuter à 8 kilos par habitant et par an en 2020. Dans ce contexte de forte demande, la tentation est grande de promouvoir l'aquaculture.

Remplacer le poisson sauvage par du poisson d'élevage

Le déclin actuel des ressources marines a provoqué dans les années récentes un développement sans précédent de l'aquaculture mondiale, dont l'essor est le plus rapide de tous les secteurs de production alimentaire d'origine animale. Crevettes, saumons, carpes, daurades, turbots, poissons-chats, tilapias, moules, comme de nombreux autres produits marins, peuvent être produits en grandes quantités en utilisant des méthodes d'élevage de plus en plus sophistiquées. Le plus souvent, le consommateur est incapable de faire la distinction entre produit sauvage et produit d'élevage. La contribution de l'aquaculture aux approvisionnements mondiaux de poissons, crustacés, mollusques et autres animaux aquatiques n'a cessé de croître, passant de 3,9 % de la production pondérale totale en 1970 à 32,4 % en 2004 (source FAO). L'expansion de la production aquacole a très largement dépassé la croissance démographique, l'offre moyenne par habitant de produits issus de l'aquaculture étant passée de 0,7 kilo en 1970 à 7,1 kilos en 2004, soit un taux de croissance annuel moyen de plus de 7 %. La pression est considérable pour produire toujours plus.

La production avoisine désormais les 60 millions de tonnes, pour une valeur de 70,3 milliards de dollars américains. L'Asie y contribue à 90 %. En Chine, l'aquaculture prédomine, principalement composée de carpes herbivores. Elle atteint 31 millions de tonnes, pour seulement 6 millions de tonnes pour les pêches de capture. La dépendance en produits d'aquaculture va s'accroître en même temps que la population mondiale.

La plupart d'entre nous pensent que l'aquaculture permettra non seulement de maîtriser une production de plus en plus aléatoire, mais également de relâcher la pression sur les ressources sauvages marines exploitées. Elle serait donc la panacée à la surexploitation chronique des ressources marines et permettrait de nourrir une population toujours croissante, tout en assurant la conservation des espèces. Cette solution n'est peut-être pas aussi simple qu'il y paraît, étant donné les liens, parfois très étroits, qui existent entre la production halieutique et l'aquaculture. Rosamonde Naylor et ses collaborateurs de l'université de Stanford, en Californie, se sont penchés sur les dépendances entre ces deux secteurs de production[2]. En fait, elle a tenté de répondre à une question importante : est-ce que l'aquaculture va faire augmenter – ou bien diminuer – la production globale en poissons ?

Les problématiques liées à l'aquaculture sont celles de n'importe quel système d'élevage intensif. L'intensification implique une densité importante d'animaux, consignés dans des enclos flottants ou des espaces naturels et nourris quotidiennement, les aliments produits naturellement ne pouvant suffire. Ces élevages produisent des quantités importantes de déchets : excréments, antibiotiques, pathogènes. Les aliments utilisés doivent être riches en énergie, peu coûteux et spécifiques. Ils doivent contenir des acides aminés essentiels à la croissance des poissons, telles la lysine ou la méthionine, ainsi que certains acides gras qui n'existent pas dans les végétaux. Seules les farines et les huiles de poisson permettent de satisfaire ces contraintes.

Il faut ainsi compter entre 2,5 et 5 kilos de poissons pour produire 1 kilo de poissons carnivores d'aquaculture. Le rendement s'améliore sensiblement si l'on considère les crevettes ou les carpes. L'aquaculture de grands prédateurs, comme les saumons, les daurades et les turbots, nécessite une grande quantité d'aliments riches en protéines, qu'il faut aller pêcher. Naylor se prête alors à un raisonnement très simple. Nous pêchons à l'heure actuelle 30 millions de tonnes d'anchois et de sardines qui sont transformées en farine et en huile. Les marges de manœuvre pour accroître ce total seront limitées. La demande de poissons pélagiques ne cessant de croître, pour l'alimentation humaine d'un côté et pour l'aquaculture d'un autre côté, il y a quelques soucis à se faire concernant la durabilité de nombreux stocks de poissons pélagiques, si ceux-ci ne sont pas gérés.

Le marché des farines de poisson est aujourd'hui tendu. En moins de trois années, son prix est passé de 300 à 1 200 dollars la tonne. La baisse du dollar n'est pas la seule responsable dans cette envolée des prix entre 1996 et 2000. La demande a progressé de 80 % en Chine, de même qu'en Norvège et au Danemark, qui importent de plus en plus de farines pour nourrir leurs élevages de saumons. Le Pérou s'inquiète pour sa production, qui constitue un tiers de la production mondiale. Il a mis en place une stratégie visant à la stabiliser tout en préservant sa ressource. Des évaluations de l'abondance des anchois sont produites régulièrement, et dès que des signes avant-coureurs d'affaiblissement des ressources sont observés, la pêcherie est fermée.

Le Pérou ayant stabilisé sa production, la demande en poissons pélagiques se reporte sur tous les petits producteurs mondiaux. De nombreux pays d'Afrique de l'Ouest ou d'Amérique latine, comme l'Argentine, se mettent à exploiter avec intensité ces richesses autrefois délaissées. Les effets sont immédiats : les écosystèmes sont déstabilisés et les prédateurs comme les oiseaux marins sont affamés. C'est ce qui est arrivé à l'anchois des côtes patagoniennes en 2003. Considéré comme sous-utilisé, il a vu ses captures croître rapidement jusqu'à atteindre plus de 30 000 tonnes en moins de deux ans, un niveau jamais égalé depuis plus de trente ans que la pêcherie existait. Cette exploitation des poissons pélagiques met aujourd'hui en péril un grand nombre de prédateurs, comme les manchots, les baleines, les phoques et les dauphins, qui se nourrissent eux aussi d'anchois.

Comme le constate Naylor, l'essor considérable de l'aquaculture de saumons n'a pas conduit à une réduction des captures de saumons sauvages. En effet, malgré une diminution des prix de l'ordre de 30 à

50 %, les prises de saumons ont crû au niveau mondial de 27 % entre 1988 et 1998, peut-être pour compenser la baisse des prix. L'espoir de voir l'aquaculture remplacer les prélèvements par la pêche s'évanouit. La progression de l'aquaculture ne limite pas l'essor des pêcheries, elle contribue surtout à masquer la décroissance des captures mondiales à la suite de l'effondrement de nombreux stocks. La complémentarité apparente se révèle être de fait une dépendance forte entre les deux secteurs d'activité. L'aquaculture d'espèces carnivores met encore un peu plus de pression sur l'exploitation des autres espèces de poissons. Les élevages de crevettes dégradent et polluent les zones de mangroves connues pour abriter de nombreux juvéniles. Les poissons d'élevage peuvent aussi héberger des parasites et les transmettre ensuite à leurs cousins sauvages, comme les poux du saumon signalés sur la côte ouest du Canada. Il y a là un danger potentiel semblable à celui du risque de pollution génétique par des poissons, OGM ou non, qui pourraient s'échapper des fermes aquacoles.

Le poisson-mètre

Les espèces consommées et leur taille ont évolué au cours des dernières années. Les grandes poissonnières qui accueillaient turbots, loups ou daurades ont été reléguées au rang d'antiquités avec l'avènement du « poisson-portion ». Ce changement est difficile à quantifier car on manque de points de référence dans le passé pour pouvoir mesurer l'ampleur de ce phénomène. Les spécimens que l'on mangeait autrefois étaient plus gros en taille car plus âgés. Il suffit pour s'en convaincre de jeter un coup d'œil aux cartes postales du début du XXe siècle où l'on voit souvent des pêcheurs ou des enfants poser à côté d'énormes spécimens d'esturgeons, de morues, de mérous ou de flétans.

Insensiblement, la surpêche a tout ratatiné : aujourd'hui, 95 % des poissons pêchés dans le golfe de Gascogne ont une taille inférieure à 23 centimètres. Nous mangeons désormais presque exclusivement des juvéniles, mais nous ne nous en apercevons même pas. Or, le fait de manger des poissons qui ont été pêchés avant d'avoir atteint l'âge de la reproduction est un mauvais point pour la survie des populations. Quand on voit un espadon de grande taille, il s'agit généralement d'un jeune, les spécimens de plus de 175 centimètres représentent désormais moins de 1 % des captures aujourd'hui. Fini, les darnes de mérou, de morue ou de merlu. L'augmentation de la part des produits traiteurs réfrigérés et des produits surgelés ainsi que la présentation en filets contribuent encore à masquer cette tendance qui ne fait que s'accentuer.

En France, les contrôles de la taille des poissons ont été pendant longtemps quasi inexistants, ce qui a d'ailleurs valu à notre pays une amende record de la Cour européenne de justice en 2006. La direction des pêches s'est défendue en expliquant que les contrôles étant effectués par plusieurs acteurs (Affaires maritimes, marine, contrôles vétérinaires, direction des fraudes), ceux-ci n'étaient pas suffisamment motivés. Une explication bien peu convaincante. Quand on voit que la direction des pêches refuse de livrer la moindre information sur les infractions et les réserve exclusivement à la Commission de Bruxelles, on mesure à quel point cette administration centrale est verrouillée et prend peu en compte les demandes de la société civile. À défaut de connaître la proportion de pêcheurs qui respectent les réglementations sur leurs bateaux, on a néanmoins le droit d'apprendre qu'en 2006 la direction des fraudes (DGCCRF) a dressé 154 procès-verbaux sur les 4 210 contrôles effectués dans les poissonneries de détail, les restaurants et les grandes surfaces, chez les grossistes et les mareyeurs, afin de vérifier le respect de la réglementation communautaire sur la taille minimale des produits de la mer. Un chiffre en légère augmentation par rapport à 2005.

Il y a des moyens de pallier les manques d'information de l'administration. Le contrôle de la taille des poissons peut directement être pris en charge par les consommateurs eux-mêmes. C'est à cette fin que Rainer Froese, de l'Institut des sciences maritimes de Kiel (Allemagne), a confectionné une petite réglette en plastique avec le nom des différentes espèces et leur taille réglementaire et encourage les acheteurs à boycotter les poissons juvéniles. Le projet, initialement baptisé Fisch-Max, a été tellement bien accueilli par le public allemand que le plus grand groupe de défense des consommateurs de ce pays (Verbraucherzentrale) en fournit au public, sous le nom de Fisch-O-Meter. Le *Hamburger Abendblatt*, un quotidien qui tire à 300 000 exemplaires, a reproduit la réglette sur ses pages. Il suffit de la découper et de vérifier chez le poissonnier si la réglementation est respectée. Les acteurs de la filière et les responsables des agences n'ont pas manqué de réagir contre cette initiative, ces dernières estimant que cela revenait à dire que la gestion des pêches en Europe était inefficace. Une réglette du même type a été mise au point et distribuée aux populations au Pérou et au Sénégal, où on l'appelle le « poisson-mètre ».

Plusieurs poissons dont le niveau trophique est élevé, comme le merlu, la morue et le turbot, ont vu leur prix considérablement augmenter. Ce n'est pas pour cela que l'on n'en pêche plus, au contraire. Récemment, un article du *Monde* s'inquiétait de cette tendance qui paraît irréversible[3]. En décembre 2006, chez les poissonniers parisiens, la grosse sole filet entière était facturée 49,50 euros le kilo, le bar coûtait entre 16,80 euros et 22,50 euros le kilo et le filet de turbot atteignait 158 euros. La sardine semblait la seule accessible, avec des prix compris entre 2,95 et 3,95 euros le kilo. Glenn Jones, de l'université de Galveston au Texas, a examiné les prix des poissons affichés aux menus de restaurants de New York, de Boston et de San Francisco depuis un siècle et demi[4]. Un aliment rare, même s'il devient très cher, reste prisé. Le prix des ormeaux a grimpé depuis les années 1950 dix fois plus rapidement que l'inflation, un repas à base de ce mollusque se monnaie aujourd'hui entre 50 et 70 dollars, alors qu'il ne coûtait que 7 dollars dans les années 1920. Même scénario pour le homard, les huîtres sauvages ou encore la sole et l'espadon, dont les valeurs actualisées se sont appréciées entre sept et dix fois. Les ressources se raréfiant avec la surexploitation, il semble qu'elles gagnent des étoiles dans les restaurants.

L'autre facteur qui pourrait contribuer à diminuer la consommation des poissons est leur contamination par des substances chimiques de toute nature, mauvaises pour la santé. L'industrie chimique a connu un essor fantastique depuis la Seconde Guerre mondiale et des centaines de milliers de tonnes de produits chimiques ont été déversées et ont abouti dans les océans. Une quarantaine d'années ont suffi pour que des polluants comme les dioxines, le DDT et les PCB (polychlorobiphényles) contaminent la faune de la mer Baltique, une mer fermée peu profonde où les basses températures de l'eau empêchent une dégradation rapide des molécules et où le manque d'échange avec l'Atlantique ne permet pas une dilution rapide. À cette liste impressionnante s'ajoutent aussi les métaux lourds. C'est ainsi que du brome, un élément utilisé dans la fabrication d'ignifugeants et de pesticides, a été détecté dans la chair des harengs à des taux cinquante fois supérieurs à ceux qu'on trouve dans l'Atlantique. Depuis 1995, les autorités suédoises conseillent aux femmes enceintes de limiter leur consommation de poissons gras.

Les pollutions des océans sont issues des rejets industriels, domestiques, urbains et agricoles ou des dépôts atmosphériques. Des substances comme le mercure ont tendance à s'accumuler progressivement dans les chaînes trophiques du monde marin. C'est pourquoi des grands prédateurs comme le thon, le requin et l'espadon sont plus contaminés qu'une sardine ou un anchois, situés en bas de la chaîne alimentaire. Ces substances peuvent provoquer, selon les doses et les combinaisons, des retards de développement chez les nouveau-nés et des cancers chez les adultes. Des organismes comme l'Organisation mondiale de la santé (OMS) recommandent aux femmes enceintes et aux jeunes enfants de ne pas en consommer plus d'une fois par semaine, tout en soulignant que ces produits contiennent des éléments nutritifs importants pour la santé humaine. Le poisson représente en effet une source unique d'acides gras polyinsaturés de type oméga-3, utiles à la prévention des maladies dégénératives chroniques, ainsi que des micronutriments, dont la vitamine D, le fer, l'iode, le sélénium et le zinc.

Des déchets hautement recherchés

On ne mange pas du poisson frais ou congelé partout dans le monde. Dans de nombreux pays d'Asie du Sud-Est ou d'Afrique, le poisson de petite taille et de mauvaise qualité est une manne. Qu'il s'agisse de poissons stockés dans des conditions rudimentaires, de poissons capturés au filet maillant et restés dans l'eau pendant des dizaines d'heures ou encore des juvéniles d'espèces non commercialisables, l'ensemble de ces captures est souvent transformé pour la consommation humaine. Dans des zones surexploitées comme dans les mers de Chine, de Thaïlande et du Vietnam, la FAO estime que ces poissons déchets ou à faible valeur marchande représentent près de 25 % des captures. Vendus à des prix souvent dérisoires, de l'ordre de 20 à 30 centimes d'euro, ils servent, après transformation, de condiments qui sont la plupart du temps mélangés au riz. La recette était déjà connue des Romains, qui conservaient des petits poissons non vidés dans des jarres ; il se produit alors une autodigestion donnant un condiment liquide, salé et très nourrissant, riche en protéines, qu'ils appelaient le *garum*. Au Vietnam, il porte le nom de *nuoc-mâm*.

Au Sénégal ou au Ghana, ce métier de la transformation est réservé aux jeunes manœuvres qui chargent et déchargent les bassines de poissons et aux femmes. Elles achètent les poissons dès l'arrivée des pirogues : sardines, anchois, sardinelles rondes ou plates et toutes espèces de poissons, petits et gros, qui ne peuvent être consommés frais. Empilés dans de grandes jattes en terre cuite, ces poissons marinent dans une saumure à l'odeur forte, puis sont ensuite fumés en plein air ou séchés au soleil sur de grandes nattes suspendues sur des piliers en bois, au milieu des mouches. Après plusieurs jours de séchage, les femmes les rangent soigneusement dans des grands sacs en toile de jute qui partent pour des destinations parfois lointaines, à l'intérieur du pays, par la route. La plus grande partie des produits halieutiques transformés sont en effet acheminés, dans des camions, des pick-up-bennes, des véhicules de transport de passagers, des taxis ou encore à Mobylette. Le choix dépend de la distance, du volume de chargement, des coûts et de la destination, zone rurale ou urbaine. Ce commerce informel irrigue en poissons à bon marché les pays africains. Niger, Sénégal, Bénin, Nigeria, Guinée, Burkina Faso et Côte d'Ivoire peuvent ainsi profiter de produits fumés, salés, séchés ou fermentés.

Dans le contexte actuel de surpêche, ce secteur de la transformation de produits marins, qui alimente les populations intérieures du Sud en protéines bon marché, a de plus en plus de mal à s'approvisionner. Le prix du poisson augmente, même celui des sardines et sardinelles. Les circuits commerciaux sont aujourd'hui efficaces et mieux structurés, ce qui marginalise le secteur informel de la transformation artisanale. La demande de poissons déchets ou à faible valeur marchande est grande dans un contexte de surexploitation, de pauvreté et d'accroissement des populations. Les rejets en mer risquent de se faire de plus en plus discrets.

La survivance des recettes passées

Les habitudes alimentaires ont évolué au cours du temps sous l'impulsion de nouvelles méthodes de transformation, de recettes culinaires, des modes mais aussi des religions, des tabous, des décisions politiques et des croyances. Cependant, même si les espèces de poissons ont été diversement appréciées au cours du temps, certaines recettes semblent avoir la vie dure, plus dure que les espèces elles-mêmes.

Pour les catholiques, le poisson est le plat servi le vendredi. Au Moyen Âge, l'Église catholique avait ainsi institué 166 jours maigres par an, dont 40 jours de jeûne strict lors du Carême, pendant lesquels on pouvait manger du poisson mais pas de viande. Cette décision produisit un effet sans précédent sur la consommation de poissons. Au milieu du XIXe siècle, la pêche du hareng était ainsi une des branches de commerce les plus productives pour l'Angleterre, qui en exportait beaucoup en Italie pour la Semaine sainte. Lorsque le pape Pie VII fut obligé de quitter Rome conquise par les Français, un membre du comité de la Chambre des communes s'occupant de la pêche du hareng fit observer que, le pape étant chassé de Rome, l'Italie allait vraisemblablement se faire protestante.

« Dieu nous en préserve ! s'écria un autre membre.

– Comment, reprit le premier, seriez-vous fâché de voir s'accroître le nombre des bons protestants ?

– Non, répondit l'autre, ce n'est pas cela, mais s'il n'y a plus de catholiques, que ferons-nous de nos harengs ? »

La pêche du hareng et le commerce se poursuivirent. En 1966, une baisse du prix du poisson se produisit à la suite d'une déclaration du pape selon laquelle il était désormais autorisé de manger de la viande le vendredi. Les prix du poisson plongèrent aux États-Unis et les quantités mises sur le marché déclinèrent.

La baleine ne constitue plus le plat quotidien des pêcheurs comme au XVIIe siècle ou des Japonais comme au XIXe siècle, mais elle a encore du mal à se faire oublier. Progressivement, au fil des décennies, les programmes de conservation mais aussi la qualité de la chair des cétacés ont eu raison des habitudes alimentaires. Les langues de baleine franche, qui pouvaient peser une tonne, étaient extrêmement recherchées au Moyen Âge. Au XVIe siècle, elles étaient considérées comme un mets exquis. En 1556, le chirurgien de Charles IX, qui résidait à Bayonne, nous dit : « La langue est molle et délicieuse, ils [les hommes de Biarritz] la salent semblablement au lard, lequel ils distribuent en beaucoup de provinces, qu'on mange en carême avec les pois [5]. » Mets de choix, la langue était destinée aux personnalités importantes et influentes. En revanche, la viande du cétacé, souvent coriace et indigeste malgré de longues heures de cuisson, n'était pas aussi prisée et était destinée aux gens du peuple et aux nécessiteux.

Aujourd'hui, le restaurant *Akiji Ichihara* à Tokyo essaie d'attirer une jeune clientèle huppée en proposant des sandwiches de baleine composés de viande, de salade mayonnaise et de ketchup, le tout entassé entre deux tranches de pain. Dans un ultime effort pour relancer les ventes, le gouvernement a tenté de réintroduire au menu des cantines de certaines écoles primaires la baleine bouillie, à la grande surprise des associations de consommateurs, qui y sont hostiles. Le lard bouilli, la tranche de baleine crue ou frite ne sont plus vraiment attractifs pour les palais nippons, même si, comme l'affirment les restaurateurs, « le cétacé a le goût du bœuf ou du thon, et comme elle est frite, elle n'a pas d'odeur ».

La consommation d'autres espèces a suivi des destinées très changeantes, comme le note Nelson Cazeils. L'esturgeon a toujours été recherché pour sa chair délicieuse, mais ce sont les tsars de Russie qui ont fait la renommée de ses précieux œufs, l'or noir. Le tsar Nicolas II faisait servir 11 tonnes de caviar chaque année à la cour. Les Russes ont été longtemps les seuls à goûter ce plat. Au siècle dernier, dans le New Jersey, les œufs étaient proposés dans les tavernes parce que, étant très salés, ils poussaient les consommateurs à boire plus de bière. En France, au XIXe siècle, le caviar était distribué aux indigents pour agrémenter leur soupe ou bien utilisé comme appât pour les poissons d'eau douce, comme les nasses pour les anguilles ou les barbeaux, ou encore jeté aux volailles.

La technique de préparation des Russes fut importée en Gironde et dans la Garonne lors de l'exode des nobles qui fuyaient la révolution de 1917. La recette divulguée, le produit connut un engouement rapide et la production dans le Sud-Ouest fondit entre 1920 et 1980 de 8 000 à 25 kilos. En 1899, les pêches de Gironde, de la mer du Nord et de la Baltique étaient importantes et le caviar français valait 20 centimes au kilo. Aujourd'hui, ce produit est devenu un mets de luxe, c'est la gourmandise la plus coûteuse au monde après le safran. Le caviar beluga peut atteindre la valeur de 7 000 euros le kilo. Il est difficile pour le consommateur de savoir si le caviar acheté provient d'une source légale ou illégale et si la production est sauvage ou d'élevage. Les prix exorbitants ne font que promouvoir le braconnage, estimé à plus de 500 millions de dollars. La raréfaction de l'esturgeon le rend vulnérable car il est toujours plus recherché.

L'histoire a façonné les palais et les habitudes, mais c'est peut-être l'abondance et la rareté des espèces qui ont joué un rôle essentiel dans la définition des choix alimentaires. Pourtant, quand une espèce a reçu les faveurs des papilles gustatives d'une culture, il semble bien difficile de l'oublier. Les recettes persistent même si elles ont été élaborées voici plusieurs siècles, dans des lieux où le poisson n'était nullement pêché.

Qui penserait que la morue est populaire dans l'Aveyron au même titre que l'aligot, plat bien connu à base de purée de pommes de terre et de tome de vache fraîche ? L'introduction du *stockfish*, qui se présente sous forme d'un bâton séché et dur comme du bois, est intimement liée au développement économique du Lot. Arrivé de Terre-Neuve ou d'Islande, c'est par la voie fluviale qu'il était acheminé en pays de Rouergue. Progressivement, le *stockfish* devient en occitan l'*estofi*, ou poisson-bâton, et donne son nom au plat populaire aveyronnais, l'estofinade. Du XIIIe au XVIIIe siècle, on transporte sur le Lot entre Bordeaux et Decazeville essentiellement du vin, du bois, du sable et de la pierre, mais aussi des produits agricoles et alimentaires comme la farine, le sel, la morue séchée et des épices pour quelques notables locaux. À partir de 1850, la canalisation de la rivière bouleverse les rythmes commerciaux. Ces aménagements sont une aubaine pour le bassin industriel de Decazeville, alors en plein développement.

Une flotte structurée achemine d'un côté les pièces maîtresses qui permettront de bâtir les usines d'extraction de houille et de sidérurgie, de l'autre, le fer, le charbon, le vin mais aussi les produits agricoles, comme les cochons et les agneaux de la région. Le *stockfish* devient alors une véritable monnaie d'échange. On raconte que les bateliers le faisaient traîner à l'arrière de leur bateau. Il fallait huit jours pour arriver à Decazeville, le temps nécessaire pour réhydrater la morue séchée et, une fois arrivé, préparer l'estofinade. Quelque quinze tonnes de *stockfish* sont encore importées chaque année et ce plat est toujours servi dans de nombreux restaurants de la région, en particulier à Almont-les-Junies ou à La Bastide-L'Évêque, dans l'Aveyron. Les grands cuisiniers, comme Michel Bras à Laguiole, ont inventé quelques variantes gastronomiques, mais l'esprit de la morue de Terre-Neuve est toujours présent sur les terres aveyronnaises, même si les mines de fer et de charbon sont aujourd'hui désaffectées.

Naviguant entre ses habitudes alimentaires, l'injonction à consommer certains produits avec modération et les choix écologiques, le citoyen a bien du mal à se retrouver dans la jungle des produits marins. Réaliser ses achats de manière responsable et consommer du poisson durable devient une priorité.

La voie étroite de la labellisation

Le seul vrai dénominateur commun à la mondialisation des produits de la mer, c'est l'épuisement des ressources marines dû à leur surexploitation. Selon l'écologiste Jeremy Jackson, c'est la caractéristique même de la période globale actuelle, marquée par l'intensification de la pêche, son extension horizontale et verticale ainsi que la mise en place rapide de nouvelles pêcheries et leur abandon dès que les ressources sont taries et que le marché cesse d'être rentable[6]. Dans ce contexte, les personnes qui ont accès aux fruits de la mondialisation de la pêche, mais ne veulent pas pour autant participer à la razzia, se demandent souvent comment faire pour acheter de « bons » poissons, ceux dont la consommation n'est pas synonyme de destruction des ressources marines. Le problème ne se pose pas dans les mêmes termes dans les pays du Sud, où les ressources sont moins abondantes et le niveau de vie beaucoup plus bas.

Cette démarche se heurte à un obstacle majeur : bon nombre de produits de la pêche essaient de passer à travers les mailles de toutes les réglementations, quand il y en a. Du coup, il est difficile de connaître l'origine des marchandises vendues dans les poissonneries et les supermarchés. Quand on parcourt la longue liste établie par Alexandre Dumas des espèces que l'on trouvait sur les étals à Paris au XIXe siècle (esturgeons, turbots, saumons, cabillauds, thons, bars, aloses, morues, daurades, raies, maquereaux, soles, barbues, carrelets, limandes, plies, vives, éperlans, rougets, harengs, sardines mais aussi homards, langoustes, crabes, crevettes[7]), on peut penser que bien peu de choses ont changé. Il n'en est rien. D'abord, les aloses et surtout les esturgeons ont disparu. Ensuite, nombre d'espèces sont aujourd'hui issues de l'aquaculture (moules, huîtres, daurades, loups, turbots, saumons, crevettes) et il est pratiquement impossible de les distinguer de leurs cousines sauvages, les étiquettes étant souvent discrètes quant à leur provenance. En 1980, les poissons d'élevage représentaient 20 % des produits au niveau mondial, aujourd'hui ce chiffre avoisine les 50 %.

L'étiquetage spécifiant le mode de production et l'origine géographique est obligatoire depuis 2002, mais il y a des fraudes. En France elles sont nombreuses. En 2006, la direction de la Répression des fraudes a fait 245 rappels de réglementation et dressé 140 procès-verbaux sur les 2 735 contrôles effectués dans les poissonneries de détail et les grandes surfaces, chez les mareyeurs et dans les criées, chez les pisciculteurs, les pêcheurs, les fabricants de produits transformés à base de poissons et les restaurateurs. « Outre les infractions déjà relevées les années précédentes, telles que l'utilisation du terme "perche" pour "perche du Nil", "daurade" pour "daurade sébaste", "sole" pour "sole tropicale", on constate cette année, l'utilisation des termes "thon rouge" pour "thon albacore", "limande sole" pour "limande", "daurade" pour "sarre", "saint-Pierre" pour "panga", "espadon" pour "requin", etc. Des procès-verbaux ont été dressés pour l'utilisation d'origines trompeuses (ex : bar de ligne pour bar d'élevage, poissons de Bretagne pour des produits importés, etc.), des modes de production trompeurs (ex : mention "pêché" employé pour des crevettes, du saumon ou de la daurade d'élevage, etc.), de présentation trompeuse (frais pour des produits décongelés), d'utilisation de mentions locales valorisantes inexactes (pêche côtière, pêche du jour, etc[8].). »

La labellisation des produits de la mer est destinée à sensibiliser le public à l'impact de la pêche et à changer ses habitudes d'achat. La FAO appuie ce type de démarche et a publié un guide de bonne conduite des pêcheries. Plusieurs ONG ont lancé des initiatives, notamment la création du label *« dolphin safe »* (« pêché sans dauphin ») dont on a déjà parlé plus haut et qui permet d'acheter des thons du Pacifique dont la pêche n'a pas occasionné de mortalité de dauphins.

Le MSC (Marine Stewardship Council) est le label le plus connu de pêche durable. Il a été créé en 1997 par la multinationale de l'alimentation Unilever et le WWF. Il est fondé sur trois principes : 1) vérifier qu'il y a suffisamment de poissons pour assurer la viabilité de la pêcherie ; 2) examiner l'effet de la pêche sur l'écosystème marin, y compris sur d'autres espèces de poissons non pêchées, sur des mammifères et sur les oiseaux marins et sur les habitats ; 3) évaluer les règles et procédures en vigueur dans la pêcherie, ainsi que leur application, afin de maintenir la viabilité de la pêcherie et de minimiser l'impact sur le milieu marin.

Le label MSC fait son chemin au niveau mondial. Depuis juillet 2007, par exemple, la firme de produits surgelés Findus affiche le label MSC sur trois de ses produits (bâtonnets de colin d'Alaska, merlu blanc d'Afrique du Sud et cabillaud du Pacifique) et devrait prochainement l'étendre à dix nouveaux. Wal-Mart, le géant mondial de la distribution, premier employeur privé des États-Unis avec 1,3 million d'employés et un chiffre d'affaires de 300 milliards de dollars, a déclaré récemment son ambition de certifier les produits de la mer dans les cinq années à venir. En France, les choses commencent à bouger. Au début de l'année 2008, le groupe Auchan a décidé de ne plus commercialiser de thon rouge tant que la pêche ne sera pas durable. Les pêcheurs français ont protesté. En vain. Ce label ne fait toutefois pas l'unanimité. Ainsi, le MSC a certifié les langoustes en Australie ou encore le hoki de Nouvelle-Zélande, mais il semble que ces stocks ne soient pas mieux gérés que d'autres non certifiés. Le manque de suivi et d'évaluation *a posteriori* est dénoncé comme le principal point faible du label.

Jennifer Jacquet et Daniel Pauly émettent toute une série de critiques sur le système de labellisation en général. D'abord, il ne concerne que les pays riches et n'est pas représenté en Asie, où sont pourtant consommés plus de la moitié des poissons, ni en Amérique du Sud ni en Afrique, où la consommation devrait exploser au cours des prochaines années. Aux États-Unis, la labellisation des produits, notamment surgelés, ne semble pas avoir d'impact sur les acheteurs. Ils estiment aussi que la focalisation sur une seule espèce constitue un recul par rapport à une perspective écosystémique.

Autre reproche, la labellisation donne des idées aux fraudeurs. Le merlu du Pacifique est vendu sous le nom de tilapia en Équateur parce que ce dernier est considéré comme un poisson durable car herbivore. Une étude menée à l'aide de marqueurs génétiques a révélé qu'aux États-Unis les trois quarts des poissons vendus sous le nom de *red snapper* (« vivaneau rouge ») n'appartiennent pas à cette espèce. La légine australe devient un bar chilien, le thon rouge un chinchard à queue jaune. Quand on manque d'idées, on ne se complique pas la tâche : les importations américaines de légine *(Patagonian toothfish)* portent la mention générique « filets de poisson congelés ». Les crevettes d'aquaculture thaï, qui représentent 30 % de la production mondiales, sont exportées sous le label « sauvage ». La perche du Nil s'est attribué le label de la FAO des pêches responsables. Plus de 50 % des labels se sont révélés inutiles ou tout simplement faux. Les consommateurs ont de quoi s'y perdre. Les efforts de quelques associations pour rationaliser le marché et alerter les acheteurs sont restés vains.

Il faudra du temps avant que les étiquettes ne permettent d'assurer la pérennité des espèces marines. La liberté actuelle des marchés ne contribue pas à une grande clarté. Mais les choses évoluent rapidement et les jeunes générations semblent beaucoup plus sensibles aux problèmes environnementaux. Les guides et conseils distribués par l'aquarium de Monterey et beaucoup d'autres établissements dans le monde sont souvent bien documentés. Ils classent les espèces de poissons suivant trois rubriques, à savoir les espèces que vous pouvez acheter en pleine confiance (sous la rubrique « les meilleurs choix »), les espèces qui sont des choix possibles (« bonnes alternatives ») et les espèces qui sont surexploitées (« à éviter »).

Aujourd'hui, il vaut mieux éviter de manger des espèces surexploitées comme le cabillaud (morue de l'Atlantique), le requin, le thon rouge, la daurade rose, l'empereur, la légine, le turbot, les sébastes ou encore le merlu. Cette liste non exhaustive montre à quel point le choix se réduit. Les espèces que l'on peut recommander car issues de pêcheries gérées ou d'élevages certifiés sont le lieu noir d'Alaska, le flétan du Pacifique, le merlu blanc du Cap, le pangasus et le saumon d'élevage, le hareng, la sardine, l'anchois, le lieu, le turbot d'élevage, la crevette d'élevage de Madagascar.

Même si les labels ont amélioré grandement la perception du grand public, leur effet reste insuffisant. Les associations devront l'informer encore mieux de la valeur et de la fragilité des produits sauvages. Comme le préconisent Jacquet et Pauly, il faut apprendre à gérer les stocks avec nos têtes et peut-être aussi avec nos cœurs, et un peu moins avec nos estomacs. Pour eux, les poissons issus de la pêche ne devraient plus être perçus seulement comme de la simple nourriture dont la production est contrôlée mais comme de la faune sauvage. On ne pourra sauver les poissons et les écosystèmes marins que le jour où leur destruction massive suscitera la même réprobation que la chasse à la baleine.

8

DES ÉCOSYSTÈMES MARINS AU CŒUR DE LA PÊCHE

Des espèces sensibles à l'environnement

La théorie des pêches a laissé de côté l'écologie marine, comme on l'a vu dans le chapitre II. Mais la surexploitation et ses conséquences l'ont progressivement replacée sur le devant de la scène. On s'aperçoit aujourd'hui qu'il n'est plus possible de considérer la pêche sur un plan comptable, espèce par espèce, mais qu'il faut la voir de manière beaucoup plus globale, en prenant en compte toute la complexité du milieu marin, notamment de l'environnement physique. Les énormes fluctuations des populations de poissons ont été les premiers éléments visibles à ébranler l'halieutique traditionnelle.

Les pêcheurs savent que le caractère reproductible de la pêche n'est que rarement observé, souvent même improbable. Les effectifs des espèces marines varient parfois avec une ampleur surprenante. Ainsi des accroissements rapides ou des déclins brutaux des stocks peuvent affecter l'activité de pêche, les débarquements et l'ensemble des secteurs économiques. Ces fluctuations sont particulièrement observables dans l'exploitation des poissons pélagiques côtiers, espèces à vie courte comme les sardines, les anchois, les maquereaux, les sprats, etc.

Instables par nature, les ressources marines ont été une source de richesse ou de misère pour les pêcheurs et les industries de transformation qui les conditionnaient, mais aussi une source de questionnements pour les scientifiques qui tentèrent de comprendre les raisons de leurs fluctuations. C'est le cas de la pêche à la sardine, qui a fait vivre des milliers de gens en Bretagne et tout spécialement à Douarnenez, mais qui a aussi causé la ruine de nombreux marins et de leurs familles. Aux XIXe et XXe siècles, les pêcheurs ont particulièrement souffert de ces brutales disparitions des ressources, plus connues sous l'appellation de « crise sardinière ». Marie-Hélène Durand, de l'IRD, a étudié l'importance de ces crises de production, qui entraînèrent de nombreux conflits économiques et sociaux et parfois des famines en Bretagne et en Vendée [1].

En 1804, Nicolas Appert mit au point la méthode de conservation des aliments en les stérilisant par la chaleur dans des contenants hermétiques, des bouteilles en verre ou par la suite des boîtes métalliques en fer-blanc. Cette découverte amena l'implantation d'une industrie de conserverie dans la région et fit sa fortune. Cinquante ans plus tard, plus de deux cents usines transformaient la sardine sur les côtes bretonnes. Les conserves étaient exportées et les affaires se traitaient directement à Londres. Cette activité attira une importante population. Dans la seconde moitié du XIXe siècle, le nombre de pêcheurs sardiniers quadrupla et 150 000 à 180 000 personnes étaient employées dans le secteur. Mais la manne n'était pas immuable et les rendements connaissaient de nombreuses irrégularités, il y avait de bonnes années, mais aussi de mauvaises, voire de très mauvaises années où la sardine faisait défaut, comme en 1846, 1852, 1858, de 1870 à 1872 et entre 1880 et 1887. En 1886, plus de la moitié des usines françaises avaient fermé.

L'espoir revint les années suivantes, puis la pêche sombra brutalement de 1902 à 1913. En 1902, des comités de secours firent appel à la charité publique pour aider les familles en grande détresse. Des commissions scientifiques furent créées pour déterminer les causes de l'apparition et de la disparition des sardines. Les raisons invoquées pour expliquer les fluctuations étaient multiples. En 1886, une enquête publique recensa pas moins de onze causes potentielles qui retinrent l'attention des scientifiques.

La question récurrente de la dépopulation des mers était au cœur des discussions. On constata que la disparition des sardines coïncidait avec les hivers froids. La persistance des vents d'ouest et les eaux qui apportent le « lardin » étaient particulièrement favorables à la sardine, qui semblait aussi aimer les eaux à la température modérée et constante. La sardine était un poisson « merveilleux, capricieux et frileux », mais restait en même temps très mystérieuse.

Un précédent donnait aussi du poids à ces relations de cause à effet : on avait appris que la morue avait disparu plusieurs années en Norvège à la suite d'un refroidissement des eaux. En 1896, Amédée Odin, fondateur du laboratoire maritime des Sables-d'Olonne, estimait qu'il est « urgent de savoir si l'irrégularité des rendements de la pêche est le résultat, comme certains l'affirment sans preuve, de l'action de l'homme ou échappe à son influence[2] ». Son compatriote Mader, de la station biologique d'Arcachon, fut le premier à relier différentes hypothèses et à amorcer l'ébauche d'un scénario écologique[3]. Il pensait en effet que l'intensité et l'orientation des vents déterminaient la production et la concentration en plancton dont se nourrissaient les sardines. Il avait noté que parfois les océans ressemblent à de vastes déserts et qu'alors la sardine partait se nourrir ailleurs, tandis que de nombreux scientifiques pensaient que c'était l'action de la pêche qui entamait dangereusement le potentiel du stock.

De sévères conflits déchiraient les pêcheurs bretons. La guerre des engins de pêche faisait rage et tout était sujet à controverse, la taille des filets, la taille des mailles, la fabrique des sennes... L'avis et les recommandations des scientifiques n'eurent pas raison de l'opposition des pêcheurs bretons, qui firent interdire les engins perfectionnés. En 1906, Fabre Domergue, alors inspecteur général des Pêches maritimes, constatait la disparition à peu près totale de la sardine sur les côtes, mais considérait « la crise actuelle comme purement économique devant sa gravité et due à l'entrée en scène des produits espagnols et portugais qui, par la régularité de leur apport sur le marché, ne permettent plus à l'industrie française de compenser les années maigres par des années grasses dont l'alternance avait toujours été constatée jusqu'à présent[4] ». Crises économique et écologique se mêlaient.

Cette instabilité des ressources marines affectait l'économie et illustrait la difficulté à gérer une ressource instable. Comme on pouvait le lire dans le journal *La Pêche maritime* en 1931, « on doit d'abord se demander si, lorsqu'on se plaint de l'appauvrissement des fonds de pêche, on n'exagère pas un peu, puisque, dès que le poisson redevient abondant, son prix s'abaisse de telle sorte que le produit n'augmente pas et même qu'il diminue parfois ».

En 1934, un arbitrage gouvernemental permit d'établir un compromis entre les pêcheurs et les usiniers. Les fabricants s'engageaient à respecter un prix minimum fixé pour chaque taille de sardine et à déclarer chaque jour les quantités qu'ils étaient prêts à acheter le lendemain. La dénonciation de ces accords fut source fréquente d'affrontements et des grèves de pêcheurs d'une grande ampleur paralysèrent la Bretagne en 1909, 1913, 1926-27 et 1934-1935.

Aujourd'hui seulement vingt et un sardiniers pêchent la sardine. La pêche à la sardine n'est soumise à aucun quota, elle n'est pas menacée ni même encadrée par l'Union européenne, mais il convient d'y faire attention, et cela malgré l'abondance des stocks. La profession porte une attention toute particulière à leur gestion. Elle a voulu limiter les débarquements pour ne pas engorger le marché et éviter les problèmes de commercialisation. Les leçons du passé ont porté leur fruit, mais le poisson bleu peut à nouveau disparaître à tout moment.

La révélation des écailles

Plusieurs hypothèses avaient été avancées pour expliquer ces fluctuations de grande ampleur. On pressentait qu'il existait des liens entre l'environnement et l'instabilité des ressources marines, encore fallait-il savoir lesquels. De nombreux chercheurs travaillant sur des stocks de poissons au Maroc, en Californie, au Chili, au Portugal, en Espagne et dans bien d'autres pays avaient montré que les captures de sardines et d'anchois étaient liées à des fluctuations d'intensité des vents, des températures de surface et d'autres paramètres environnementaux. Cependant ces corrélations fonctionnaient pendant plusieurs années puis étaient invalidées. Les débats étaient vifs.

Deux études scientifiques indépendantes ont marqué un tournant décisif dans la perception des fluctuations des petits poissons pélagiques mondiaux et de leur lien avec l'environnement. La première est due à deux Américains, Soutar et Isaacs, qui publièrent en 1969 des travaux très originaux sur la sardine de Californie[5]. En effet, ils avaient réussi à déterminer sur de très longues périodes l'abondance des sardines dans le bassin de Santa Barbara en Californie à partir des écailles déposées et conservées dans les sédiments. L'analyse des dépôts d'écailles présentes dans les carottes a révélé l'existence de fluctuations d'amplitude et de durée irrégulières et très marquées. Cette reconstitution montrait que, même en l'absence d'exploitation, les populations de sardines avaient connu des périodes d'effondrement et de recouvrement très variables, de quelques années à plusieurs décennies.

L'autre percée eut lieu en 1983, lors d'une grande conférence internationale organisée par les Nations unies et la FAO sur les fluctuations d'abondance des poissons pélagiques. Un chercheur japonais, T. Kawasaki, surprit les participants en déclarant que les populations de sardines fluctuaient dans les océans de façon synchrone. Les populations de sardines le long des côtes japonaises, californiennes, péruviennes et chiliennes semblaient croître et décroître en même temps. La plupart des chercheurs présents à ce symposium pensaient que les fluctuations environnementales et les pressions de pêche étaient différentes d'un écosystème à l'autre et qu'il s'agissait là d'une pure coïncidence. Le temps a donné raison au chercheur japonais, car il est maintenant largement admis que ces variations sont liées à des fluctuations climatiques à grande échelle.

La difficile survie des larves

Il restait à comprendre par quels mécanismes le vent et la température agissent sur la survie des poissons. Au début du XXe siècle, les chercheurs norvégiens tentèrent pour la première fois d'identifier avec précision les processus en jeu. Ces travaux marquèrent les débuts de l'océanographie des pêches proprement dite.

L'océanographe Gunder Dannevig (1841-1911) s'intéressait aux stocks de morues le long des côtes norvégiennes. Son jeune collègue Johan Hjort (1869-1948) n'avait pas la même vision que lui du fonctionnement de la nature. Dannevig pensait qu'il existait une relation étroite entre le nombre de reproducteurs et le nombre d'œufs, de larves et de juvéniles de poissons. Il entreprit donc de relâcher chaque année les larves de morue produites en aquaculture. Si sa théorie était la bonne, les lâchers de poissons devaient produire plus de morues adultes et améliorer la pêche. Hjort était convaincu au contraire que le facteur déterminant n'était pas le nombre d'adultes ni le nombre de larves, mais plutôt les conditions climatiques qui prévalent durant les premiers stades larvaires. Certaines années étaient plus favorables que d'autres. De cette controverse naquit un vaste programme de collecte de données écologiques qui démarra en 1919. À l'automne, les scientifiques commencèrent à prélever des jeunes larves de morue dans plus de cent stations réparties le long des côtes norvégiennes. Les relations entre les conditions environnementales, la survie des larves, l'abondance des jeunes poissons et le succès de la pêche commencèrent alors à être explorées dans le détail.

Ces observations ont continué jusqu'à aujourd'hui, mais il a fallu attendre 2003 pour qu'une équipe, sous la direction d'un autre Norvégien, Nils Stenseth, départage les deux chercheurs. Analysant avec des modèles mathématiques sophistiqués les séries temporelles récoltées depuis 1919, Stenseth et son équipe ont montré que le repeuplement en jeunes larves ne contribue pas significativement aux changements à long terme de l'abondance des morues matures. L'hypothèse de Hjort était donc confortée.

Le mode de reproduction des poissons est très particulier. Qu'il s'agisse d'un esturgeon adulte de plusieurs mètres de long ou d'un anchois d'une dizaine de centimètres, les œufs des poissons marins sont minuscules, de la taille d'une tête d'épingle : un millimètre de diamètre en moyenne. Cette taille réduite a un intérêt évolutif car les larves peuvent se nourrir de plancton, de minuscules algues et crustacés qui sont à la base de toute la production primaire et secondaire des océans. Mais c'est aussi un handicap, les petites larves ont peu de réserves pour survivre et doivent trouver dans leur environnement les aliments qui leur permettront de grandir rapidement. La seule exception notable est celle du cœlacanthe, dont les œufs ont la taille d'un pamplemousse.

Johan Hjort avait constaté que les larves de poissons mouraient très facilement juste après l'éclosion. Après la résorption du sac vitellin qui leur permet de survivre de façon autonome à partir de leurs réserves, les larves acquièrent leur périlleuse autonomie. Il pensait qu'il existe une période critique, lors des toutes premières semaines de vie, pendant laquelle les larves doivent rapidement trouver une nourriture adéquate, sous peine de périr en masse. Les poussées planctoniques scellent le sort des larves nouvellement écloses et leur taux de survie. Il avait aussi noté qu'il fallait parfois attendre plusieurs années, voire dizaines d'années, pour avoir un bon recrutement.

Cette théorie du recrutement trouva un écho dans les années 1950. David Cushing, qui travaillait en mer du Nord, émit l'hypothèse que le décalage entre l'éclosion des larves de poissons et le boom printanier de phytoplancton et de zooplancton détermine le succès de la survie des larves de poissons. Il savait que ce mécanisme de rencontre entre le prédateur et sa proie existe dans le milieu terrestre et il l'appliqua au milieu marin. Les insectes éclosent à des dates fixes, avant l'éclosion des végétaux dont ils se nourrissent. Si les conditions météorologiques sont bonnes, la synchronisation est presque parfaite et les insectes peuvent se nourrir et survivre. Si elles ne le sont pas, ils meurent.

Cushing appliqua donc ce raisonnement aux poissons. Il fallut toutefois du temps avant de quantifier le mécanisme. Ce sont les études menées par Trevor Platt dans les années 1970 dans des baies de la Nouvelle-Écosse qui permirent de comprendre comment certains facteurs océaniques, tels que la température, le vent, la turbulence et la circulation de l'eau, contrôlent la photosynthèse actionnée par l'énergie solaire [6]. Il réussit en effet à établir les relations quantitatives entre l'abondance du phytoplancton et la couleur de l'océan, et entre le taux de photosynthèse et l'intensité lumineuse.

Mais il manquait encore une vue d'ensemble des processus de la production primaire. Les chercheurs ont été longtemps incapables de faire des observations à grande échelle de l'abondance du phytoplancton, et encore moins d'établir un lien clair entre son abondance et la survie des larves et le recrutement. Les océans étaient beaucoup trop vastes. C'est le lancement de satellites chargés d'instruments de télédétection, capables d'enregistrer des données détaillées sur la surface du sol et des océans, qui a permis des avancées considérables. Trevor Platt et ses collègues purent commencer à calculer des indicateurs de production primaire. En 2003, ils mirent ainsi en évidence une relation de cause à effet sur une longue période entre l'abondance du phytoplancton au sud de la Nouvelle-Écosse et la survie et le recrutement des larves d'églefin nées au cours de chaque année [7]. Dans cette zone, les poussées hâtives coïncidaient avec un taux important de survie des larves et un recrutement ultérieur nettement plus élevé.

Pour qui a pratiqué l'élevage de poissons en aquarium, il est d'un grand secours de savoir ajuster l'émission d'air lorsque les œufs éclosent. En effet, si les bulles d'air provoquent des turbulences trop fortes à proximité des petites larves, celles-ci auront des difficultés à saisir leur proie. Elles s'épuisent en ne pouvant atteindre les particules alimentaires et meurent de faim. Un chercheur californien, Reuben Lasker, démontra qu'un environnement stable est requis pour assurer l'alimentation des jeunes larves [8]. Cette approche fut reprise par Philippe Cury et Claude Roy, qui démontrèrent l'existence d'une fenêtre environnementale optimale pour le succès de la survie des larves de poissons, qui dépend de l'intensité des vents et des turbulences [9].

Il y a une dizaine d'années, Andrew Bakun, un chercheur américain, a défini trois mécanismes fondamentaux dans le recrutement des poissons : la production en plancton qui permet aux larves de trouver une nourriture appropriée ; la rétention, qui leur permet de rester dans un environnement donné sans être dispersées par les courants ; la concentration, qui leur offre une quantité suffisante de nourriture[10]. On venait enfin de réaliser que pour croître les poissons ont besoin de conditions bien particulières, rarement réunies dans le vaste milieu océanique.

Les pièges subtils du changement climatique

La dépendance des larves de poissons envers les fluctuations de l'environnement marin a amené la recherche à s'interroger sur l'impact possible des changements globaux. En 2000, deux chercheurs américains, Steven Hare et Nathan Mantua, annoncèrent que les sautes d'humeur du climat pouvaient modifier l'ensemble des communautés de poissons de façon durable[11]. Plus connus sous le nom de « changement de régime », ces événements climatiques bien particuliers observés durant l'hiver 1976-1977 et 1989 ont été repérés sur trente et une séries d'observations. Sur les séries climatiques, on constate une véritable marche d'escalier, comme si la température ou encore les vents changeaient brutalement. L'ampleur du changement peut être quantifiée à l'aide de séries environnementales et spatialisée par des cartes de températures dans toute la région. Plusieurs séries d'abondance récoltées depuis les années 1950 de phytoplancton, de zooplancton, de méduses, de poissons côtiers montrent que le saut climatique a bouleversé l'ensemble des communautés vivantes. Lorsque le climat change, tous les êtres vivants sont affectés.

Paradoxalement, ce n'est pas l'ampleur du changement climatique qui risque de constituer un véritable défi pour la survie des espèces. La nature sait s'adapter aux cycles saisonniers, mais les tendances induites par le changement climatique, lent et insidieux, bouleversent en profondeur les habitudes des habitants des mers.

Un accroissement de température, même minime, rendra la vie impossible à des espèces qui vivaient à une température proche de la valeur limite de leur tolérance thermique. Le réchauffement des dernières décennies a ainsi eu des conséquences profondes sur les récifs coralliens en accentuant les températures extrêmes lors des événements El Niño (anomalies chaudes qui surviennent dans l'océan Pacifique, associées à des conditions océanographiques anormales). Cela s'est traduit par le blanchiment et la disparition des coraux sur de vastes régions océaniques, car une hausse de température de 1 °C par rapport aux moyennes maximales durant quelques semaines peut suffire à engendrer des mortalités massives. Ainsi, l'épisode El Niño de 1997-1998, associé à des élévations de températures d'une ampleur jamais égalée durant le XXe siècle, a provoqué la disparition de coraux vieux de sept cents ans : 7 % à 99 % d'entre eux ont été perdus dans certains sites de l'océan Indien. Deux espèces de coraux ont disparu (*Siderastrea glynni* et *Millepora boschmai*) qui constituaient l'habitat de plusieurs espèces de poissons. Le réchauffement des eaux lamine progressivement les récifs coralliens en Australie, où leur blanchiment est passé de 50 % à 60 % de la surface de la Grande Barrière entre la seule période 1998-2002.

Chaque espèce a des tolérances spécifiques en termes de températures. Les espèces d'eaux froides comme les saumons ou les esturgeons auront bien du mal à s'adapter à un accroissement de température. Par contre, les barracudas ou les coryphènes n'auront pas trop de souci si la température s'accroît quelque peu. Les espèces marines possèdent une plage thermique dans laquelle elles peuvent évoluer et se développer. À un niveau global, on s'attend donc que les espèces d'eaux froides se déplacent vers les pôles et réduisent leurs habitats. Dans un écosystème côtier exploité comme celui du golfe de Gascogne, selon l'Ifremer, le réchauffement a été depuis 1970 de 1,5 °C dans les eaux de surface et de 0,8 °C dans les eaux situées entre 50 mètres et 200 mètres [12].

Profitant du réchauffement, plusieurs espèces subtropicales de l'Atlantique nord se déplacent depuis plusieurs décennies vers le nord, à raison de 50 kilomètres par an. Dans l'Atlantique nord, la lotte, la morue, la sardine, l'anchois ou encore le bar sont remontés de 50 à 400 kilomètres. Les espèces plus profondes comme le carrelet ou la sole ont gagné les eaux plus froides en profondeur, essayant de gagner du temps contre les effets du réchauffement. Les copépodes planctoniques dont l'abondance ne dépassait pas les côtes marocaines ont pris leurs quartiers dans le golfe de Gascogne et la Manche. Une étude récente sur les communautés de poissons démersaux (poissons proches des substrats) en mer du Nord révèle que, au cours de ces vingt-cinq dernières années, environ deux tiers des espèces se sont déplacées ou sont allées plus profond pour trouver la fraîcheur.

Plus inquiétant peut-être, des calculs montrent que 30 % des émissions de CO_2 sont absorbées par l'eau de mer, qui par voie de conséquence s'acidifie. Les modèles prévoient une acidification de 0,3 à 0,5 unité pour le prochain siècle. Tandis que de nombreux animaux se sont adaptés au cours des derniers millions d'années aux variations de températures, le pH des océans est resté presque constant depuis 300 millions d'années. Les organismes calcifiés végétaux et les invertébrés marins ont donc quelques soucis à se faire. Des études expérimentales ont montré que les coccolithophores zooplanctoniques n'arriveront pas à construire leur squelette calcifié, partiellement détruit par une eau de mer qui sera devenue plus acide d'ici une cinquantaine d'années. D'autres espèces semblent pâtir de façon indirecte de cette acidification des océans. Les calmars nagent très rapidement et leur métabolisme rapide nécessite un apport en oxygène important. Or, l'accroissement de la concentration en CO_2 abaisse le pH sanguin et sa capacité à transporter l'oxygène.

Le changement climatique, en affectant la proie, affecte aussi le prédateur. Si la proie se déplace, le prédateur devra suivre. Les cétacés comme les dauphins ont dû se déplacer à la poursuite de leurs proies favorites, les poissons pélagiques et les céphalopodes. Récemment, des inquiétudes se sont fait jour en Antarctique où 90 % des grandes baleines trouvaient une nourriture d'ordinaire très abondante, le krill. Ces petits crustacés se nourrissent d'algues microscopiques qui se développent sous les glaces et se raréfient avec leur diminution due au réchauffement. La raréfaction du krill affecte aussi les manchots, les albatros, les phoques et les baleines. Les modèles de prédiction de couverture de glace prédisent que les ours devront migrer sur de plus longues distances et dépenser plus d'énergie pour capturer leurs proies. Pour certains, l'avenir de l'espèce est sombre. Dans les baies d'Hudson et de James au Canada, la couverture glaciaire disparaît plus tôt au printemps et se reforme plus tardivement à l'automne. Résultat, les oursons succombent à l'absence de nourriture ou à des carences en graisse dans le lait des mères allaitantes.

Les changements peuvent prendre plusieurs formes. Ainsi, dans la baie de Baffin et le détroit de Davis, qui hébergent les plus grandes concentrations mondiales de narvals, les hivers ont été particulièrement rudes entre 1979 et 1996. Les grands froids ayant complètement gelé la glace de mer, les cétacés n'ont pas pu venir respirer à la surface et des mortalités en masse ont été enregistrées chez ces animaux.

La nature enchevêtrée des écosystèmes

« Tout est plus simple qu'on ne peut l'imaginer et en même temps plus enchevêtré qu'on ne saurait le concevoir[13]. » Bien longtemps avant que la notion d'écosystème n'existe, Johann Wolfgang von Goethe avait perçu la beauté de la nature, dont ses habitants ont une connaissance immédiate mais dont le fonctionnement est extraordinairement subtil et complexe. Qui pourrait imaginer, par exemple, que la diminution d'abondance des baleines grises dans l'Atlantique a eu des conséquences sur les populations d'oiseaux marins ? Ces grands mammifères marins sont des sortes de « machines » à transférer l'énergie sur de grandes distances, mais aussi entre les profondeurs et la surface des océans. Ils s'alimentent sur le fond en pompant les sédiments et les organismes qui y résident. Avant leur exploitation au XIXe siècle, les baleines grises étaient capables de remettre en circulation quelque 720 millions de mètres cubes de sédiments chaque été. Au cours de cet énorme remue-ménage, de nombreux crustacés benthiques vivant sur le fond se trouvent littéralement projetés en surface où ils constituent des proies faciles pour les oiseaux marins, qui suivent de près leurs agissements.

Le phénomène n'a pas seulement une valeur anecdotique. Une population de 96 000 baleines grises – c'était leur nombre probable avant les débuts de la chasse – pouvait ainsi assurer la nourriture à 1,03 million d'oiseaux. Du fait du déclin des populations de baleines grises, leurs plongées ne peuvent aujourd'hui « nourrir » que 220 000 oiseaux marins. Ces calculs d'impact sont dérisoires par rapport au véritable rôle que peuvent jouer les populations de baleines dans les océans mondiaux, mais ils révèlent néanmoins l'extraordinaire complexité des écosystèmes.

La vie microscopique est aussi incroyablement diversifiée dans les océans que sur terre. Les bactéries et les virus jouent un rôle important dans le fonctionnement des écosystèmes et dans le recyclage de la matière organique. Le rôle du phytoplancton est mieux connu étant donné sa position de producteur primaire. C'est un règne très vaste qui comprend les cyanobactéries (association d'algues brunes et vertes avec des bactéries), différents types d'algues vertes, marron, des diatomées, des dinoflagellés, des silicoflagellés ou encore des chlorophytes. Au-dessus, on trouve le zooplancton qui broute le phytoplancton. Ses représentants sont plus gros en taille, bien que certains soient microscopiques, comme plusieurs protozoaires. La plupart sont visibles à l'œil nu, comme les copépodes, petits crustacés transparents d'un ou deux millimètres qui ont des pattes en forme de rames et qui composent jusqu'à 80 % de la biomasse planctonique. Ils jouent un rôle fondamental dans le cycle biologique des océans en fournissant une nourriture abondante à de nombreux animaux, depuis les larves de poissons jusqu'aux baleines. Il existe de nombreux invertébrés aux formes et aux couleurs extraordinaires, comme les anémones de mer, les méduses, les vers ou les crustacés, qui vivent souvent sur le fond des océans. Viennent ensuite les milliers d'espèces de poissons, de mammifères et d'oiseaux marins.

Reconnaître que la multitude de ces êtres marins ne cesse d'interagir a pris beaucoup de temps. Il a fallu attendre 1935 pour qu'un écologiste terrestre, le botaniste anglais Sir Arthur George Tansley, invente le terme « écosystème ». Cela correspondait à un changement radical de perception. On reconnaissait par là qu'il existe des interactions fortes entre les espèces et que ce jeu d'interactions définit l'entité écologique.

Le cadre venait d'être construit, un peu comme si l'on avait bâti la scène d'un théâtre, mais il fallait encore le définir grandeur nature. La définition de l'écosystème s'avéra elle-même problématique, car trop floue : « L'ensemble formé par une association ou communauté d'êtres vivants (ou biocénose) et son environnement géologique, pédologique et atmosphérique (le biotope). Les éléments constituant un écosystème développent un réseau d'interdépendances permettant le maintien et le développement de la vie [14]. »

La notion d'écosystème fut pourtant fondamentale. En 2007, à l'occasion de son 200e anniversaire, la National Oceanic and Atmospheric Administration (NOAA) demanda à ses employés d'élire ceux qui, à leurs yeux, ont marqué l'histoire de la recherche dans le milieu marin. On aurait pu s'attendre à la nomination de tel ou tel chercheur pour sa découverte d'un appareil de mesure qui aurait révolutionné l'observation du monde marin, mais ce ne fut pas le cas. Rachel Carson fut choisie pour avoir développé une vision écosystémique du monde marin. Connue pour ses écrits sur la conservation de la nature et les méfaits des pesticides sur la faune, elle a travaillé pour le Bureau des pêcheries commerciales de 1935 à 1952 et s'est ensuite dirigée vers la rédaction d'articles scientifiques mais aussi poétiques et de vulgarisation. Elle nous a ouvert les yeux sur la façon dont les habitants du monde marin sont reliés entre eux, sur la beauté de l'intégrité du milieu marin.

Depuis la Convention sur la diversité biologique (CDB) adoptée en 1992 et ratifiée depuis par cent quatre-vingt-neuf pays, une des préoccupations majeures a été d'essayer d'expliquer ce que recouvrent « la protection des écosystèmes, des habitats naturels et la maintenance de populations viables dans un environnement naturel[15] ». L'existence au niveau mondial de quatre grands types de biomes marins (vaste ensemble d'écosystèmes appartenant à une même région géographique) a pu être reconnue à partir de processus physiques dominants. Les premiers critères sont la densité de la structure verticale de la colonne d'eau et l'intensité du flux vertical des sels nutritifs, qui permettent de classer la productivité des océans mondiaux et de différencier les zones polaires, les zones d'upwelling ou encore les zones boréales et subtropicales.

L'environnement au sein de ces quatre zones n'est bien évidemment pas uniforme. Deux grandes classifications des écosystèmes marins ont été proposées. À partir de critères biogéochimiques, Trevor Platt et Shubha Sthyendranath repris par Longhurst dénombrent cinquante-sept écosystèmes mondiaux[16]. Sherman découpe les océans en soixante-quatre zones différentes à partir de critères géostratégiques et écologiques.

Ces découpages sont effectués dans le dessein pragmatique de pouvoir constituer des entités opérationnelles pour l'aménagement des ressources renouvelables. Une classification commune fut rapidement adoptée. La ZEE (Zone économique exclusive) n'était pas fondée sur des critères scientifiques et représentait cependant l'unité politique qui permettait aux bases de données de toute nature de s'articuler entre elles. Avec les écosystèmes, l'enjeu est de concilier des préoccupations écologiques et un cadre opérationnel d'aménagement. La classification des écosystèmes mondiaux est imparfaite mais elle devrait néanmoins permettre de ranger l'ensemble des données et savoirs que nous avons collectés et de les mettre au service de l'aménagement. Comme le souligne Daniel Pauly, si on n'avait pas classé de façon arbitraire les lettres de l'alphabet, il aurait été impossible de produire un annuaire téléphonique. Même si la notion d'écosystème reste floue, il faut la cultiver.

Les gros mangent les petits

À l'intérieur des écosystèmes, le drame permanent est la prédation. Pourtant, les interactions entre les espèces et leur importance pour l'aménagement des pêcheries n'ont été prises en compte qu'à partir des années 1960 et, au départ, seulement parce que la prédation venait directement concurrencer la pêche. Des estimations faites en mer du Nord concluaient que les morues consomment chaque année trois fois leur propre abondance, soit 1 million de tonnes de proies. Une bonne partie, plus de 360 000 tonnes de poissons, aurait pu être consommée par l'homme. La compétition entre la pêche et le prédateur est donc bien réelle. Sur le banc Georges, aux États-Unis, les chercheurs ont calculé que la prédation représentait entre 60 % et 90 % de la production de l'écosystème. Une revue menée par N. J. Bax en 1991 a montré que la prédation représentait entre deux et trente-cinq fois la mortalité induite par la pêche [17]. La pêche n'est donc pas le seul facteur pouvant être incriminé pour expliquer la baisse des effectifs de poissons.

En milieu marin, le prédateur ne peut pas monopoliser l'espace. Le lion et son harem qui s'approprient un territoire de chasse n'existent pas. La prédation dans le milieu marin est principalement une affaire de taille. La règle est simple : le plus gros mange le plus petit. Le prédateur est en permanence contraint de parcourir un monde souvent uniforme et fluide à la recherche de proies potentielles, plus petites que lui. Ce n'est pas une règle universelle du règne animal, mais elle s'applique au milieu aquatique.

Dans le milieu terrestre, un lion peut manger plus gros que lui. Si les lionnes décident d'attaquer un éléphant, elles arrivent à leurs fins en le pourchassant en meute et en utilisant des ruses pour le fatiguer et le dévorer. Chez la plupart des poissons, les fortes contraintes environnementales liées à la vie en milieu aquatique ont mené au développement de corps fusiformes sans appendices préhensiles. Une telle similarité morphologique implique que les prédateurs aient une bouche suffisamment grande pour avaler leurs proies en une seule fois. C'est la contrainte majeure dans le milieu marin. La bouche doit être au moins trois à quatre fois plus grande que la proie, car le poisson n'a ni bras, ni ongle, ni bec pour la saisir et la retenir à lui. Certains mollusques céphalopodes font exception, comme le poulpe par exemple, qui entoure sa proie avec ses tentacules et déguste lentement le poisson enlacé en le perforant avec son bec. Un poulpe peut ainsi manger des poissons de taille respectable, parfois bien plus grands que lui. Les poissons n'ont pas ce privilège.

L'aquarium de Monterey en Californie est un des premiers au monde à avoir construit un énorme bassin dans lequel évoluent des animaux de toutes tailles, comme d'énormes requins aux dents acérées, des gros mérous, des bancs d'anchois et de calmars, des tortues marines... Dans cet espace confiné, il est surprenant de ne pas voir toutes ces créatures s'entre-tuer ; le carnage est bien évidemment évité par la distribution alimentaire quotidienne. De temps en temps cependant, quelques habitants disparaissent subrepticement. Ainsi, durant plusieurs mois, un groupe de plusieurs centaines de calmars évoluait tranquillement dans le bassin, jusqu'au jour où les requins décidèrent qu'ils pouvaient constituer des proies intéressantes. En moins de dix minutes, ils furent exterminés sans merci alors qu'ils avaient été ignorés jusque-là. Les requins avaient-ils ressenti la faim ? Avaient-ils goûté et aimé le calmar ? Au petit jeu du « qui mange qui ? », les chercheurs ont tenté de savoir s'il existait des préférences alimentaires chez les poissons.

La façon la plus simple pour comprendre le régime alimentaire des poissons consiste à regarder ce qu'ils ont mangé en leur ouvrant l'estomac et en réalisant ce que l'on appelle des contenus stomacaux. Avec beaucoup de savoir-faire et de patience, les chercheurs peuvent reconnaître les espèces ingérées, et parfois leur taille. En mer du Nord, un travail titanesque a été mené par des biologistes afin de reconstituer les réseaux trophiques et de les modéliser. Grâce à l'analyse de dizaines de milliers d'estomacs, on a pu identifier les régimes alimentaires des poissons dans leur écosystème. Les résultats ne furent pas surprenants : il existe bien des préférences alimentaires pour certaines espèces, mais très souvent les poissons semblent manger ce qu'ils trouvent dans leur milieu.

L'expérience de la mer du Nord est restée unique dans les annales de l'écologie alimentaire des poissons, étant donné le côté extrêmement fastidieux de l'exercice. Récemment, les chercheurs ont trouvé une nouvelle méthode beaucoup plus rapide et facile pour déterminer non pas ce que le poisson vient de manger mais son régime alimentaire sur le long terme : l'analyse des isotopes stables contenus dans leurs tissus. En écologie, l'isotopie stable est une approche basée sur la distribution des isotopes de cinq éléments naturellement présents dans la biosphère (hydrogène, carbone, azote, oxygène et soufre). Ces constituants fondamentaux sont transportés le long des réseaux trophiques, déposés dans les sols et présents à l'état de gaz. En écologie alimentaire, leur utilisation se base sur l'existence de compositions isotopiques distinctes chez les producteurs primaires et d'une relation étroite entre les signatures isotopiques de la nourriture et de son consommateur. Ces deux principes en font d'excellents marqueurs naturels qui permettent de suivre les déplacements de la matière organique dans un réseau trophique, depuis les producteurs primaires jusqu'aux consommateurs terminaux. En écologie marine, les isotopes stables servent de base à l'élaboration et à la mise en œuvre de modèles trophiques.

Ces nouvelles techniques ont permis de découvrir que les poissons, même s'ils possèdent une règle de prédation relativement simple, n'en sont pas moins des gourmets qui parfois sélectionnent leur proie. Ainsi les anchois se montrent-ils particulièrement friands de grands copépodes, alors que les sardines préfèrent ceux de taille plus réduite. Les poissons restent malgré tout la plupart du temps des opportunistes qui mangent ce qui est plus petit qu'eux, peu importe l'espèce. Il y a bien évidemment des prédateurs supérieurs, qui vivent de nombreuses années et atteignent des tailles respectables d'un, voire plusieurs mètres de long, comme les marlins, les espadons, les thons, les coryphènes, les morues, les merlus, les mérous... Et il y a les proies comme les harengs, les sardines, les anchois, les maquereaux, qui vivent quelques années seulement et atteignent au mieux quelques dizaines de centimètres. Cette différence de taille détermine la prédation.

La crise de la prédation

Les pêcheurs vantent volontiers la taille des poissons qu'ils viennent de capturer. Les manchettes des journaux locaux illustrent cet attrait pour les records. L'exploitation cible préférentiellement les grands poissons prédateurs, qui sont plus appréciés des consommateurs et se vendent mieux sur les marchés locaux et étrangers. Le prix au kilo d'une grosse daurade royale ou d'un mérou dépasse celui d'une sardine ou d'un anchois. Depuis une cinquantaine d'années, les pêcheries ont traqué merlus, morues, mérous, espadons, thons, marlins avec une persévérance et une intensité sans précédent. Auparavant, les grandes espèces dominaient une faune de petits poissons qui avaient bien du mal, malgré leur taux de renouvellement, à rester en vie. Les requins étaient omniprésents dans les milieux coralliens, les morues dans les écosystèmes côtiers de l'Atlantique nord-ouest. L'abondance de ces grands prédateurs était alors vraisemblablement dix fois plus importante qu'aujourd'hui.

Les illustrations et les photographies anciennes sont les seuls témoignages des morues de 2 mètres de long et de 100 kilos, des flétans de 2,5 mètres pesant plusieurs centaines de kilos, des mérous de 300 kilos. Aujourd'hui, les poissons qui peuplent les océans sont plus petits car on ne leur laisse pas le temps de grandir. Dans le golfe de Gascogne, 95 % des poissons capturés font moins de 23 centimètres de long. En mer du Nord, l'abondance des poissons de plus de 4 kilos correspond à 2,5 % de celle qu'elle était avant l'exploitation industrielle.

Ces grandes tendances se retrouvent-elles dans l'ensemble des océans ? En 1998, Daniel Pauly et ses collaborateurs ont tenté de quantifier le changement intervenu au cours des cinquante dernières années dans l'exploitation des écosystèmes marins[18]. Pour comprendre l'évolution de l'exploitation des espèces, ils ont utilisé comme indicateur le niveau trophique, qui caractérise la position alimentaire d'une espèce, et dont nous avons déjà parlé dans le chapitre II. Par définition, le niveau trophique est égal à 1 pour les producteurs primaires comme les microalgues planctoniques (qui ne se nourrissent que de soleil et de sels nutritifs). Ensuite, il suffit d'ajouter un à chaque fois que l'on monte d'un niveau trophique. Ainsi, le zooplancton herbivore a un niveau trophique 2 puisqu'il consomme le phytoplancton, les poissons herbivores ont un niveau trophique 3 lorsqu'ils se nourrissent de zooplancton, les prédateurs de ces poissons ont une valeur de 4 et ainsi de suite. Un thon ou un autre grand prédateur comme le mérou a un niveau trophique supérieur à 4, tandis que les poissons dits fourrages, comme les sardines et les anchois, ont un niveau trophique voisin de 3.

Les auteurs ont évalué les niveaux trophiques de quelque deux cent vingt espèces de poissons communément exploitées. Les captures mondiales par espèces étant recensées annuellement depuis 1950 par la FAO, Daniel Pauly a eu l'idée de pondérer ces captures calculées en tonnes par le niveau trophique de chacune des espèces. Le résultat corrobora ce que les chercheurs soupçonnaient. Le développement des pêcheries tend à réduire l'abondance des populations des grandes espèces prédatrices à croissance lente et à maturité sexuelle tardive, au profit d'espèces à croissance et renouvellement rapides. Ce mécanisme fut baptisé par leurs auteurs « pêcher de plus en plus bas dans les réseaux trophiques » (traduction littérale de *« fishing down marine food web »*).

L'indicateur de Pauly montrait qu'au niveau mondial le niveau trophique moyen des captures chute de 0,1 par décennie. Cette valeur pourrait paraître faible ; elle ne l'est pas et reflète en fait un changement drastique dans la composition même des prises des pêcheurs. Les captures d'anchois et de sardines représentent aujourd'hui 65 % des captures, contre 50 % il y a cinquante ans. Après avoir pêché de plus en plus loin et de plus en plus profond, Pauly et ses collaborateurs montraient que l'on pêchait maintenant de plus en plus bas dans les chaînes trophiques. Dans nos assiettes, les petits poissons herbivores remplacent progressivement les grands poissons carnivores, qui après avoir dominé les océans ne sont plus que l'ombre d'eux-mêmes.

Des œufs minuscules

Dans le milieu marin, la règle de prédation basée sur la taille de la bouche des poissons brouille les cartes, car leurs œufs mesurent tous 1 millimètre de diamètre. Les poissons naissent donc tous égaux en taille, ce qui a pour conséquence directe qu'ils peuvent se manger les uns les autres. C'est ainsi que le sprat et le hareng de la mer Baltique, proies principales de la morue adulte, peuvent manger les œufs et les larves de leur prédateur. Il est difficile de faire le parallèle avec le milieu terrestre, où l'on voit assez mal une gazelle adulte manger un lionceau. La prédation opportuniste des poissons a aussi comme conséquence que le cannibalisme est largement répandu parmi nos poissons. Ils peuvent dévorer sans vergogne leurs propres descendants. Les merlus consomment leurs petits avec une telle avidité que parfois les jeunes poissons sont décimés, ce qui laisse bien peu de poissons pour les pêcheurs les années suivantes.

Ce mécanisme étonnant amplifie les fluctuations des effectifs. Dans les écosystèmes marins non exploités, où les poissons de grande taille prospèrent, les adultes limitent l'abondance des proies, qui sont des compétiteurs et des prédateurs potentiels. Dans un écosystème surexploité, on observe le phénomène inverse. Les poissons prédateurs de grande taille deviennent moins nombreux. Les proies, qui subissent une moindre pression de prédation, se multiplient, s'attaquant en plus grand nombre aux œufs et aux larves de leur prédateur, jusqu'à contrôler leur abondance. L'écosystème est ainsi entraîné dans un cercle vicieux qui peut empêcher les stocks de poissons de grande taille de se reconstituer. La morue de Terre-Neuve, dont les populations se sont effondrées en 1992, semble être une victime de cette spirale infernale.

À l'époque, on pensait que les mesures prises en matière d'aménagement allaient progressivement permettre au stock de se reconstituer. Aujourd'hui, son abondance est encore plus faible qu'il y a quinze ans. Quinze longues années durant lesquelles on a attendu que les conditions environnementales redeviennent favorables aux jeunes morues. Pour légitimer ces attentes déçues, de nombreuses explications ont été proposées : les phoques mangent les morues ; le nombre d'adultes n'est pas assez important et produit trop peu d'œufs ; le climat change ; les autres espèces dévorent les larves ; les prises accessoires et le quota alloué aux pêcheurs, même s'il est bas, empêchent le recouvrement du stock.

Qu'est-ce qui peut donc bien contrôler l'abondance de la morue et l'empêcher de reconquérir l'océan, dont elle a eu la maîtrise pendant des siècles ? Les écosystèmes sont perçus par les écologistes de différentes façons. Il y a ceux qui sont convaincus que la nature est complexe, tellement complexe que chaque situation est unique et le fruit de dynamiques locales. Pour d'autres, il existe des grands patterns émergents, observables et interprétables. Les contraintes naturelles sont les mêmes dans tous les écosystèmes et la structuration des communautés vivantes est semblable. Bien évidemment, il découle de cette dualité d'interminables controverses. Les écosystèmes sont-ils structurés par l'environnement ou bien par la pêche ? L'histoire de la recherche écologique révèle que les deux approches sont restées dissociées pendant de nombreuses années.

Des écosystèmes structurés par l'environnement...

L'influence de l'environnement sur les écosystèmes marins a été établie pour la première fois en 1887 par Victor Hensen, considéré comme le père de l'écologie quantitative en milieu marin[19]. Cet océanographe et biologiste allemand cherchait à identifier les causes des fluctuations des populations de poissons en mer du Nord. Des variations saisonnières en plancton avaient été observées depuis longtemps. On connaissait bien les fluctuations naturelles du hareng ou celles de la morue, qui affectaient lourdement le résultat des pêcheries. Mais le lien entre les différentes composantes de l'écosystème restait énigmatique. Utilisant l'analogie avec l'agronomie où les récoltes peuvent être prédites en contrôlant les quantités d'engrais utilisés, Hensen émit l'hypothèse que la quantité de sels nutritifs disponibles dans le milieu marin contrôle l'abondance en petits organismes photosynthétiques, le phytoplancton. Ce dernier contrôle à son tour celle du zooplancton, qui influe sur l'abondance du poisson qui s'en nourrit et ensuite sur celle des prédateurs des poissons.

L'idée que les écosystèmes sont contrôlés de manière ascendante (*« bottom-up »* pour les Anglo-Saxons) est aujourd'hui bien établie. De grands programmes internationaux sont dédiés à cette thématique. Les fluctuations de l'environnement physique qui déterminent l'abondance des organismes situés au bas de la chaîne alimentaire se répercutent tout au long des réseaux trophiques. En mer, cet environnement physique comprend essentiellement le vent, les courants, la température, l'ensoleillement. Les vents influencent les courants et les turbulences, et font remonter les sels minéraux à la surface des océans. À partir de cet apport en sels nutritifs et de l'énergie qu'il puise dans le rayonnement solaire, le phytoplancton prolifère plus ou moins vite suivant la température de l'eau. L'enrichissement local en sels nutritifs alimente alors toute la chaîne alimentaire de manière séquentielle. Le phytoplancton, le zooplancton, les poissons, puis les oiseaux et les mammifères marins en tirent successivement profit. Les êtres sont reliés entre eux et un coup de vent à la surface des océans a un impact direct sur le phytoplancton et indirect sur les populations de phoques et les oiseaux marins.

Après des années de recherches mais surtout de collectes de données, le lien étroit entre le climat et les différents maillons de la chaîne alimentaire a pu être confirmé par l'équipe britannique de N. J. Aebischer[20]. En 1990, la première étude montre qu'il existe une correspondance remarquable entre l'affaiblissement du régime des vents d'ouest au cours des trente dernières années en mer du Nord et l'abondance du phytoplancton, du zooplancton, des harengs et des mouettes. Lorsque les vents faiblissent, c'est toute la chaîne de la vie qui est freinée : moins de phytoplancton, moins de zooplancton, moins de hareng et des populations de mouettes en difficulté. Ce système *« bottom-up »* explique la sensibilité de nombreuses espèces de poissons et d'espèces marines aux fluctuations de l'environnement.

Les études scientifiques se sont aussitôt multipliées pour évaluer la force de ces liens et les relier aux changements globaux. L'enjeu est donc important. En 2004, Anthony Richardson et David Schoeman synthétisent les nombreuses données de températures de surface récoltées en routine depuis une centaine d'années par les navires marchands pour extraire les tendances du climat dans une vingtaine de zones de l'Atlantique nord-est[21]. Les séries temporelles récoltées depuis 1931 en mer du Nord par le *plankton recorder* – filet servant à l'échantillonnage de l'ensemble des organismes vivants en pleine eau, sans relation avec le fond (le pelagos) – permettent de relier les fluctuations de températures à celles des variations d'abondance de soixante-six espèces de plancton. Les premiers résultats montrent que, avec le réchauffement, l'abondance du phytoplancton devrait augmenter dans les zones froides et riches en sels nutritifs et diminuer dans les régions plus chaudes, où la stratification des eaux est plus grande. Dans chacune des zones, un lien très fort est détecté entre l'abondance du zooplancton carnivore et celle du zooplancton herbivore. Ce lien entre ces deux niveaux trophiques importants laisse entendre que l'impact du changement environnemental devrait être fort, tout particulièrement pour les poissons et les mammifères marins déjà malmenés.

Ce type de contrôle par les fluctuations de l'environnement dans le Pacifique nord-est a été confirmé par Ware et Thompson, deux chercheurs américains qui ont comparé la productivité de onze écosystèmes[22]. Lorsque l'environnement est plus favorable, les captures de poissons deviennent plus abondantes et le fait d'exploiter les populations revient à extraire du milieu naturel ce qui est produit par l'environnement, rien de plus. La surexploitation n'a pas les effets qu'on lui attribue ; tout est une question de productivité des zones marines. Si l'environnement structure la dynamique des écosystèmes, sa prise en compte ne permet cependant pas de tout expliquer. La théorie de Hensen ne marche pas dans tous les cas.

... et par la pêche

Si l'on considère que l'opulence de chaque niveau trophique dépend uniquement de celle du niveau inférieur, on devrait alors observer une évolution parallèle des quantités de populations pour chaque niveau. Or, ce n'est pas toujours le cas. En 1980, l'écologiste américain Robert Paine a étudié le rôle joué par les étoiles de mer dans les écosystèmes littoraux et a constaté que, lorsqu'un niveau trophique donné est abondant, les niveaux inférieurs affichent des populations plus clairsemées[23]. Paine suggéra à l'époque qu'il fallait tenir compte de la prédation dans la régulation des écosystèmes, prédation qui depuis s'est révélée la principale source de mortalité chez les poissons. Le chercheur américain introduisit donc la notion de « cascade trophique », qui a été appliquée par la suite à de nombreuses dynamiques d'écosystèmes marins : lorsque la population des poissons prédateurs s'affaiblit, les proies prolifèrent.

Lorsque l'étoile de mer est soustraite de l'écosystème, les moules et les algues prolifèrent. De même, en milieu côtier, la surexploitation des poissons prédateurs permet aux poissons pélagiques de se développer, ce qui provoque une décroissance de l'abondance du zooplancton, qui peut elle-même avoir un effet positif sur l'abondance du phytoplancton. Les cascades se caractérisent alors par des tendances inverses de l'abondance des différents niveaux trophiques.

On pensait que les cascades trophiques n'existaient que dans des milieux fermés, comme les lacs ou les écosystèmes littoraux. Pour les chercheurs, il n'était pas possible d'observer des perturbations à grande échelle dans des milieux ouverts comme les milieux côtiers ou hauturiers. Pourtant, elles se révélèrent bien plus fréquentes qu'on ne le pensait, et les écosystèmes marins plus profondément perturbés qu'il n'y paraissait.

Au Canada, où la morue a disparu depuis 1992, Kenneth Frank s'est interrogé sur l'impact de cette disparition sur les autres ressources de l'écosystème[24]. Les pêcheurs avaient observé que les poissons pélagiques – harengs, maquereaux et capelans – et d'autres espèces situées plus bas dans la chaîne trophique, comme les crevettes, les homards et les crabes, étaient devenus beaucoup plus abondants. Les chercheurs avaient aussi remarqué que le phytoplancton ainsi que les phoques étaient devenus plus abondants.

Lorsque Kenneth Frank et son équipe reconstituèrent en 2005 les populations de ces différentes espèces marines sur quatre décennies, il n'y avait pas de doute. L'ensemble des perturbations observées dans l'écosystème pouvaient être attribuées à la disparition de la morue, le principal prédateur historique. Celle qui avait pendant des siècles et des siècles permis une production halieutique stable dans l'un des écosystèmes les plus productifs du monde avait perturbé son fonctionnement en disparaissant. Crevettes, crabes, poissons pélagiques pouvaient proliférer en l'absence de leur prédateur.

Il y a de nombreux autres exemples. En Afrique de l'Ouest, la surexploitation des prédateurs de grande taille (daurades, mérous...) a conduit à une diminution globale de ces espèces de plus de 50 % depuis les années 1980. Du fait de la raréfaction de leurs prédateurs, les poulpes à durée de vie courte ont proliféré. Absents des débarquements il y a seulement une vingtaine d'années, ils sont devenus la principale ressource halieutique au Maroc, en Mauritanie et au Sénégal. Cette modification des ressources n'est pas anodine, car ces espèces sont sensibles aux variations de l'environnement. Les captures de poulpes au Sénégal témoignent d'ores et déjà de fluctuations considérables d'une année sur l'autre, passant de quelques centaines à plus de 30 000 tonnes. Elles dépassent nettement les variations enregistrées jusque-là.

En 2007, Ransom Myers, aujourd'hui disparu, et son équipe évaluèrent l'impact de la baisse d'abondance de onze espèces de requins sur la côte est des États-Unis[25]. Ces espèces ont été surpêchées et ont diminué dans des proportions allant de 87 à 99 % en moins de trente-cinq années. Un effondrement lourd de conséquences, car ces grands prédateurs – dont la taille est souvent supérieure à deux mètres – régulent l'écosystème marin. Cette diminution a profité à douze des quatorze espèces de raies, dont certaines populations comptent plusieurs dizaines de millions d'individus. Ce fut une catastrophe pour les pêcheurs de coquilles Saint-Jacques, décimées par ces nouveaux prédateurs. Les scientifiques citent l'exemple de la raie pastenague *(Rhinoptera bonasus)*, dont les effectifs ont littéralement explosé jusqu'à atteindre 40 millions d'individus. Or, ces raies consomment chaque année d'énormes quantités de bivalves – coquilles Saint-Jacques et palourdes principalement. Résultat, la pêche de ces coquillages en Virginie et au Maryland s'est élevée à 300 tonnes en 2003 alors qu'elles produisaient auparavant près de 840 000 tonnes. En quelques années, l'exploitation centenaire de Caroline du Nord a dû stopper brusquement, faute de mollusques.

Les dégradations d'écosystèmes se multiplient. Les effets en cascade à la suite de l'élimination des prédateurs deviennent de plus en plus courants. Aristote décrivait la mer Noire comme un écosystème très productif avec de nombreux prédateurs. Au cours du XXe siècle, elle a connu de profonds bouleversements dus à la surexploitation des espèces marines, à l'eutrophisation et à l'invasion par des espèces exotiques. Elle est envahie aujourd'hui par une espèce de méduse, *Mnemiopsis leidyi*, après avoir subi de profonds bouleversements écologiques.

G. Daskalov a mis en évidence plusieurs périodes durant lesquelles la mer Noire s'est transformée rapidement d'un système productif à un système presque improductif et pauvre en oxygène[26]. Dans les années 1970, la surexploitation des grands prédateurs pélagiques, notamment les thons, a provoqué une cascade trophique qui s'est répercutée sur quatre niveaux – les petits poissons pélagiques, les méduses, le zooplancton, le phytoplancton – mais a eu pour conséquence de produire plus de sels nutritifs et d'abaisser le taux d'oxygène. Au cours des années 1990, les poissons planctonivores, qui étaient devenus abondants, furent à leur tour surexploités, les captures diminuèrent d'un facteur six, entraînant une perte économique de 16,8 millions d'euros pour la seule pêcherie d'anchois. Cette chute entraîna une explosion du nombre de méduses et une dégradation progressive de l'écosystème. Les méduses avaient été introduites en 1982, mais l'effondrement des populations de sprat, d'anchois et de chinchard avait favorisé leur prolifération.

La mer Noire est devenue très peu productive en termes halieutiques. Les maquereaux ont disparu et les pêcheries de grands et de petits poissons pélagiques sont inexistantes. Pendant longtemps, on a espéré que ce type de situation était réversible, mais il semble que, comme dans le cas de la morue, les écosystèmes soient plus complexes qu'on ne le souhaiterait. En 2000, l'équipe canadienne menée par Jeffrey Hutchings a même montré que, sur quatre-vingt-dix stocks de poissons (gros et petits), le processus de dégradation peut se révéler irréversible. Après quinze ans d'arrêt de l'exploitation, 41 % d'entre eux continuaient de décliner, 51 % commençaient à se reconstituer (principalement les petits poissons pélagiques) et seulement 8 % étaient pleinement reconstitués. On peut se demander si de nombreux écosystèmes n'ont pas déjà franchi le seuil de l'irréversibilité.

La raréfaction des gros poissons prédateurs modifie profondément et durablement le fonctionnement des écosystèmes marins. Dominés par des espèces de petite taille et à courte durée de vie, les écosystèmes deviennent plus instables car tributaires des variations environnementales. Si à leur tour ces espèces sont surexploitées, elles seront remplacées par les méduses, que les pêcheurs s'empresseront peut-être de surexploiter à leur tour, comme le prédit Daniel Pauly[27].

Cette notion de régulation de niveaux trophiques inférieurs par les prédateurs, bien qu'essentielle, est sous-estimée par la majorité des spécialistes. Ceux qui y adhèrent ont toutefois tendance à négliger le rôle de l'environnement dans la régulation des populations. En dehors de quelques controverses sporadiques, l'école dominante *(« bottom-up »)* et l'école plus marginale *(« top-down »)* se sont ignorées (et s'ignorent toujours), chacune travaillant dans un type d'écosystème contrôlé par l'un ou l'autre type de régulation. Ce n'est que très récemment que l'on a commencé à appréhender et à quantifier de manière plus globale la dynamique des écosystèmes marins. Les deux types de contrôles (*« top-down »* et *« bottom-up »*) pouvaient coexister au sein d'un même écosystème, et même alterner au cours du temps et les synergies s'exprimer. Le temps des synthèses s'annonce et, au petit jeu du « qui contrôle qui ? », les règles écologiques qui permettraient de mieux appréhender l'effet des changements globaux semblent encore bien balbutiantes. Les modèles d'écosystèmes récemment proposés par les scientifiques permettent cependant de progresser dans la compréhension des interactions.

Quand Carl et Willie vont en bateau

Il faut parfois bien peu de chose pour que le monde change. Un battement d'ailes de papillon peut, paraît-il, changer la dynamique du climat. Parfois, ce sont les enfants qui bouleversent les théories écologiques. Carl Walters est un éminent professeur en écologie marine de l'université de Vancouver, au Canada. Son plaisir est de partir à la pêche au saumon dans les magnifiques fjords de Colombie-Britannique, ce qui ne signifie pas qu'il les capture ! Lorsque Carl emmena son fils Willie, alors âgé de neuf ans, pour l'initier à l'art subtil du pêcheur, il ne se doutaít pas que ce jeune apprenti allait changer le cours de sa carrière de modélisateur.

Carl est un grand pédagogue et les cours qu'il donne à la faculté sont remplis d'étudiants enthousiastes. Lorsqu'il emmène son fils en promenade, il lui inculque les bases de l'écologie marine. Il lui montre la richesse des océans et les rudiments du fonctionnement des écosystèmes et lui explique le rôle des premiers maillons trophiques à la base de la chaîne alimentaire qui permet aux saumons de se nourrir. Voyant depuis le bateau des myriades de petits copépodes, Willie demande : « Mais papa, pourquoi est-ce que les saumons ne les mangent pas tous ? » Carl ne s'attendait pas à cette question. Il a en tête les théories qu'il enseigne, mais cette question le déstabilise, car aucun modèle n'y répond de manière satisfaisante.

Les travaux pionniers en mathématiques de Lokta et Volterra dans les années 1920 montraient que le prédateur et sa proie fluctuent de manière cyclique[28]. Lorsque la proie devient abondante, le prédateur s'accroît en nombre, ce qui fait inévitablement diminuer l'abondance de la proie. Les prédateurs souffrent alors de cette diminution et leurs populations s'effondrent. La pression de prédation diminuant, la proie peut à nouveau proliférer. Le grand ballet du prédateur et de sa proie pouvait être modélisé grâce à une formulation mathématique très simple.

Pourquoi un prédateur ne dévore-t-il pas toutes ses proies ? La question de Willie était une bonne question. La nature ne fonctionne pas comme dans le modèle de Lokta et Volterra, car les espèces ont développé des moyens de coexister et les proies d'échapper à leur prédateur. En milieu terrestre, les buffles ont des cornes pour tenir le prédateur éloigné, dans les océans, les proies comme les poissons ou les copépodes se réfugient dans des zones qui leur permettent d'échapper à leur prédateur. Autrement dit, si le prédateur ne dévore pas toutes ses proies, c'est tout simplement parce qu'elles ne lui sont pas accessibles !

Carl venait de trouver l'astuce qui permettrait aux modèles de fonctionner. Il existe dans le milieu marin ce qu'il nomma « l'arène de prédation » *(foraging arena)*, où les prédateurs et les proies interagissent, et des zones refuges où les proies peuvent s'isoler et échapper aux prédateurs. Le modèle de Lokta et Volterra demandait donc quelques adaptations. Les modélisateurs s'aperçurent rapidement qu'introduire ce concept de zones refuges permettait de stabiliser les dynamiques des interactions qui autrement deviennent numériquement très instables. Il existait de nombreux modèles d'écosystèmes déjà publiés mais ils avaient tous des particularités qui les rendaient peu généralisables. Utilisant ce concept, Carl Walters et ses amis Villy Christensen et Daniel Pauly bâtirent un modèle générique connu sous le nom d'Ecopath with Ecosim (EwE[29]), qui permit à une large communauté de scientifiques de se faire les dents sur leur propre écosystème.

EwE a été utilisé par plus de 1 800 personnes dans une centaine de pays et a plus de 325 applications au niveau mondial. Il a permis de résoudre quelques énigmes écologiques, comme celle de savoir pourquoi les otaries de Steller ont décliné au cours des vingt dernières années à l'ouest de l'Alaska. Une question à 140 millions de dollars, car, si la pêche était responsable de la diminution des populations d'otaries de Steller, plusieurs pêcheries seraient fermées. Tous les écologistes avaient leur propre explication selon leur spécialité et leur préoccupation ; pour les uns c'était la pollution, les toxines, les maladies et la nourriture disponible, pour d'autres il s'agissait d'un changement climatique...

Le modèle EwE fut utilisé pour mieux comprendre les facteurs et leur synergie sur la dynamique des phoques. Les chercheurs purent ainsi extraire les effets respectifs de la pêche, de la compétition entre les phoques, de la prédation par les orques, de la compétition alimentaire avec les turbots... Les simulations permirent de rejeter nombre de ces hypothèses. En fait, les principaux responsables n'étaient pas seulement les pêcheurs, mais l'environnement, qui avait changé la productivité dans l'écosystème et affecté les populations de phoques par l'intermédiaire d'un réseau trophique complexe. Une stratégie modélisatrice intégrative a ainsi pu prendre naissance et fédérer une dynamique comparative au niveau mondial. Un grand merci à Willie, qui du haut de ses neuf ans a su poser la question pertinente qui inspira son papa !

Les loutres de mer dévorées par les orques

Souvent, les modèles théoriques sont remis en cause à un moment ou à un autre car ils ne permettent plus d'expliquer ce qui est observé. Des relations apparemment simples se révèlent plus complexes que prévu. La nature est surprenante et de drôles de drames s'y produisent quotidiennement.

Un chercheur américain, J. A. Estes, qui travaillait sur les mammifères marins, était un homme heureux. Dans les années 1970, les populations de loutres de mer s'étaient reconstituées dans certaines zones de l'ouest de l'Alaska. Après un siècle d'exploitation sauvage, l'espèce avait frôlé l'extinction au début du XXe siècle, mais les efforts récents de protection avaient finalement porté leur fruit.

Dans les années 1990, un changement s'opère. Les recensements dans certaines îles aléoutiennes montrent une diminution inquiétante des populations de loutres, de presque 25 % par an. Les inventaires se multiplient dans toutes les îles et indiquent que le phénomène est général dans l'ouest de l'Alaska. Estes ne comprend pas ce qui se passe. Les arguments écologiques classiques ne permettent pas d'expliquer cette diminution généralisée. La fertilité des loutres est élevée et leur distribution ne s'est pas déplacée vers d'autres zones. Les suivis de quelques femelles montrent que la survie des jeunes est élevée. D'autres causes telles que la malnutrition, les maladies ou encore la pollution sont facilement rejetées.

Rien n'explique ces mortalités élevées. Dans certaines zones, les loutres qui avaient été équipées de petits émetteurs disparaissent soudainement, sans laisser de traces puisque aucune carcasse n'est récupérée le long des plages. Avant le déclin des populations de loutres, plus de 50 000 d'entre elles s'égaillaient dans les forêts de laminaires, de grandes algues brunes du Pacifique. Les mortalités sont maintenant estimées à 6 788 par an. Les regards se tournent vers les orques. On a bien rapporté quelques attaques de loutres par les orques, mais elles paraissent anecdotiques. Pourtant les écologistes privilégient cette piste.

Les orques se nourrissaient initialement de baleines, dont les populations furent décimées par l'homme dans les années 1960, puis de phoques et d'otaries de Steller, dont les effectifs s'effondrèrent à la fin des années 1980. La nourriture des orques devenue plus rare dans l'écosystème, ils se tournèrent vers les loutres pour apaiser leur faim. Un modèle mathématique comptabilisant les taux de rencontre et les mortalités confortait l'hypothèse de la prédation des loutres par les orques. Les calculs de dynamique des populations révèlent en effet qu'un seul orque pouvait consommer 1 825 loutres par an et que le massacre observé peut être causé par seulement quatre orques.

Les loutres sont des animaux rares et discrets. Cependant, leur rôle est essentiel dans la structuration et le fonctionnement de l'écosystème et leur vaut d'être classées comme une espèce clé de voûte. Lorsque les loutres étaient abondantes, leur consommation en oursins était élevée. Les populations d'oursins éparses permettaient aux forêts de laminaires de s'épanouir. Après la chute des populations de loutres, une cascade trophique se mit rapidement en place. Les oursins se multiplièrent et détruisirent les vastes champs de laminaires qui abritaient de nombreux habitants. Le changement de régime alimentaire de quatre orques avait suffi à provoquer la raréfaction des laminaires dans tout l'ouest de l'Alaska.

Les phoques s'attaquent aux oiseaux...

Robert Crawford connaît parfaitement les populations de fous du Cap qui résident sur de petites îles dans l'écosystème du Benguela, en Afrique du Sud. Il marque les individus et évalue chaque année l'état de ces populations d'oiseaux protégés. Nombre d'entre eux ont décliné dangereusement dans cet écosystème : – 90 % pour les manchots, – 30 % pour les fous du Cap entre 1956 et 1996 et – 44 % pour les cormorans noirs depuis les années 1980.

Dans cette même zone, les phoques ont été exterminés entre le XVIIe et le XIXe siècle et ont acquis un statut d'espèce protégée en 1893. Les colonies qui vivaient sur vingt-trois îles proches des côtes se sont éteintes. À partir de 1990, les populations se sont reconstituées et se situent aujourd'hui entre 1,5 et 2 millions d'animaux. Les phoques mangent principalement des poissons – sardines et anchois – et des calmars.

Crawford trouva deux oiseaux dans les 1 647 estomacs de phoques qu'il examina. Pas vraiment de quoi rédiger une note scientifique. Des auteurs anciens ont mentionné le fait que les phoques peuvent de temps en temps s'attaquer à des oiseaux. En 1937, des manchots ont été attaqués à plusieurs reprises. Pourtant, Crawford surprit un jour des jeunes phoques mâles en train de s'attaquer à des oiseaux. Ils pénétraient dans les colonies, piétinaient les oisillons et tuaient les oiseaux adultes. Entre novembre 2000 et mars 2001, Crawford dénombre pas moins de 4 785 oisillons tués par les assaillants, soit 8 % de la production annuelle de petits oiseaux.

Le problème prenait une ampleur nouvelle pour des populations de fous en danger. Les estimations montraient que, si on ne faisait rien, il suffirait de quelques années pour rayer l'espèce de la carte sud-africaine. Le choix était cornélien. On était en présence de deux espèces protégées. Fallait-il laisser faire et voire disparaître les oiseaux, ou bien intervenir et détruire des individus d'une espèce protégée ? La réaction des autorités sud-africaines fut immédiate. Cent cinquante-trois phoques qui s'attaquaient aux oiseaux furent abattus, ce qui réduisit temporairement la mortalité des oiseaux. Les solutions adoptées pour la gestion des écosystèmes peuvent être parfois aussi surprenantes que la prédation en milieu marin.

... et les manchots mangent du krill

Évaluer les consommations alimentaires d'il y a des centaines de milliers d'années paraît être une gageure. Pourtant, le recours à des techniques sophistiquées permet de connaître avec beaucoup de précision les changements de régime alimentaire des populations animales. L'analyse isotopique, dont nous avons parlé précédemment, faite à partir du sang, des plumes ou encore des coquilles d'œufs des manchots de l'Antarctique, permet de connaître leur régime alimentaire dans le passé. Ces oiseaux se nourrissent de krill, une espèce de crevette, de poissons et de calmars.

Steven Emslie et William Patterson ont analysé selon cette technique les restes fossiles de coquilles d'œufs datant de 38 000 ans. Ils ont comparé 200 coquilles d'œufs prélevées dans 8 colonies récentes et 28 abandonnées depuis fort longtemps. Les résultats suggèrent un bouleversement important de leur régime alimentaire au cours des deux derniers siècles. Après avoir été de gros consommateurs de poissons, les manchots seraient devenus depuis 200 ans des consommateurs de krill. Ce changement s'expliquerait par l'augmentation du krill dans l'Antarctique, elle-même due à la diminution d'abondance de tous les grands mammifères marins au cours de cette période.

L'extermination des baleines et des phoques aurait permis à plus de 150 millions de tonnes de krill de se développer. L'ironie du sort est que ce surplus d'aliment n'a pas vraiment bénéficié aux manchots, dont les populations ne cessent de diminuer depuis plusieurs décennies. Si la pêche au krill s'intensifie, comme certains le préconisent, il faudra que les manchots d'Adélie se mettent à nouveau en quête d'autres sources de nourriture.

Les microbes, nouveaux maîtres des océans

Jules Verne a été l'un des rares visionnaires en matière de pêche. La légende affirme qu'à l'âge de onze ans, en 1839, il se serait embarqué sur un long-courrier à destination des Indes, en qualité de mousse. Son père l'aurait récupéré *in extremis* à Paimbœuf. On raconte qu'il était parti pour rapporter un collier de corail à sa cousine, dont il était amoureux. Rudement tancé par son père, il aurait promis de ne plus voyager qu'en rêve. Auteur parmi les plus érudits du XIXe siècle, il passait son temps à se documenter dans les bibliothèques sur le monde marin.

Dans *Vingt mille lieues sous les mers* (1869), quand l'équipage du *Nautilus* débarque dans l'embouchure du Maroni, en Guyane, la description des tueries de mammifères marins le long des côtes et des conséquences prévisibles sur la cohésion du milieu marin n'a rien à envier aux meilleurs écologistes du XXIe siècle :

> « Le lendemain, 12 avril, pendant la journée, le *Nautilus* s'approcha de la côte hollandaise, vers l'embouchure du Maroni. Là vivaient en famille plusieurs groupes de lamantins. C'étaient des manates qui, comme le dugong et le stellère, appartiennent à l'ordre des siréniens. Ces beaux animaux, paisibles et inoffensifs, longs de six à sept mètres, devaient peser au moins quatre mille kilos. J'appris à Ned Land et à Conseil [ses deux compagnons d'expédition] que la prévoyante nature avait assigné à ces mammifères un rôle important. Ce sont eux, en effet, qui, comme les phoques, doivent paître les prairies sous-marines et détruire ainsi les agglomérations d'herbes qui obstruent l'embouchure des fleuves tropicaux.
>
> « Et savez-vous, ajoutai-je, ce qui s'est produit, depuis que les hommes ont presque entièrement anéanti ces races utiles ? C'est que les herbes putréfiées ont empoisonné l'air, et l'air empoisonné, c'est la fièvre jaune qui désole ces admirables contrées. Les végétations vénéneuses se sont multipliées sous ces mers torrides, et le mal s'est irrésistiblement développé depuis l'embouchure du Rio de la Plata jusqu'aux Florides ! Et s'il faut en croire Toussenel, ce fléau n'est

rien encore auprès de celui qui frappera nos descendants, lorsque les mers seront dépeuplées de baleines et de phoques. Alors, encombrées de poulpes, de méduses, de calmars, elles deviendront de vastes foyers d'infection, puisque leurs flots ne posséderont plus ces "vastes estomacs, que Dieu avait chargés d'écumer la surface des mers". »

Il aura fallu près de cent cinquante années pour que les écologues marins vérifient la prophétie de Jules Verne : la putréfaction des océans ! Quand une équipe de recherche américaine dirigée par Jeremy Jackson, du Scripps Institution of Oceanography, a exploré les changements apparus dans la structure et le fonctionnement des grands écosystèmes mondiaux, elle n'avait pas en tête les déclarations du capitaine Nemo. Cette étude, publiée en 2001 dans la prestigieuse revue *Science*, voulait donner une perspective historique à l'exploitation des ressources marines en synthétisant de nombreux faits et données paléoécologiques, archéologiques et historiques – dont la putréfaction des herbiers marins, qui ne sont plus broutés par les tortues marines.

Avec la disparition de niveaux trophiques entiers, des changements de régime *(regime shifts)* interviennent, avec les conséquences que l'on a déjà citées plus haut, et la production halieutique en est durablement modifiée. Les bas niveaux trophiques (éponges, macro-algues, méduses, bactéries, oursins, etc.) sont alors favorisés et deviennent très abondants, voire dominants, dans les écosystèmes (ils deviennent même impropres à l'exploitation lorsqu'il s'agit d'espèces indésirables comme les méduses). Les écosystèmes côtiers exploités sont dominés par des espèces à vie courte (petits poissons pélagiques, crevettes, poulpes, calmars géants par exemple), au détriment d'espèces à vie longue et de grande taille (poissons démersaux, tels que les merlus, mérous, morues, etc.), ce qui les rend plus réactifs face aux changements environnementaux. L'exploitation à grande échelle d'animaux filtreurs, brouteurs ou encore de prédateurs rend aussi les écosystèmes beaucoup plus vulnérables aux invasions.

Avec l'expansion de l'activité humaine, il ressort que la surexploitation est le principal facteur de détérioration des écosystèmes et qu'elle est souvent une condition pour que les autres facteurs (pollution, introduction d'espèces, destruction des habitats, eutrophisation, hypoxie ou changement climatique) s'expriment. Les effets qui perturbent les écosystèmes apparaissent synergiques : la réponse dynamique est amplifiée par rapport à la somme des réponses qui aurait été produite si chaque facteur avait agi indépendamment. Les effets en cascade sont nombreux. Vaches de mer, lamantins, dugongs, crocodiles, loutres, tortues, marlins, morues ont laissé les oursins, les calmars, les crevettes et les méduses proliférer. L'accroissement de la sédimentation et l'apparition d'événements d'eutrophisation qui caractérisent le dysfonctionnement de l'ensemble de l'écosystème se multiplient.

En Namibie, dans l'upwelling du Nord-Benguela, la surexploitation des petits poissons pélagiques (sardine et anchois) ainsi que du merlu a modifié durablement le fonctionnement de l'ensemble du réseau trophique existant, au bénéfice d'espèces liées aux détritus, comme les gobies ou les méduses, cette dernière espèce ayant actuellement proliféré au point d'empêcher les activités de pêche. Alors qu'on pêchait 1,5 million de tonnes de sardines dans les années 1960, la dernière campagne d'évaluation réalisée en 2007 a permis de collecter au cours de l'échantillonnage seulement deux sardines (1+1) dans tout l'écosystème ! Les captures d'anchois sont nulles et celles du merlu diminuent d'année en année. Ainsi, d'un écosystème productif en poissons de haute valeur commerciale, on est passé, en trois décennies, à un écosystème de moins en moins productif, dominé par les méduses et sensible aux événements anoxiques. Le fonctionnement de nombreux écosystèmes est également fortement perturbé en mer Baltique, en mer Adriatique ou encore dans la baie de Chesapeake. En des temps relativement courts, on peut complètement détruire la productivité naturelle des écosystèmes.

La chute de la baie de Chesapeake

Dans un écosystème, il existe toujours un ou plusieurs facteurs limitants qui empêchent les espèces de se développer pleinement. L'océan est constitué d'immenses espaces qui sont à peu près vides en termes de production halieutique. Au milieu de ce désert, il existe en de très rares endroits des îlots où la vie prolifère : les anchois au Pérou, la morue à Terre-Neuve ou encore les huîtres de la baie de Chesapeake par exemple. Une incroyable productivité est observée lorsque les conditions environnementales sont réunies, comme une température favorable, un habitat approprié pour la reproduction, une nourriture adéquate en quantité toute l'année, autrement dit, un nombre incalculable de conditions qui sont rarement présentes.

Imaginez une baie grandiose de 570 000 hectares aux eaux d'une clarté incroyable, d'immenses gisements d'huîtres auxquels sont associées de nombreuses espèces de poissons, de crevettes et de crabes. La profondeur est idéale pour l'huître, une dizaine de mètres, la température aussi, entre 18 et 20 °C, ainsi que la production primaire soutenue par les apports réguliers en sels nutritifs de huit rivières. Un écosystème parfait. Les bancs d'huîtres étaient tellement abondants que cette immense baie était filtrée en une semaine et restait d'une limpidité incomparable. Il faut en effet savoir qu'une huître filtre à elle seule environ 250 litres d'eau par jour.

En 1701, un navigateur voyageant devant la côte est de l'Amérique déclarait en découvrant la baie de Chesapeake : « L'abondance des huîtres est incroyable. Il y a des gisements tellement importants que les bateaux doivent les éviter [...]. Les huîtres surpassent en taille celles que l'on peut trouver en Angleterre... Elles sont quatre fois plus grandes. Souvent j'en coupe une en deux afin de pouvoir la mettre dans ma bouche[30]. »

Cette profusion ne pouvait laisser les navigateurs insensibles. Le nom de la baie était tout trouvé : « baie de Chesapeake » signifie « grande baie aux coquillages » en algonquin, la langue de la nation amérindienne située au Québec et en Ontario. L'exploitation de ces richesses marines inespérées ressembla à une ruée vers l'or. Vers la fin du XIXe siècle, la vie dans la baie de Chesapeake tournait exclusivement autour de l'exploitation des huîtres. Les rues étaient pavées de coquilles d'huîtres, les pêcheurs payaient leur loyer avec des huîtres. Tout était dédié au bivalve dans cet écosystème qui était le plus grand producteur d'huîtres au monde.

Les barres d'huîtres furent intensément exploitées. Comme pour les mines d'or ou d'argent, les travailleurs affluèrent de partout pour exploiter ces ressources qui représentaient des millions de dollars. Des guerres éclatèrent entre les travailleurs. Les membres des clans et même parfois des familles se tiraient dessus en mer ou à terre pour ne pas partager leur butin. En 1830, les huîtres étaient expédiées à l'intérieur des États-Unis par trains entiers et, avec le développement des boîtes de conserve dans les années 1860, l'exploitation prit un essor considérable. Dans le musée qui retrace l'histoire de cette pêcherie, on peut voir des centaines de boîtes de conserve de toutes tailles et de toutes marques. En 1834, une seule usine traitait les huîtres ; au plus fort de l'exploitation, il y en avait 98.

Entre 1840 et 1890, l'utilisation abusive de dragues entraîna la destruction de gisements entiers. En 1879, on recensait plus de 3 275 bateaux avec 13 748 membres d'équipage pour un débarquement annuel de 434 000 tonnes. Pourtant, on continua l'exploitation avec encore plus de vigueur et en 1889 on atteignit des débarquements de 615 000 tonnes. Le capital était consommé. La reproduction du bivalve et de son habitat commença alors à poser de sérieux problèmes. Les gisements constitués par des amoncellements d'huîtres durant des centaines d'années, un peu comme les récifs coralliens, avaient été complètement érodés. L'huître avait des difficultés à fixer ses larves.

Entre 1890 et 1910, les captures déclinèrent, autour de 80 000 tonnes. Une maladie virale eut raison des huîtres qui restaient et les captures devinrent insignifiantes. Aujourd'hui il ne reste que six bateaux et la production est tombée à moins de 1 % de sa production historique. L'exploitation de l'huître a définitivement changé le fonctionnement de cet écosystème autrefois si productif. L'eau de la baie n'est plus filtrée. Les crabes ont remplacé cette manne perdue, mais le stock décline lui aussi. Quand on passe une drague dans l'eau, on pêche des huîtres mortes pleines de boue, qui servent d'habitat à des petits poissons qui pondent à l'intérieur, comme les gobies.

Les huîtres sont malades, elles ne se reproduisent plus, et quand les quelques restantes produisent des larves, celles-ci meurent prématurément. Le milieu est devenu anoxique, dépourvu d'oxygène, la vie est absente. L'écosystème est malade : le signe le plus évident est la couleur de l'eau, marron sale. Les bateaux de tourisme ont remplacé les bateaux de pêche. Quand on regarde des photos prises au début du XIXe siècle et en 2007, rien ne semble avoir changé. L'ostréiculture a remplacé la collecte et l'exploitation des gisements d'huîtres, et les consommateurs s'en sont à peine aperçus. La vente des huîtres de la baie de Chesapeake est assurée par un seul producteur qui contrôle les prix ; l'huître sauvage est devenue un produit de luxe.

Un océan privé d'oxygène

L'oxygène est un élément indispensable à la vie des animaux. Dans l'atmosphère, il est disponible en grande abondance puisqu'il constitue environ 20 % des masses d'air. Dans l'eau, il est vingt fois moins abondant car peu soluble, il est donc difficile pour les animaux aquatiques de s'en procurer de grandes quantités. La vie dans les océans est ainsi limitée par les faibles concentrations en oxygène, une denrée rare qui devient vite limitante. Les besoins d'un organisme étant reliés à sa taille, un gros poisson aura besoin de plus d'oxygène qu'un petit.

Il faut savoir aussi que la solubilité des gaz comme l'oxygène diminue lorsque la température augmente. Le réchauffement d'un volume d'eau de 5 °C à 20 °C lui fait perdre près de la moitié de l'oxygène en solution. Pour beaucoup d'animaux, une augmentation de la température signifie donc que l'acquisition d'oxygène en milieu aquatique devient plus problématique. Il n'empêche que les poissons de grande taille ont intérêt à rester au fond, dans les eaux froides, où il y a relativement moins d'oxygène mais où leur métabolisme est plus lent.

Les écosystèmes marins sont en général pleins de vie en surface avec la production planctonique ; de nombreuses espèces de petits ou gros poissons pélagiques s'ébattent dans la couche d'eau superficielle (les cinquante premiers mètres), et le fond est colonisé par les poissons benthiques qui utilisent le substrat comme habitat ainsi que les coraux, les algues, les vers, les crevettes et toutes sortes d'animaux. Il y a des zones toutefois où l'absence d'oxygène rend la vie presque impossible. Elles sont distribuées un peu partout le long des côtes de nombreux continents, particulièrement dans les zones tropicales.

Les mécanismes pouvant conduire à l'élimination de l'oxygène sont connus : la matière organique produite par les algues microscopiques (le phytoplancton) dans la zone de surface tombe sur le fond, où elle est utilisée par les bactéries. Autrement dit, le phytoplancton de surface utilise du CO_2 et le transforme en oxygène pendant la photosynthèse, mais les bactéries du fond utilisent cet oxygène et produisent en retour du CO_2 pendant la respiration.

La recette pour produire des zones océaniques mortes est donc assez simple. Il suffit de doper la production de phytoplancton par des apports terrigènes riches en engrais venu des terres. Cela entraîne un accroissement de matières organiques sur le fond de l'océan et produit une surabondance de bactéries dévoreuses d'oxygène. Privée d'oxygène, la vie s'éteint sur de vastes zones océaniques. Ces zones anoxiques peuvent être repérées grâce aux images satellites, près des embouchures de fleuves mondiaux.

Le delta du Mississipi aux États-Unis, la rivière des Perles en Chine, de grands secteurs de la mer Baltique et certaines côtes bretonnes en été sont sans vie. La faute en revient à l'agriculture intensive et à l'utilisation d'engrais qui fertilisent à mauvais escient le phytoplancton.

Robert Diaz, de l'Institut marin de Virginie, a dressé une carte qui permet de visionner les quelque soixante zones mortes océaniques mondiales. Elle montre le lien étroit entre pollution agricole dans les pays du Nord et production des zones anoxiques, mais aussi le fait que certaines zones sont anoxiques naturellement. C'est le cas de la mer Noire, qui est dépourvue d'oxygène entre 150 et 2 000 mètres de profondeur. C'était encore un grand lac d'eau douce 5 600 années avant J. -C., puis la fonte des glaciers et la montée du niveau de la mer de plus de 150 mètres l'ont remplie d'eau de mer. Or, cette dernière ne s'est pas mélangée avec l'eau douce et a produit une vaste couche anoxique (sans vie) dans ses profondeurs.

Les pêcheries peuvent aussi créer les zones mortes océaniques, comme l'ont montré récemment Andy Bakun et Scarla Weeks, de l'université de Miami [31]. En Namibie, la surexploitation et la disparition des espèces pélagiques – sardines et anchois – ont provoqué un véritable effondrement de l'écosystème. La production primaire n'est plus recyclée par le niveau trophique essentiel constitué par les pélagiques susceptibles de ramener l'énergie dans la couche de surface. La production primaire sédimente trop rapidement et les événements anoxiques se multiplient. Des traînées blanches peuvent être perçues sur les cartes satellites, indiquant la présence d'hydrogène sulfuré et des émissions de méthane à l'odeur âcre qui empêchent toute vie. Quand ces événements s'intensifient, les langoustes sortent de la mer pour échapper au manque d'oxygène et se retrouvent sur les plages où elles meurent.

Un écosystème marin n'est pas un organisme, il n'a aucune finalité. Il peut être un assemblage viable d'espèces abondantes et prolifiques ou bien un désert de boue où évoluent des méduses et quelques espèces sans intérêt commercial, tels les gobies, petits poissons qui vivent dans la vase en Namibie. Les recherches récentes en écologie marine nous apprennent la fragilité de ces assemblages dans un contexte de changements globaux. À l'instar des cathédrales qui peuvent se transformer en ruines si on retire quelques pierres de voûte, les écosystèmes peuvent rapidement se transformer en déserts sans vie si on surexploite quelques espèces, comme Jules Verne l'avait pressenti.

Des services écologiques sans prix

Combien vaut une baleine, un kilomètre carré de mangrove ou de récif corallien ? Peut-on chiffrer les effets de la disparition de la morue de Terre-Neuve ? Combien coûteront les derniers thons rouges ? Ces questions sont rarement traitées par les économistes. Et pourtant, de nombreux biens (nourriture et matières premières) et services (recyclage des flux nutritifs, absorption de CO_2) proviennent des écosystèmes marins, avec en premier lieu la production de ressources vitales pour une population croissante.

Les espèces marines ne produisent pas seulement des aliments. Prenons l'exemple de la baleine. Une baleine, c'est de la viande, de la graisse et des fanons qui peuvent être vendus sur certains marchés et participer à l'économie des matières premières. C'est aussi une activité de pêche centenaire, avec ses traditions et ses savoirs savamment capitalisés. Et encore un animal qui fait la joie des touristes, des enfants et des photographes. Les baleines jouent un rôle écologique important dans les transferts d'énergie entre des écosystèmes fort éloignés. Comme les autres espèces, elles possèdent une valeur économique, patrimoniale, culturelle, esthétique, écologique. Une valeur inestimable diront certains, parce qu'elles font partie de notre patrimoine et que nous ne sommes pas sur terre pour mettre une étiquette sur tous les biens et services produits par la nature. Néanmoins, nous pouvons nous demander, comme le suggèrent un certain nombre de chercheurs, quel est le coût associé à une diminution d'abondance de l'espèce pour l'ensemble de ces valeurs.

En mai 1997, un article publié dans la revue *Nature* a changé notre façon de considérer les écosystèmes marins et leur exploitation. Robert Costanza et son équipe ont montré que les changements imposés aux écosystèmes à l'échelle mondiale ont un coût qui peut se mesurer[32]. Ils ont évalué à 33 trillions de dollars, soit 33 000 milliards de dollars, les services écologiques des écosystèmes mondiaux. La nature avait subitement une valeur estimable et le coût de nos actions pouvait être évalué.

La grande surprise de cette étude menée à la fois en milieu terrestre et aquatique fut de réaliser que la contribution majeure des services écologiques provenait des écosystèmes marins, notamment des écosystèmes côtiers, qui représentent à eux seuls plus de 43 % du total général. Les auteurs ont comptabilisé dix-sept services distincts, parmi lesquels la production des matières premières, le recyclage des sels nutritifs, le renouvellement des réserves en eau, la régulation des dégradations environnementales, la production des habitats critiques aux espèces, la conservation de la valeur génétique, récréative, culturelle des ressources...

Leur étude repose sur des enquêtes auprès des consommateurs. Ils leur ont demandé ce qu'ils sont prêts à payer pour des services écologiques. Ainsi, par exemple, si les services écologiques fournissent une plus-value de 50 dollars associée à la productivité d'une zone corallienne, alors les bénéficiaires de ce service doivent être prêts à payer 50 dollars pour ce service. Si la zone corallienne offre une valeur esthétique, d'existence et de conservation qui est évaluée à 70 dollars, alors les bénéficiaires devraient être en mesure de payer ce montant. Cette étude a le mérite de montrer que, alors que les services écosystémiques participent pour beaucoup au bien-être des humains, ils ne sont pas pris en compte dans notre comptabilité. Le jeu est en quelque sorte faussé : les produits que nous consommons ne sont pas payés à leur valeur réelle, celle-ci est largement sous-estimée. Le capital naturel et les services des écosystèmes qui en découlent risquant de devenir de plus en plus rares dans les prochaines années, on peut légitimement s'attendre à une valorisation plus grande.

La comptabilité humaine permet de fixer le prix des derniers thons rouges de Méditerranée. À Sète, le thon rouge valait 17 euros le kilo en juin 2007. Tout juste le prix d'un bifteck. Pourtant, ce prix est dérisoire par rapport à la valeur patrimoniale de cette espèce qui fréquenta nos côtes depuis toujours, insignifiant par rapport aux conséquences de sa disparition sur le fonctionnement des écosystèmes hauturiers. Par des mécanismes économiques de substitution de produit, de marché locaux et de disponibilité, le thon rouge, espèce pourtant menacée, ne vaut guère plus qu'un produit d'élevage dont la production est contrôlée. On réalise les limites d'une économie de marché qui n'accorde que peu de valeur aux produits sauvages par rapport aux produits d'élevage.

On comprendra peut-être un jour que des évaluations plus réalistes permettent de quantifier le coût exorbitant de la surexploitation d'une espèce. Dans un monde dont les composantes sont intimement liées, le coût des biens et des ressources renouvelables n'est pas celui de leur seule extraction pour un marché existant. Nous connaissons mal le rôle des ressources dans le fonctionnement des écosystèmes, dans leur stabilité et leur productivité. Nous ne savons pas non plus quelle utilisation pourront en faire nos enfants ou nos petits-enfants.

En 2006, Boris Worm et ses collaborateurs ont produit une étude comparative de la productivité de différents écosystèmes mondiaux à la suite de la perte de la biodiversité marine[33]. Regroupant au sein d'une même étude des expérimentations éparses et locales, d'autres faites au niveau de grands écosystèmes marins et à l'échelle de la planète, ils ont évalué à grands traits l'évolution probable des services écologiques. Ils ont ainsi pu quantifier les effets induits par la perte de la biodiversité, due notamment à la surexploitation de la production halieutique, à la dégradation des habitats, aux fonctions associées aux capacités d'épuration des écosystèmes, à leur résilience, à l'invasion par des espèces allochtones, à la production de *blooms* planctoniques, ou encore à l'apparition de déficit en oxygène dans les écosystèmes. Les grands patterns produits par cette étude à de nombreuses échelles illustrent clairement que la perte de biodiversité affecte la productivité, la stabilité et le tourisme de façon pérenne. La diversité en espèces permet de rendre les écosystèmes plus résistants, de leur assurer un recouvrement plus grand. Il n'y aurait donc pas de dichotomie entre la conservation des espèces et le développement économique à long terme, bien au contraire.

Une utopie salutaire

Selon Robert Costanza, l'humanité doit parvenir à assurer une prospérité permanente à l'intérieur des contraintes biophysiques du monde, juste et équitable pour l'homme, les autres espèces et les générations futures. La tâche est délicate étant donné la diversité de nos attentes. La vision des pêches maritimes est différente suivant les positions de chacun. Les consommateurs veulent un poisson de qualité au meilleur prix possible, les pêcheurs veulent réaliser des captures rémunératrices, les environnementalistes veulent protéger les nombreuses espèces en danger, les touristes veulent profiter d'une nature sauvage... Chacun de nous a une vision individuelle, que nous voudrions collective.

La gestion des pêches telle qu'elle a été envisagée n'a pas permis de relever le défi. Il en existait bien une vision élaborée par les chercheurs pour les pêcheurs et les gestionnaires. Mais elle se contente de gérer les stocks individuellement, avec toutes les difficultés que nous avons mentionnées. Le stock de morues ou de merlus des différentes zones de l'Atlantique nord était évalué chaque année afin d'en exploiter la quantité la plus importante possible sans compromettre son futur. Cette gestion oubliait l'impact des prélèvements sur les autres espèces et intégrait peu les aspects environnementaux et socio-économiques.

Une vision s'est récemment imposée : celle d'une exploitation viable des ressources, et respectueuse des écosystèmes marins. Les activités humaines ne peuvent plus être considérées comme isolées de leur contexte. L'homme doit se réconcilier avec le vivant, le temps des razzias doit cesser. Cette utopie des temps modernes s'appelle l'approche écosystémique des pêches (AEP). Non seulement elle respecte les multiples formes vivantes, mais elle nous promet une réconciliation entre l'exploitation et la conservation des espèces. Un vaste défi qui ne fait que démarrer, mais qui change nos relations avec la nature. Certains sont restés dubitatifs à l'énoncé de cette vision. Pourtant, elle n'est pas le fait de quelques écologistes en mal de reconnaissance ou de lobbies, mais celui d'une volonté internationale sous l'égide des Nations unies.

Les écosystèmes sont aujourd'hui reconnus comme l'échelle appropriée pour l'intégration des connaissances scientifiques et la gestion des ressources renouvelables. L'approche écosystémique des pêches a émergé avec la déclaration de Rio de 1992 (Agenda 21) et le Code de conduite des pêches responsables de la FAO en 1995. Le rôle et l'importance des AEP ont été reconnus par quarante-sept pays, lors de la Conférence sur les pêches responsables dans les écosystèmes marins qui s'est tenue à Reykjavík en octobre 2001. Une déclaration importante stipule : « Dans un effort pour rendre les pêches responsables et durables dans les écosystèmes marins, nous nous attacherons individuellement et collectivement à incorporer des considérations écosystémiques dans l'aménagement des pêcheries. » Un agenda est donné et le plan de mise en œuvre « encourage l'application à l'horizon 2010 de l'approche écosystémique ».

La déclaration de Reykjavík a été reprise lors du sommet mondial sur le développement durable à Johannesburg en 2002. Afin d'éviter toute dérive dans son application et de contraindre les États, un objectif de restauration des stocks de poissons effondrés à l'aube 2015 et d'établissement des réseaux de réserves marines pour 2012 a été fixé. Dorénavant, il ne s'agit plus de bonnes intentions, les différents États doivent respecter des engagements et des agendas. Les difficultés dues à la complexité des enjeux et des défis liés aux changements globaux (auxquels nous aurons à faire face) ne peuvent justifier l'inaction. Les différents pays considèrent cependant ces déclarations avec plus ou moins de rigueur et de sérieux.

Les réserves marines disparues

Au début des pêcheries, l'océan était une grande réserve marine. Les conquêtes successives, géographiques puis bathymétriques, ont progressivement mais inlassablement grignoté les zones devenues refuges où les poissons pouvaient grossir et se reproduire. L'océan est devenu un grand supermarché pour des flottilles mobiles. Les espèces marines n'ont plus de refuges pour échapper à la pression des pêcheurs. Dans ses conférences, Daniel Pauly a l'habitude de présenter une carte de l'Atlantique nord avec les réserves et les zones protégées en vert et les zones où la pêche est possible ou pratiquée en rouge. Même les daltoniens n'ont pas de problèmes pour lire la carte, car celle-ci est résolument rouge, les zones vertes ne sont pas visibles à son échelle, qui est pourtant de trente milles marins !

Aujourd'hui, les réserves marines où la pêche est effectivement proscrite ou limitée représentent seulement 0,7 % de la surface des océans. Or, un nombre grandissant de preuves scientifiques démontrent que l'établissement de réseaux de réserves marines à grande échelle pourrait renverser le déclin des pêcheries au niveau mondial et restaurer le fonctionnement des écosystèmes. Les réserves marines peuvent bénéficier aux espèces migratrices comme les requins, les thons, les sardines, les anchois ou les marlins si elles sont créées dans les endroits où ces espèces sont particulièrement vulnérables, comme les sites de frai ou de regroupement que sont les monts sous-marins. Elles pourraient être accessibles à des pêcheries sélectives et durables associant les communautés locales. Les réserves marines ne sont pas une panacée mais un outil indispensable à leur gestion. Leur perception devra aussi changer car il sera illusoire de croire qu'elles seront bénéfiques dans toutes les situations, pour tous les écosystèmes. Notre gestion des écosystèmes ne devra pas être monolithique mais adaptative et vécue comme une expérimentation à grande échelle pour reconquérir les ressources marines.

Le rôle de la recherche est crucial pour faire évoluer les dispositifs existants et améliorer notre compréhension de leurs effets, en permettant une évaluation objective de leur efficacité. Le suivi des flottilles par satellite peut se faire en temps réel. Les réserves marines sont de plus en plus vues comme un outil mondial indispensable à la protection de l'environnement marin. La volonté des pays semble cependant manquer pour atteindre les objectifs internationaux de 20 % de réserves marines en 2020. Il faudra que les nations se mobilisent rapidement pour les mettre en œuvre.

Épilogue

QUE VIVE LA MER

Les activités humaines engendrent de nombreuses menaces pour l'avenir de la planète. Rien n'a changé depuis la publication du rapport Brundtland en 1987. Publié en octobre 2007 par le Programme des Nations unies pour l'environnement, le rapport GEO-4 *(Global Environment Outlook for Development)* dresse un sombre tableau de l'état de l'environnement mondial et des ressources marines. La pêche est toujours dans l'impasse, avec des subventions représentant 20 % de la valeur du secteur et une surcapacité chronique qui est susceptible de prélever 2,5 fois les captures acceptables. Les experts tirent à nouveau la sonnette d'alarme, alors que plus de 250 millions de personnes dépendent directement de la pêche artisanale dans les pays en développement.

Les solutions sont connues depuis longtemps. Le GEO-4 les reprend toutes à son compte : réduction des capacités de pêche (casse des bateaux, taille des maillages...) ; incitations économiques pour pêcher moins et mieux ; mise en œuvre de droits de propriété et de l'approche écosystémique des pêches ; création de réserves marines ; renforcement des contrôles. La liste est connue et tient de l'incantation. Ici ou là, pourtant, des efforts peuvent se révéler efficaces, comme en témoigne en Europe du Nord le Conseil des pêches de l'Atlantique nord (NAFC), qui est parvenu à limiter la pêche au hareng et à reconstituer les stocks. Mais les exemples de ce type sont rares, voire anecdotiques.

Le sentiment d'impuissance domine. Les recettes existent mais nous n'avons pas la capacité de les mettre en œuvre. Le contraste est frappant : l'homme a su conquérir et exploiter le monde marin au cours des deux dernières décennies, mais il ne parvient pas à freiner son emprise et ce, alors même que la technologie ne cesse d'accroître sa suprématie sur les ressources. Des solutions expéditives sont proposées. Il semble toutefois illusoire et même contre-productif de proposer des solutions uniques.

Il y a ceux, par exemple, qui pensent que l'aquaculture réglera tous les problèmes à venir ; certains veulent même la développer de manière radicale. Domestiquer les océans comme nous avons domestiqué la terre et développer une aquaculture en haute mer leur semble une évolution inéluctable. Dans un article publié en juillet 2005 dans la revue *Nature*, John Marra, un océanographe américain, prône une « révolution » dans l'exploitation des océans [1]. Il propose de conquérir les espaces hauturiers, loin des côtes, là où l'eau est pure et les conflits d'appropriation de l'espace encore rares. Il préconise l'utilisation des systèmes agrégatifs qui attirent naturellement les thons pour engraisser ces derniers artificiellement. Grâce aux satellites et aux systèmes de repérage, ces grandes structures dérivantes ou ces vastes cages flottantes contenant des poissons pourraient être suivies et exploitées. Mais le développement d'une aquaculture extensive au large n'a pas soulevé un grand enthousiasme.

Depuis les années 1960, le Japon a choisi de jardiner la mer et de maîtriser sa productivité avec une débauche de soins et de financements. Le domaine côtier a été transformé en jardins aquacoles. Dès l'instauration des zones économiques au niveau mondial, ce pays a voulu rapidement réagir pour assurer son approvisionnement en poissons, principale source de protéines pour un pays possédant très peu de terres cultivables. Plus de 12 % du plateau continental et 20 000 sites ont été aménagés en récifs artificiels. Ces immenses structures immergées en métal et en béton armé de 15 mètres de haut s'agrandissent de 10 000 hectares par an. Plus de 20 milliards de juvéniles de 90 espèces cibles sont relâchés chaque année en mer. Une patience infinie et beaucoup d'argent investis (plus de 600 millions d'euros pour la seule année 2007) s'efforcent de changer la productivité des océans.

La démarche est entre les mains des coopératives de pêche. Au niveau national, la coordination est assurée par une agence – la Fisheries Agency – qui coordonne les programmes. Les pêcheurs sont impliqués et investissent dans les dispositifs, mais l'efficacité des repeuplements est très limitée, avec une augmentation des effectifs de 3 à 5 %. Pour Sylvain Pioch, qui a travaillé sur ces systèmes de production artificialisés, les contraintes sont grandes et les systèmes côtiers artificialisés sont difficilement transposables aux autres pays [2]. Le pragmatisme compte beaucoup dans la réussite de telles réalisations. Mais cette fécondité de la mer à la japonaise requiert un grand savoir-faire, une grande concertation entre les pêcheurs, des investissements énormes pour des retours financiers souvent faibles (à moins de vendre le poisson à des prix exorbitants, ce qui est parfois le cas au Japon) et de dédier la bande côtière à la production de poissons et de produits de la mer. L'essentiel du poisson consommé au Japon reste fourni par les importations.

Cet exemple illustre l'efficacité locale de certaines recettes. Mais d'autres solutions, plus universelles, permettent de gérer les pêcheries en les plaçant au cœur des écosystèmes marins. Une révolution tranquille se produit ainsi actuellement en Afrique du Sud. Lynne Shannon, du Marine and Coastal Management dans la ville du Cap, a été une des toutes premières au niveau mondial à considérer l'approche écosystémique des pêches comme une priorité pour son pays et à s'y investir pleinement. Du courage et de l'énergie, il en faut pour essayer d'intégrer des préoccupations liées à la conservation dans des secteurs d'activité comme la pêche. Les réactions d'opposition et de scepticisme furent vives. Rien n'était acquis car, dans les années 2000, la recherche s'était positionnée sur les approches écosystémiques mais sans trop savoir comment s'y prendre.

Dans ce pays, la gestion des stocks est traditionnellement confiée à des groupes d'experts qui se réunissent tous les trois mois et se concertent sur l'état des stocks de sardines, de merlus et d'anchois à partir des connaissances scientifiques, des modèles et des récentes tendances observées au cours des campagnes océanographiques. Lynne Shannon eut l'idée de demander à ces groupes d'experts, mais aussi aux pêcheurs et à l'ensemble des acteurs de la profession, ce qui, à leur avis, était important pour l'écosystème lorsque l'on exploite ces espèces. Personne ne s'était jusque-là inquiété de savoir si la pêche à la sardine pouvait avoir un quelconque impact sur les oiseaux marins ou sur les phoques. Bien évidemment, il y avait des études sur les oiseaux, les phoques et les sardines mais, en termes d'aménagement, elles ne se croisaient jamais. L'exercice a porté ses fruits. Ainsi, pour les pêcheries de sardines, il est rapidement apparu que la quantité de poissons laissés dans l'océan pour nourrir les oiseaux marins, comme le fou du Cap, constitue un problème majeur. Les effectifs de cette espèce protégée déclinent et l'enjeu est prioritaire en termes de conservation.

L'abondance et la pêcherie de sardine étant florissantes, il a été facile de décider de limiter l'accès de la pêche autour des îles et de permettre aux oiseaux d'avoir accès à une nourriture suffisante. Une petite réserve est en train de naître autour des colonies d'oiseaux pour en assurer la survie. Des indicateurs sont élaborés pour évaluer son impact, avec la collaboration de Yunne-Jai Shin, de l'IRD. Les innovations en termes d'aménagement ne se font pas en période de crises et de conflits, où les marges de manœuvre sont inexistantes. La démarche anticipatrice de Lynne Shannon mérite à cet égard une attention toute particulière.

On peut légitimement se demander si un des problèmes majeurs de la gestion des ressources ne réside pas dans un défaut d'organisation, chacun des acteurs intervenant sans vraiment s'approprier de manière globale l'information et sans jamais dégager de perspective commune. Il manque à l'évidence une intégration des connaissances scientifiques. Villy Christensen et son équipe de l'université de Colombie-Britannique travaillent sur la visualisation des résultats scientifiques en utilisant les médias modernes, comme les jeux vidéo et les films d'animation. Un format animé peut en effet transmettre un message de manière beaucoup plus convaincante qu'un graphe ou un tableau.

Le projet, encore en gestation, est intitulé non sans humour *Ocean Summits* ou les « sommets de l'océan ». L'idée consiste à réunir des décideurs pendant deux jours autour d'une grande table dans une pièce sombre où sont visualisés les écosystèmes, les pêcheries et l'ensemble de l'histoire passée des écosystèmes. Des modèles et des représentations permettent de se déplacer dans le temps et dans l'espace de cet écosystème, en surface comme en profondeur. Les réactions des écosystèmes sont explorées en fonction de scénarios d'aménagement. Les décisions sont quantifiées et mises en perspective. Pour assurer ce type d'échanges, Christensen et son équipe ont choisi de réunir les acteurs autour de la table dessinée par Piet Hein, un physicien et artiste, ami d'Albert Einstein, de Niels Bohr et de Charlie Chaplin. Lorsque la ville de Stockholm lui avait demandé dans les années 1960 de présenter un projet de design associé à la communication, il avait mis au point une superellipse qui permettait de regrouper plus de dix personnes de façon conviviale, chacun pouvant voir l'autre sans entrave. Piet Hein l'avait baptisée la « table de la coexistence ». Autour de cette table, point de directeur général ou de comité d'administration, mais des chercheurs et des politiciens pouvant échanger leurs points de vue sur les mesures à prendre et les actions à éviter. Le Grenelle de l'environnement correspond à ce type de démarche nouvelle et on peut penser que ce modèle de « forum hybride », cher au sociologue français Michel Callon, va se développer. C'est dans un tel lieu d'échange que l'on peut parvenir à réconcilier conservation et exploitation des espèces, et imaginer un futur à notre planète.

Mais l'homme, cet incorrigible rêveur, est toujours tenté de se détourner des océans et de toutes les difficultés causées par l'exploitation. Pas un mois sans qu'un riche homme d'affaires s'envole à bord d'un vaisseau spatial pour goûter à la fascination de l'espace, sans que des avancées scientifiques extraordinaires permettent de détecter des traces d'eau à des milliards d'années-lumière. Tout se passe comme si nos défaites terrestres allaient trouver une issue miraculeuse dans d'hypothétiques victoires galactiques, comme l'avait noté Hannah Arendt au lendemain du lancement du premier *Spoutnik.* Sans relâche, nous déplaçons les problèmes pour mieux les occulter. Mais le voyage aura toujours un coût, celui de notre errance, prévient Louis-Ferdinand Céline : « Les étoiles c'est tout morue !... Méfie-toi avant de t'embarquer »... Même si nos têtes sont dans les étoiles, sachons garder les pieds dans l'eau. Un retour sur mer s'impose.

« Le monde est beau, et hors de lui, point de salut. » C'est par cette apostrophe écologique qu'Albert Camus nous interpelle pour admirer mais aussi gérer notre seul bien, la terre. Comme nous l'avons vu tout au long de ce livre, la misère des hommes, la rivalité des nations européennes, les débuts du capitalisme mais aussi l'ignorance des poissons et du monde marin ont conduit au développement de la pêche coloniale et aux premières razzias. Les avancées technologiques, l'accroissement des échanges et des inégalités au niveau mondial font que nous devons repenser notre rapport avec la mer. La décolonisation du monde demandera sans doute de nombreuses années, mais nous savons maintenant qu'il faudra en passer par là. Nous ne pourrons pas nous affranchir de la nature. Nous l'avons canalisée, structurée, mais elle nous révèle aujourd'hui ses limites, qui sont aussi les nôtres. Réinventons les pêches, des pêches modernes où l'homme tiendra sa place dans une nature qu'il exploitera de manière responsable. Que les contraintes ne soient pas perçues comme des sanctions mais comme un rapprochement des hommes entre eux. Cet impératif ne concerne pas seulement la pêche, mais presque toutes les activités humaines.

PETIT LEXIQUE HALIEUTIQUE

Abondance (niveau d') : le nombre ou le poids des poissons d'une espèce dans l'océan. On parle de l'abondance de la morue autour de Terre-Neuve ou encore de l'abondance de l'anchois dans le golfe de Gascogne.

Acoustique : méthode d'analyse de l'abondance des poissons dans la mer qui utilise des échos sondeurs ou des sonars. Ces derniers analysent la propagation du son sous la mer, rendant possible la détection d'objets ou d'animaux sous-marins. Les signaux sont transmis sur des écrans qui permettent de visualiser les bancs de poissons.

Avifaune : ensemble des oiseaux vivant dans un espace géographique ou un habitat déterminé.

Bathymétrie : science de la mesure des profondeurs de l'océan pour déterminer la topographie du sol de la mer.

Benthique : animal qui vit sur le fond des océans et se nourrit à partir du substrat.

Biodiversité : ensemble des êtres vivant dans un écosystème. Virus, bactéries, vers, crabes, crevettes, poissons, oiseaux marins, phoques... font partie de la biodiversité marine.

Biomasse du stock : poids total de tous les individus d'un stock, présents à un moment donné dans la zone d'extension de ce stock.

Biomasse des géniteurs d'un stock : biomasse des individus d'un stock capables de se reproduire.

Capacité (de pêche) : ensemble des moyens de capture disponibles pendant une période donnée sur une zone déterminée.

Capture accessoire : espèce capturée à l'occasion d'une pêche dirigée sur une autre espèce ou un autre groupe d'espèces. Ces captures non intentionnelles sont la plupart du temps rejetées en mer.

Chalut : engin de pêche constitué d'un filet traîné par le chalutier ayant une forme caractéristique en entonnoir, prolongé à l'ouverture par des ailes pour en élargir la portée. Tracté par un seul ou par deux navires, il permet de capturer les nombreuses espèces qui vivent sur le fond ou à proximité du fond des océans.

Consilience : mot venu du grec ancien signifiant « unité du savoir » et qui invite à avoir une approche plus holistique des problèmes de société. Il est aujourd'hui utilisé par des écologistes comme E. O. Wilson pour contrer les approches réductionnistes qui ne permettent pas d'appréhender et comprendre le monde dans sa globalité.

Démersale (espèce) : espèce qui vit près du fond et non loin des côtes, et qui s'alimente sur le fond ou à sa proximité. Les merlus sont des poissons démersaux, par exemple.

Durable (pêche) : pêche qui permet une exploitation des espèces dans le temps, sans en compromettre le renouvellement.

Dynamique des populations (ou des pêcheries) : secteur de la recherche écologique qui s'intéresse aux aspects numériques des populations des êtres vivants marins en relation avec leur exploitation et les fluctuations de l'environnement.

Écosystème : ensemble formé par une association d'êtres vivants et son environnement physique. Les éléments constituant un écosystème développent un réseau d'interdépendances permettant le maintien et le développement de la vie.

Effondrement de la ressource : disparition brutale d'une ressource marine qui était pêchée en quantité. Souvent les pêcheries arrêtent alors leur activité ou se dirigent vers d'autres ressources.

Effort de pêche : ensemble des moyens mis en œuvre par les navires pour capturer les poissons pendant une période donnée et dans une zone déterminée. Nombre et taille des bateaux, des filets et des moteurs, temps de pêche et appareillage électronique mis en œuvre pour rechercher les poissons font partie de ces moyens.

Engin de pêche : équipement permettant de capturer les poissons. Filets, lignes font partie des principaux types d'engins de pêche.

Espèce cible, ciblée : espèce sur laquelle le pêcheur a décidé de porter son activité de pêche et pour laquelle il a adapté son matériel.

Gestion (des hommes, des poissons) : politique et moyens mis en œuvre pour réguler l'exploitation des ressources marines. Dans la pratique, la gestion halieutique a recours à de très nombreuses méthodes, comme la régulation de l'accès (réserves marines, labellisation) ou encore celle des prises (taille des maillages des filets, quotas).

Ichtyofaune : ensemble des poissons vivant dans un espace géographique ou un habitat déterminé.

Juvénile : poisson de petite taille qui n'est pas encore mature, donc incapable de se reproduire.

Mégafaune : ensemble des espèces animales de grande taille vivant dans un espace géographique ou un habitat déterminé.

MSY (Maximum Sustainable Yield en anglais) : indicateur théorique qui correspond à la capture maximale d'une espèce dans un écosystème donné sur une période de temps infinie.

Palangre : engin de pêche dormant constitué d'une ligne en Nylon de longueur variable munie de nombreux hameçons appâtés pour attirer et capturer les poissons. Certaines palangres peuvent atteindre des centaines de kilomètres et être munies de plusieurs dizaines de milliers d'hameçons.

Pêche ciblée : pêche destinée à la capture d'une espèce cible.

Pêche indicatrice (ou sentinelle) : pêche menée dans le but d'évaluer l'état des stocks de poissons et le pouvoir de récupération de stocks qui se sont effondrés.

Pêche monospécifique : pêche dirigée vers la capture d'une seule espèce cible.

Pêche plurispécifique : pêche dirigée vers la capture de plusieurs espèces cibles.

Pêche scientifique : campagne de pêche menée à des fins d'évaluation scientifique des ressources marines. Ces campagnes d'évaluation permettent de quantifier l'abondance des poissons dans les océans et/ou de mesurer de nombreux paramètres biologiques, comme le poids des poissons, leur âge, leur taille, etc., paramètres qui sont utilisés dans les modèles de dynamique des populations utilisés par les scientifiques.

Pêcherie : ensemble des bateaux et des engins de pêche qui ciblent une espèce. On parle de pêcherie de thons, de sardines ou encore de morues.

Pélagique (espèce) : espèce vivant dans la couche d'eau superficielle des océans. Les multiples espèces de phytoplancton, zooplancton et de nombreuses espèces de poissons (sardines, anchois, sprat...) sont des espèces pélagiques.

Plancton : ensemble des petits organismes vivant à la surface des océans. On distingue classiquement le phytoplancton, ou plancton végétal, du zooplancton, ou plancton animal.

Quota : mesure de régulation permettant d'instaurer une limite aux quantités maximales exprimées en tonnes de poissons que les pêcheurs peuvent prélever dans une zone ou un écosystème. Les quotas sont souvent répartis entre les pays ou bien entre les pêcheurs.

Recrutement : ensemble des juvéniles de poissons qui ont survécu et qui permettront aux stocks de poissons de se reconstituer. Par nature, le recrutement des poissons est très variable d'une année sur l'autre, ce qui explique que les captures sont fluctuantes.

Rejets : ensemble des espèces animales et végétales qui sont rejetées en mer car non commercialisées par les pêcheurs.

Rendement : quantité de poissons pêchée par unité de temps de pêche.

Résilience : capacité d'un écosystème ou d'une espèce à récupérer un fonctionnement normal après avoir subi une perturbation d'ordre climatique ou anthropique.

Sélection (pêche sélective) : pêche qui permet grâce à des engins appropriés de ne prélever que les poissons ciblés.

Senne : technique de pêche qui consiste à capturer les poissons à la surface en pleine eau en les encerclant à l'aide d'un filet manœuvré par deux filins fixés aux extrémités servant au halage et au rabattage des poissons.

Sonar : appareil utilisant les propriétés particulières de la propagation du son dans l'eau pour détecter et situer les poissons sous l'eau.

Statistiques de pêches : données récoltées lors des débarquements et qui permettent de suivre l'activité de pêche dans son ensemble. Volume des captures, temps de pêche, lieu de pêche, mais aussi des données biologiques comme la taille des poissons capturés sont ainsi récoltés pour étudier la dynamique des flottilles et des populations de poissons.

Stock : population de poissons (ou partie de population) localisée dans une zone géographique déterminée, n'entretenant aucun ou peu d'échange avec les stocks voisins.

Surexploitation : exploitation trop intense qui ne permet pas aux stocks de poissons d'assurer leur renouvellement. Les conséquences de la surexploitation sont l'effondrement des ressources.

TAC (total autorisé de capture) : quantité en poids de capture que l'on décide de ne pas dépasser, au vu de l'analyse biologique de l'état actuel du stock, afin d'assurer la pérennité de son exploitation.

Taille minimale de capture : taille des individus d'une espèce ou d'un groupe d'espèces, en dessous de laquelle sont interdits le stockage à bord, le transbordement, le transport, le débarquement et la commercialisation. Ces réglementations sont adoptées afin de laisser les juvéniles de poissons devenir adultes.

Trophique (niveau, chaîne, réseau) : le niveau trophique est la position qu'occupe un organisme dans le réseau alimentaire, ou réseau trophique. Les poissons grands prédateurs occupent une position trophique élevée, tandis que les poissons pélagiques herbivores qui consomment du phytoplancton sont situés en bas de la chaîne alimentaire.

Upwelling : remontée d'eau froide riche en éléments nutritifs sous l'action des vents marins. Les zones d'upwelling constituent les zones océaniques les plus riches en poissons.

SIGLES

CBI : Commission baleinière internationale. En anglais IWC (International Whaling Commission).

CCAMLR : Commission for the Conservation of Antarctic Marine Living Ressources (Commission pour la conservation de la faune et de la flore marines de l'Antarctique).

CDB : Convention sur la diversité biologique.

CEFAS : Center for Environment, Fisheries & Aquaculture Science. Organisme scientifique britannique chargé de la mer et de la pêche.

CGPM : Commission générale des pêches pour la Méditerranée.

CIEM : Conseil international pour l'exploration de la mer. En anglais, ICES (International Council for the Exploration of the Sea). Le plus ancien organisme international de recherche sur l'environnement marin. Son aire d'étude : l'Atlantique nord.

CITES : Convention on International Trade in Endangered Species of Wild Fauna and Flora. En français, Convention sur le commerce international des espèces de faune et de flore sauvages menacées d'extinction.

CNPMEM : Comité national des pêches maritimes et des élevages marins.

CRH : Centre de recherche halieutique méditerranéenne et tropicale de Sète.

CTOI : Commission des thons pour l'océan Indien.

DCP : Dispositif de concentration de poissons.

DG Fish : Département des pêches de l'Union européenne (anciennement DG XIV).

FAO : Food and Agriculture Organization of United Nations. En français, Organisation des Nations unies pour l'alimentation et l'agriculture. Basé à Rome, l'organisme collecte les données de pêches mondiales.

ICCAT : International Commission for the Conservation of Atlantic Tunas. En français, CICTA (Commission internationale pour la conservation des thonidés de l'Atlantique).

Ifremer : Institut français de recherche pour l'exploitation de la mer.

Imarpe : Institut de la mer du Pérou.

IRD : Institut de recherche pour le développement.

MSY : Maximum Sustainable Yield (voir lexique).

NCEAS : National Center for Ecological Analysis and Synthesis.

NOAA : National Oceanic and Atmospheric Administration. Organisme scientifique américain chargé de l'océan et de l'air.

OMS : Organisation mondiale de la santé

ORP : Organisation régionale des pêches.

PCP : Politique commune de la pêche (Union européenne).

POP : Programme d'orientation pluriannuel.

TAC : Total autorisé de capture (voir lexique).

UICN : Union internationale pour la conservation de la nature. En anglais IUCN.

WWF : Fonds mondial pour la nature.

ZEE : Zone d'exploitation exclusive.

BIBLIOGRAPHIE

BARBAULT R., *Un éléphant dans le jeu de quilles. L'homme et la biodiversité*, Paris, Le Seuil, 2006.

BECK U., *Pouvoir et contre-pouvoir à l'heure de la mondialisation*, Paris, Flammarion, 2005.

BRUNDTLAND G. -H., « Notre avenir à tous (rapport Brundtland) », Programme des Nations unies pour le développement, 1987.

CAZEILS N., *Cinq siècles de pêche à la morue*, Rennes, éditions Ouest-France, 1997.

–, *Dix siècles de pêche à la baleine*, Rennes, éditions Ouest-France, 2000.

–, *La Grande Histoire de la pêche au thon*, Rennes, éditions Ouest-France, 2004.

CLARK C. W., *The Worldwide Crisis in Fisheries*, New York, Cambridge University Press, 2006.

CLAUZEL I., « Saint Hareng, glorieux martyr », Cercle d'étude en pays boulonnais, 2006.

CLOVER C., *The End of the Line*, New York, The New Press, 2006.

DUMAS A., *Grand Dictionnaire de la Cuisine*, Paris, Grand Caractère, 2007.

FAO, « Situation mondiale des pêches et de l'aquaculture 2006 », http ://www.fao.org, 2007.

HALL S. J., *The Effects of Fishing on Marine Ecosystems and Communities*, Oxford, Blackwell Science, 2000.

KURLANSKY M., *Un poisson à la conquête du monde ou la fabuleuse histoire de la morue*, Paris, J. C. Lattès, 1999.

JONAS H., *Le Principe responsabilité*, Paris, éditions du Cerf, 1990.

LAUBIER L. (éd.), « Exploitation et surexploitation des ressources marines vivantes. Rapport sur la science et la technologie », Académie des sciences, RST Éditions Tech & Doc, 2003.

LEQUESNE C., *L'Europe Bleue. À quoi sert une politique communautaire de la pêche ?*, Paris, Presses de Sciences Po, 2001.

LETELLIER L., *Sur le Grand Banc. Pêcheurs de Terre-Neuve, récit d'un ancien pêcheur*, Saint-Malo, L'Ancre de marine, 1999.

LOMBORG B., *L'Écologiste sceptique : le véritable état de la planète*, Paris, Le Cherche-Midi, 2004.

MARION R., *Guide des manchots*, Paris, Delachaux et Niestlé, 1995.

MARION R. et SYLVESTRE J. P., *Guide des otaries, phoques et siréniens*, Paris, Delachaux et Niestlé, 1993.

MICHELET J., *La Mer*, Paris, Gallimard, coll. « Folio », 1983.

PAULY D., *Darwin's Fishes*, New York, Cambridge University Press, 2004.

PAULY D., MACLEAN J., *In a Perfect Ocean*, Washington, Island Press, 2003.

PNUD, « Global Environment Outlook : environment for development (GEO-4) », 2007.

ROBINEAU D., *Une histoire de la chasse à la baleine*, Paris, Vuibert, 2007.

SMITH T. D., *Scaling Fisheries : the Science of Measuring the Effects of Fishing, 1855-1955*, New York, Cambridge University Press, 1994.

STARKEY D. J., HOLM P., BARNARD M., *Oceans Past. Management from the History of Marine Animal Populations*, Londres, Earthscan, 2007.

VAN NEER W., ERVYNCK A., *L'Archéologie et le Poisson*, Ath, Promotion du tourisme et des musées athois, 1994.

WIGAN M., *The Last of the Hunter Gatherers*, Shrowsbury, Swan Hill Press, 1998.

WILSON E. O., *Consilience. The Unity of Knowledge*, New York, Knopf, 1998.

NOTES

1. Les premières razzias

1. *Science*, 2001, vol. 293, 629-638.

2. Jon Erlandson, Scott Fitzpatrick, *Journal of Island & Coastal Archaeology* (2006), vol. 1.

3. Jon Erlandson, *The First Americans*, Memoirs of the California Academy of Sciences, vol. 27, 2002.

4. Jon Erlandson, Scott Fitzpatrick, *Journal of Island & Coastal Archaeology, op. cit.*

5. *Science*, 2001, vol. 293, 629-638.

6. Communication personnelle.

7. *Proceedings of the Royal Society London B* (2004), 271, 2417-2421.

8. Jules Michelet, *La Mer*, Paris, Gallimard, coll. « Folio », 1983.

9. Charles Patterson, *Un éternel Treblinka*, Paris, Calmann-Lévy, 2008.

10. Denis Clauzel, « Saint Hareng glorieux martyr », vol. I, Saint-Martin-Boulogne, Cycle d'études en pays boulonnais, 2006.

11. Michael Wigan, *The Last of the Hunter Gatherers*, Shrowsbury, Swan Hill Press, 1998.

12. Daniel Pauly, Jay Maclean, *In a Perfect Ocean*, Washington, Island Press, 2003.

13. Alexandre Dumas, *Grand Dictionnaire de la Cuisine*, Paris, Grand Caractère, 2007.

14. Marc Kurlansky, *Un poisson à la conquête du monde ou la fabuleuse histoire de la morue*, Paris, J. C. Lattès, 1999.

15. Alexandre Dumas, *Grand Dictionnaire de la Cuisine, op. cit.*

16. Léon Letellier, *Sur le Grand Banc. Pêcheurs de Terre-Neuve, récit d'un ancien pêcheur*, Saint-Malo, L'Ancre de marine, 1999.

17. Communication personnelle.

18. Nelson Cazeils, *Cinq siècles de pêche à la morue*, Rennes, éditions Ouest-France, 1997.

19. Adrienne Blattel, « Report for the French Shore Historical Society. Guide to Newfoundland & Labrador Sources in France », mai 2003.
20. Frédéric Régent, *La France et ses esclaves. De la colonisation aux abolitions (1620-1848)*, Paris, Grasset, 2007.
21. Jules Michelet, *La Mer*, *op. cit.*
22. Daniel Robineau, *Une histoire de la chasse à la baleine*, Paris, Vuibert, 2007.
23. Nelson Cazeils, *Dix siècles de pêche à la baleine*, Rennes, éditions Ouest-France, 2000.
24. Jules Michelet, *La Mer*, *op. cit.*
25. C. -E. Boüet, *Des bénéfices offerts par la pêche de la baleine et du cachalot*, Le Havre, 1852.
26. Daniel Robineau, *Une histoire de la chasse à la baleine*, *op. cit.*
27. Marc Kurlansky, *Un poisson à la conquête du monde ou la fabuleuse histoire de la morue*, *op. cit.*

2. La surpêche, une prise de conscience progressive

1. *Mencius*, traduit par André Lévy, Paris, You-Feng, 2003.
2. *Signaux précoces et leçons tardives. Le principe de précaution 1896-2000.* Série sur les problèmes environnementaux n° 22, traduction Institut français de l'environnement. http ://www.developpement.durable.sciences-po.fr/publications/Bibliographies/signaux_precoces.pdf
3. *Recepte véritable par laquelle tous les hommes de la France pourront apprendre à augmenter et multiplier leurs trésors*, La Rochelle, 1563.
4. James G. Bertram, *The Harvest of the Sea*, Londres, John Murray, 1865.
5. Lucien Laubier (éd.), « Exploitation et surexploitation des resources marines vivantes. Rapport sur la science et la technologie », Académie des sciences, RST Éditions Tech & Doc, 2003.
6. Tim D. Smith, *Scaling Fisheries : the Science of Measuring the Effects of Fishing, 1855-1955*, New York, Cambridge University Press, 1994.
7. *Ibid.*
8. Michael Graham, 1935, « Modern Theory of Exploiting a Fishery, and Application to North Sea Trawling », *ICES J. Mar. Sci.*, December ; 10, 264-274.
9. *Ibid.*
10. *Ibid.*
11. Tim D. Smith, *Scaling Fisheries : the Science of Measuring the Effects of Fishing, 1855-1955*, *op. cit.*
12. J. Richard Dunn, 1996, « Charles Henry Gilbert (1859-1928), an early fishery biologist and his contributions to knowledge of Pacific salmon (*Oncorhynchus spp.*) », *Rev. Fish. Sci.* 4(2), 133-184.

13. Tim D. Smith, *Scaling Fisheries : the Science of Measuring the Effects of Fishing, 1855-1955*, *op. cit.*

14. *Ibid.*

15. *Fisheries research* (1996), 25, 25-38.

16. P. M. Vitousek, P. R. Ehrlich, A. H. Ehrlich, P. A. Matson (1986), « Human appropriation of the products of photosynthesis », *Bioscience*, 36, 368-373.

17. Reg Watson, Daniel Pauly, « Systematic distortions inworld fisheries catch trends », *Nature*, vol. 414, 29 novembre 2001.

18. C. Mullon, P. Fréon, P. Cury, « The dynamics of collapse in world fisheries », *Fish and Fisheries*, 2005, n° 6, 111-120.

19. J. A. Hutchings, J. D. Reynolds (2004), « Marine fish population collapses : consequences for recovery and extinction », *Bioscience*, 54, 297-309.

20. J. T. Carlton, J. B. Geller, M. L. Reaka-Kudla, D. A. Norse (1999), « Historical extinctions in the sea », *Annual Review of Ecology and Systematics*, n° 30, 525-538.

21. N. K. Dulvy, Y. Sadovy, J. D. Reynolds, « Extinction vulnerability in marine populations », *Fish and Fisheries,* 2003, n° 4, 25-64.

22. *Fish and Fisheries*, 2007, n° 2, 107-122.

23. Bjorn Lomborg, *L'Écologie sceptique : le véritable état de la planète*, Paris, Le Cherche-Midi, 2004.

24. Communication personnelle.

25. Donald Ludwig, Ray Hilborn, Carl Walters « Uncertainty, Resource Exploitation, and Conservation : Lessons from History », *Science*, 1993, vol. 260.

26. *Nature*, 2003, vol. 423, 280-283.

27. *Fisheries Research*, 2007, vol. 86(1), 1-5.

28. Ray Hilborn, « Moving to Sustainability by Learning from Successful Fisheries », *Ambio* 2007, 36(4), 296-303. Etta Kavanagh, « Biodiversity Loss in the Ocean : How Bad Is It ? », *Science*, 2007, vol. 316, 1281-1285.

3. La pêche, une chasse à l'aveugle

1. John Alroy, « A Multispecies Overkill Simulation of the End-Pleistocene Megafaunal Mass Extinction », *Science*, 2001, vol. 292.

2. N. Ryman, F. Utter, L. Laikre, « Protection of intraspecific biodiversity of exploited fishes », *Reviews in Fish Biology and Fisheries*, 1995, 5(4), 417-446.

3. Dirk Zeller, Daniel Pauly, « Good news, bad news : global fisheries discards are declining, but so are total catches », *Fish and fisheries*, 2005, n° 6, 156-159.

4. Communication personnelle.

5. Les registres de 1376 du Parlement d'Édouard III renferment cette pétition. Michael Graham, « Modern Theory of Exploiting a Fishery, and Application to North Sea Trawling », *ICES J. Mar. Sci.*, 1935, 10, 264-274.

6. Michel J. Kaiser, Jeremy S. Collie, Stephen J. Hall, Simon Jennings, Ian R. Poiner, « Modification of marine habitats by trawling activities : prognosis and solutions », *Fish and Fisheries*, 2002, vol. 3, n° 2, 114-136.

7. Communication personnelle.

8. C. C. Thorburn, « Fatal adaptation : Cyanide fishing in the Kei Islands, Southeast Maluku », *SPC Live Reef Fish Information Bulletin*, 2003, 11, 5-12.

9. U. R. Sumaila, J. Alder, H. Keith, « Global scope and economics of illegal fishing », *Marine Policy*, 2006, vol. 30, n° 6, 696-703.

10. E. Gilman, « References on seabird bycatch in longline fisheries », *Western Pacific regional Fishery Lanagement Council,* 2004.

11. S. J. Hall, « Mainprize, Managing by-catch and discards : how much progress are we making and how can we do better ? », *Fish and Fisheries*, 2005, n° 2, 134-155.

12. R. Enever, A. Revill, A. Grant, « Discarding in the English Channel, Western approaches Celtic and Irish seas (ICES subarea VII) », *Fisheries Research*, 2007, vol. 86, n° 2-3, septembre 2007, 143-152. Voir également *The Clean Fishing Competition* à l'adresse suivante : http ://www.cefas.co.uk/publications/files/Clean-Fishing-Competition-2007-Version2.pdf

4. La surenchère technologique

1. Jahn Petter Johnsen, « The evolution of the "harvest machinery" : why capture capacity has continued to expand in Norwegian fisheries », *Marine Policy*, novembre 2005, vol. 29, n° 6, 481-493.

2. Nelson Cazeils, *La Grande Histoire de la pêche au thon*, Rennes, éditions Ouest-France, 2004.

3. Gerald J. Paulik, « Anchovies Birds and Fishermen in the Peru Current », *in* W. Murdoch (éd.), *Environment : Resources Pollution and Society*, Stamford, Sinaur, 1971.

4. *Ibid.*

5. Daniel Pauly, « Major trends in small-scale fisheries, with emphasis on developing countries, and some implications for the social sciences », *Maritime Studies* (MAST), 2006 4(2), 7-22.

5. Une nature fragile et un superprédateur

1. Hans Jonas, *Le Principe responsabilité*, Paris, éditions du Cerf, 1990.
2. Sophie Bertrand, Julian M. Burgos, François Gerlotto, Jaime Atiquipa Lévy, « Trajectories of Peruvian purse-seiners as an indicator of the spatial distribution of anchovy (*Engraulis ringens*) », *ICES Journal of Marine Science, Journal du Conseil*, 2005, 62(3), 477-482.
3. J.-P. Hallier, T. Diouf, M. M'Bareck, E. Foucher, « La pêcherie de canneurs de Dakar : une évolution remarquable pour assurer sa survie », *Col. Vol. Sci. Pap. ICCAT*, 1998, 50(2), 673-701.
4. Nelson Cazeils, *La Grande Histoire de la pêche au thon*, *op. cit.*
5. B. W. Bowen, A. B. Meylan, J. Perran Ross, C. J. Limpus, G. H. Balazs, J. C. Avise, « Global population structure and natural history of the green turtle (*Chelonia mysdas*) in terms of matriarchal phylogeny », *Evolution*, 1992, 46, 865-881.
6. A. Carr, *So Excellent a Fish : A Natural History of Sea Turtles*, New York, Scribner, 1967.
7. J. M. Fromentin, J. E. Powers, « Atlantic bluefin tuna : population dynamics, ecology, fisheries and management », *Fish and Fisheries*, 2005, n° 6, 281-306.
8. Nelson Cazeils, *La Grande Histoire de la pêche au thon*, *op. cit.*
9. Cité dans Nelson Cazeils, *ibid.*
10. M. André, C. Kamminga, D. Ketten, « Are low frequency sounds a marine hazard ? », *Journal of the Institute of Acoustics*, vol. 11, 1997, p. 77-84.
11. Christensen Line, « Marine mammals populations : reconstructing historical abundances at the global scale », *Fisheries Centre Research Reports*, 2006, vol. 14, 9.
12. Joe Roman *et al.*, « Whales before whaling in the North Atlantic », *Science*, 2003, vol. 301, 508.
13. S. E. Alter, E. Rynes, S. R. Palumbi, « Could genetic diversity in eastern North Pacific gray whales reflect global historic abundance ? », *Proc. Natl. Acad. Sci. USA*, 2007, 104, 15162-15167.
14. G. Cuvier, *Histoire naturelle de Lacépède comprenant les cétacés, les quadrupèdes ovipares, les serpents et les poissons*, t. I, Bruxelles, Adolphe Deros et Comp., 1853.
15. Rémy Marion et Jean-Pierre Sylvestre, *Guide des otaries, phoques et siréniens*, Paris, Delachaux et Niestlé, 1993.
16. Christensen Line, « Marine mammals populations : reconstructing historical abundances at the global scale », *Fisheries Centre Research Reports*, 2006, vol. 14, 9.
17. Selon Steller, médecin et naturaliste, membre de l'expédition qui a découvert la vache de mer.

18. Cité par par Michel Raynal dans *La rhytine de Steller a-t-elle vraiment disparu ?* (http ://pagesperso-orange.fr/cryptozoo/dossiers/rhytine.htm).

19. Martin Sauer, *An Account of a Geographical and Astronomical Expedition to the Northern Parts of Russia*, Londres, printed by A. Strakan for T. Cadell and W. Davies, 1802.

20. Interview AFP, 15 juillet 2006.

21. Rémy Marion, *Guide des manchots*, Paris, Delachaux et Niestlé, 1995.

22. *Ibid.*

23. *Ibid.*

24. *Ibid.*

25. Baum Julia K, Ransom A. Myers, « Shifting baselines and the decline of pelagic sharks in the Gulf of Mexico », *Ecology Letters*, 2004, 7, 135-145.

26. Stephen J. Hall, *The Effects of Fishing on Marine Ecosystems and Communities*, Oxford, Blackwell Science, 2000.

27. FAO, *Situation mondiale des pêches et de l'aquaculture 2006*, http ://www.fao.org/, 2007.

28. Travail en cours.

29. L. Laubier (ed.), *Exploitation et surexploitation des ressources marines vivantes. Rapport sur la science et la technologie*, Académie des sciences, RST Editions Tech & Doc, 2003.

30. Telmo Morato, Reg Watson, Tony J. Pitcher, Daniel Pauly, « Fishing down the deep », *Fish and Fisheries*, 2006, n° 7, 24-34.

31. Clark Colin, W. Título, *Mathematical Bioeconomics : the Optimal Management of Renewable Resources*, New York, John Wiley, 1976.

6. La question cruciale de la gestion de la ressource

1. Christian Lequesne, *L'Europe bleue. À quoi sert une politique communautaire de la pêche ?*, Paris, Presses de Sciences Po, 2001.

2. *Ibid.*

3. *Ibid.*

4. Projet de loi de finances pour 2007, agriculture, pêche, forêt et affaires rurales (www.senat.fr).

5. *Sciences au sud*, journal de l'IRD, n° 16, septembre-octobre 2002.

6. Vlad Kaczynski, David Fluharty, « European policies in West Africa : who benefits from fisheries agreements ? », *Marine Policy*, mars 2002, vol. 26, n° 2, 75-93.

7. FAO, *Situation mondiale des pêches et de l'aquaculture 2006*, http ://www.fao.org/, 2007.

8. Communication personnelle.

9. *Le Midi libre.*

10. Arrêt du Conseil d'État du 10 août 2005.

11. Ulrich Beck, *Pouvoir et contre-pouvoir à l'heure de la mondialisation*, Paris, Flammarion, 2005.

12. *Le Monde*, 29 janvier 2008.

13. Poul Degnbol, Henrik Gislason, Susan Hanna, Svein Jentoft, Jesper Raakjær Nielsen, Sten Sverdrup-Jensen, Douglas Clyde Wilson, « Painting the floor with a hammer : Technical fixes in fisheries management », *Marine Policy*, 2006, vol. 30, 534-543.

7. Manger du poisson par temps de surexploitation

1. *Op. cit.*

2. Rosamond L. Naylor, Rebecca J. Goldburg, Jurgenne H. Primavera, Nils Kautskyk, Malcolm C. M. Beveridge, Jason Clay, Carl Folkek, Jane Lubchenco, Harold Mooney, Max Troellk, « Effect of aquaculture on world fish supplies », *Nature*, 29 juin 2000, vol. 405.

3. « Des poissons à tout prix », *Le Monde*, 6 décembre 2006.

4. Glenn Jones, « Quite the choicest protein dish : the costs of consuming seafood in American restaurants, 1850-2006 », in *Oceans Past : management from the history of marine animal populations*, Londres, Eartscan, 2007, 47-77.

5. Nelson Cazeils, *Dix siècles de pêche à la baleine*, *op. cit.*

6. J. B. C. Jackson *et al.*, « Historical overfishing and the recent collapse of coastal ecosystems », *Science*, 2001, vol. 293, 629-638.

7. Alexandre Dumas, *Grand Dictionnaire de la Cuisine*, *op. cit.*

8. Direction générale de la concurrence, de la consommation et de la répression des fraudes.

8. Des écosystèmes marins au cœur de la pêche

1. Marie-Hélène Durand, « La crise sardinière française : les premières recherches scientifiques autour d'une crise économique et sociale », in *Pêcheries ouest-africaines*, Paris, Orstom Éditions, 1991.

2. Amédée Odin, « Les recherches sur les relations apparentes des rendements de la pêche de la sardine aux Sables-d'Olonnes avec les variations météorologiques survenues sur cette côte depuis 1871 », *Bull. Soc. Cent. Aquit.*, 1896, VIII, 173-197.

3. C. Mader, « Recherches sur la sardine du golfe de Gascogne », *Bulletin de la station biologique d'Arcachon*, 1909, t. XII, 125-276.

4. Marie-Hélène Durand, « La crise sardinière française : les premières recherches scientifiques autour d'une crise économique et sociale », *op. cit.*

5. A. Soutar, J. D. Isaacs, « History of fish population inferred from fish

scales in anaerobic sediments off California », *Calif. Coop. Oceanic Fish. Invest. Rep.*, 1969, 13, 63-70. Et aussi A. Soutar, J. D. Isaacs, « Abundance of pelagic fish during the 19th and 20th centuries as recorded in anaerobic sediment off California », *Fishery Bulletin*, 1974, 72, 257-274.

6. Trevor Platt, Alan D. Jassby, « The relationship between photosynthesis and light for natural assemblages of coastal marine phytoplankton », *J. Pkycol.*, 1976, 12, 421-430.

7. Trevor Platt, César Fuentes-Yaco, Kenneth T. Frank, « Spring algal bloom and larval fish survival », *Nature*, 22 mai 2003, vol. 423.

8. R. Lasker, « What limits clupeoid production », *Canadian Journal of Fisheries and Aquatic Sciences,* 1985, 42 (supp. 1), 31-38.

9. P. Cury, C. Roy, « Optimal environmental window and pelagic fish recruitment success in upwelling areas », *Canadian Journal of Fisheries and Aquatic Sciences*, 1989, 46, 670-680.

10. A. Bakun, *Patterns in the Ocean : Ocean Processes and Marine Population Dynamics*, San Diego, University of California Sea Grant, en coopération avec le Centro de Investigaciones Biologicas de Noroeste, La Paz, Baja California Sur, Mexico, 1996.

11. Steven R. Hare, Nathan J. Mantua, « Empirical evidence for North Pacific regime shifts in 1977 and 1989 », *Progress in Oceanography*, 2000, n° 47, 103-145.

12. Fabian Blanchard, Frédéric Vandermeirsch, « Warming and exponential abundance increase of the subtropical fish Capros aper in the Bay of Biscay (1973-2002) », *Comptes rendus. Biologies*, 2005, vol. 328, n° 5, 505-509.

13. Johann Wolfgang Von Goethe, *Sentences en prose*.

14. Wikipedia.

15. Convention sur la biodiversité de juin 1992 (http ://www.unep.org/).

16. *In* Reg Watson, Daniel Pauly, Villy Christensen, Rainer Froese, Alan Longhurst, Trevor Platt, Subha Sthyendranath, Kenneth Sherman, John O'Reille, Peter Celone, « Mapping Fisheries onto Marine ecosystems for regional, oceanic and global investigations », *in* G. Hempel, K. Sherman (éd.), *Large Marine ecosystems of the world*, Amsterdam, Boston, Elsevier, 2003.

17. N. J. Bax, « A comparison of the fish biomass flow to fish, fisheries, and mammals on six marine ecosystems », *ICES Mar. Sci. Symp.*, 1991, 193, 217-224.

18. D. Pauly, V. Christensen, J. Dalsgaard, R. Froese, Jr. F. Torres, « Fishing down marine food webs », *Science*, 1998, vol. 279, 860-863.

19. V. Smetacek, « Revolution in the ocean. Victor Hensen realized that in the sea the very small feed the very large », *Nature,* 1999, 401, 647.

20. N. J. Aebischer, J. C. Coolson, J. M. Colebrook, « Parallel long-term trends across four marine trophic levels and weather », *Nature*, 1990, 347, 753-755.

21. Anthony J. Richardson, David S. Schoeman, « Climate Impact on Plankton Ecosystems in the Northeast Atlantic », *Science*, 2004, vol. 305, 1609.

22. D. M. Ware, R. E. Thomson, « Bottom-up ecosystem trophic dynamics determine fish production in the Northeast Pacific », *Science*, 2005, vol. 308, 1280-1284.

23. R. T. Paine, « Food webs : linkage, interaction strength and community infrastructure », *Journal of Animal Ecology*, 1980, 49, 667-685.

24. Frank *et al.*, « Trophic Cascades in a Formerly Cod-Dominated Ecosystem », *Science*, 2005, vol. 308, 1621-1623.

25. Ransom A. Myers *et al.*, « Cascading Effects of the Loss of Apex Predatory Sharks from a Coastal Ocean », *Science*, 2007, vol. 315.

26. Georgi M. Daskalov, Alexander N. Grishinddagger, Sergei Rodionov, Vesselina Mihneva, « Trophic cascades triggered by overfishing reveal possible mechanisms of ecosystem regime shifts », *PNAS*, 19 juin 2007,vol. 104, n° 25, 10518-10523.

27. D. Pauly, V. Christensen, R. Froese, M. L. Palomares, « Fishing down aquatic food webs », *American Scientist*, 2000, 88, 46-51.

28. A. J. Lotka, « Undamped Oscillations. Derived from the Law of Mass Action », *J. Am. Chem. Soc.*, 1920, 42, 1595-1599.

29. http ://www.ecopath.org/

30. James Wharton, *The Bounty of the Chesapeake : Fishing in Colonial Virginia*, Virginia 350 th Anniversary Celebration, Williamsburg, VA, 1957.

31. A. Bakun, S. J. Weeks, « Adverse feedback sequences in exploited marine ecosystems : are deliberate interruptive actions warranted ? », *Fish and Fisheries*, 2006, n° 7, 316-333.

32. R. Costanza, R. d'Arge, R. de Groot, S. Farber, M. Grasso, B. Hannon, K. Limburg, S. Naeem, R. V. O'Neil, R. G. Raskin, P. Sutton, M. van den Belt, « The value of the world's ecosystem services and natural capital », *Nature*, 1997, n° 387, 253-260.

33. Boris Worm, Edward B. Barbier, Nicola Beaumont, J. Emmett Duffy, Carl Folke, Benjamin S. Halpern, Jeremy B. C. Jackson, Heike K. Lotze, Fiorenza Micheli,Stephen R. Palumbi, Enric Sala, Kimberley A. Selkoe, John J. Stachowicz, Reg Watson, « Impacts of Biodiversity Loss on Ocean Ecosystem Services », *Science*, 2006, vol. 314, 787-790.

Épilogue – Que vive la mer

1. Marra John, « When will we tame the oceans ? », *Nature*, 14 juillet 2005, 436, 175-176.

2. Commentaire personnel (thèse en cours).

TABLE